COURS

DE

MÉCANIQUE ÉLÉMENTAIRE

COURS COMPLET

DE

MATHÉMATIQUES ÉLÉMENTAIRES

A L'USAGE DES CANDIDATS

AU BACCALAURÉAT ÈS SCIENCES

ET

AUX ÉCOLES DU GOUVERNEMENT

PAR

MM. COMBETTE, ancien élève de l'École normale supérieure, professeur au lycée Saint-Louis; CARON, ancien élève de l'École normale supérieure, professeur de géométrie descriptive à l'École normale supérieure, au lycée Saint-Louis, etc.; PORCHON, ancien élève de l'École normale supérieure, professeur au lycée de Versailles; REBIÈRE, ancien élève de l'École normale supérieure, professeur au lycée Saint-Louis.

MANUEL DU BACCALAURÉAT ÈS LETTRES 2ᵉ PARTIE
ET DU BACCALAURÉAT ÈS SCIENCES RESTREINT

Par M. le Dʳ LE NOIR, ancien professeur de l'Université.

5850. — Imprimerie A. Lahure, 9, rue de Fleurus, à Paris.

COURS

DE

MÉCANIQUE ÉLÉMENTAIRE

A L'USAGE

DES ASPIRANTS AU BACCALAURÉAT ÈS SCIENCES
ET DES CANDIDATS AUX ÉCOLES NAVALE, SPÉCIALE MILITAIRE
ET FORESTIÈRE

PAR

E. COMBETTE

Ancien élève de l'École normale supérieure
Agrégé des sciences mathématiques, Professeur au lycée Saint-Louis

PARIS

LIBRAIRIE GERMER BAILLIÈRE ET Cie
108, BOULEVARD SAINT-GERMAIN, 108

1882

AVANT-PROPOS

Les éléments de mécanique sont exigés dans plusieurs concours ou examens :

École Navale, Baccalauréat ès sciences, École Spéciale Militaire, École Forestière.

Les programmes ne sont pas identiques, mais ils imposent tous la même méthode : la différence est dans l'étendue des matières. Il était donc possible de faire un cours répondant à ces diverses exigences : nous l'avons rédigé en vue de la classe de *mathématiques élémentaires* (*deuxième année*), dont l'enseignement doit préparer à la fois à tous ces examens.

Les astérisques indiquent les développements qui ne sont pas exigés pour le baccalauréat; les autres candidats trouveront aisément les parties qu'il leur est utile de connaître en comparant leur programme à la table des matières.

Il a été indispensable, pour atteindre une précision suffisante, de donner quelques notions sur les *coordonnées du point* et sur la *représentation analytique de la droite*.

La notion de *dérivée* dont nous avons fait un usage très limité en algèbre pour rester absolument d'accord avec les programmes, s'est imposée de nouveau dans les définitions de *vitesse* et *d'accélération* : il y aura avantage pour le lecteur à revoir particulièrement le premier chapitre du livre IV dans le *Cours d'algèbre*.

E. COMBETTE.

Mai 1882.

COURS

DE

MÉCANIQUE ÉLÉMENTAIRE

LIVRE PREMIER

FORCES CONCOURANTES ET PARALLÈLES

CHAPITRE PREMIER

NOTIONS PRÉLIMINAIRES

§ I. — DÉFINITIONS.

1. — Corps solide. Les phénomènes physiques nous amènent à concevoir les corps comme composés de parties insécables, appelées MOLÉCULES, dont les dimensions échappent par leur ténuité à tous nos procédés de mesure.

Ces molécules sont situées les unes des autres à des distances très petites, appelées *espaces intermoléculaires*, qui nous sont également inconnues, qui varient dans un même corps avec les circonstances physiques dans lesquelles il se trouve, et que l'on considère comme beaucoup plus grandes que les dimensions des molécules.

En *mécanique* nous faisons abstraction des dimensions de ces molécules, et nous substituons au corps physique un système de *points matériels*, dont nous négligeons les dimensions, placés à des distances déterminées les uns des autres.

En particulier nous disons qu'un corps solide est *rigide* ou *invariable* quand les distances mutuelles des *points matériels* qui le composent sont invariables.

2. — Repos. Mouvement. Lorsque les points A, B, C, D... d'un système P restent à des distances mutuelles invariables, on dit que chacun de ces points est en *repos* dans le système P, ou relativement aux autres points de ce même système. Nous pouvons concevoir le repos *absolu*; mais la nature ne nous en donne aucun exemple.

Dans le cas, au contraire, où les distances du point A aux points B, C, D,... changent avec le temps, on dit que ce point A est en *mouvement* dans le système P.

Il est clair qu'un point en repos dans le système P peut être en mouvement dans un autre système P′.

3. — Inertie. Nous *admettons,* comme fait d'expérience, qu'*un corps ne peut de lui-même se mettre en mouvement s'il est au repos, ou modifier le mouvement qu'il possède.*

Cet axiome, que nous retrouverons plus tard sous le nom de *Loi expérimentale de l'inertie,* se vérifie dans ses conséquences, mais ne peut être démontré dans toute sa généralité.

4. — Force. *On appelle* FORCE *toute cause de production ou de modification de mouvement.*

Il résulte de cette définition que les forces sont de diverses espèces.

Ainsi, tous les corps que nous voyons, abandonnés à eux-mêmes, se mettent en mouvement vers la terre : ils sont donc sollicités par une force qui s'appelle PESANTEUR.

Le *fer,* situé dans le voisinage d'un *aimant,* tend à se déplacer vers l'aimant : il est donc sollicité par une force qu'on appelle *attraction magnétique.*

Un corps électrisé attire ou repousse les corps légers et isolés placés auprès de lui : *attraction et répulsion électriques.*

Quand on élève la température d'un gaz, renfermé dans un vase à parois inextensibles par exemple, il se produit sur les parois une pression de plus en plus grande qui est due à la *force élastique du gaz.*

Enfin, l'homme utilise la *force musculaire* des animaux.

5. — Pressions. Mais il est évident que l'action d'une force sur un corps ne se manifeste pas toujours par un mouvement de ce corps : ainsi, la pesanteur agit sur les objets placés sur une table, car si nous supprimons la résistance que la table oppose au mouvement de ces objets, ils tombent : on dira alors que la pesanteur produit une *pression* aux points où ces objets sont en contact avec la table. Il en est de même si un corps pesant suspendu en un point reste en repos ; la pesanteur exerce une pression sur le point de suspension.

6. — Trois données importantes servent à déterminer une force agissant sur un corps :

1° Le *point d'application ;*

2° La *direction :* c'est la droite suivant laquelle se déplacerait le point d'application supposé en repos s'il était libre d'obéir isolément à l'action de la force ;

3° L'*intensité*, que nous apprendrons à mesurer dans le paragraphe suivant.

7. — **Équilibre.** On conçoit aisément que deux forces, agissant simultanément sur un même point matériel libre, puissent se détruire mutuellement, de sorte que l'état de ce point ne soit en rien modifié par la suppression de ces deux forces : on exprime ce fait en disant que *ces forces se font équilibre.*

De même, si des forces, en nombre quelconque, sollicitant un corps, sont telles que l'on ne trouble pas l'état de ce corps, supposé libre, en faisant cesser simultanément leurs actions, on dira que le *système de ces forces est en équilibre.*

8. — Il est évident que l'on ne doit pas confondre l'état d'un corps *en repos* avec celui d'un corps sollicité par des *forces qui se font équilibre*, car un corps en mouvement peut n'être sollicité par aucune force.

9. — **Divisions de la mécanique.** La mécanique se subdivise en trois parties bien distinctes :

1° La STATIQUE, qui traite de l'équilibre des forces et des transformations que l'on peut leur faire subir ;

2° La CINÉMATIQUE, qui a pour objet l'étude du mouvement du point matériel ou des systèmes de points, indépendamment des causes qui le produisent ;

3° La DYNAMIQUE, dont le but est d'étudier l'effet produit sur un corps par des forces qui le sollicitent.

On comprend que la *statique* puisse être considérée comme un cas

particulier de la *dynamique* : nous suivrons l'ordre précédent, spé-
cifié dans les programmes.

§ II. — COMPARAISON ET MESURE DES FORCES.

10. — Égalité de deux forces. On dit que deux forces sont
égales, quand elles sont susceptibles de produire des effets identiques dans des conditions identiques.

Ainsi, deux forces seront égales si, en les faisant agir successivement sur un même point matériel libre partant du repos, elles lui
communiquent le même mouvement.

Ou encore, deux forces sont d'égale intensité si elles se font équilibre en agissant sur un point matériel en même direction, mais
dans des sens opposés.

11. — Force multiple d'une autre. On dit qu'une force F est
double, triple... d'une force F′ lorsque la force F est capable de remplacer l'action de deux, trois... forces égales à F′ agissant en même
direction et en même sens sur un point libre.

Il est clair que la force F est alors susceptible de tenir en équilibre le système de deux, trois... forces égales à F′, appliquées au
même point, dans la même direction, mais en sens inverse.

La force F est alors appelée *force multiple de F′*.

Une force φ est dite *commune mesure* entre les forces F et F′ lorsque
ces forces sont multiples de φ.

12. — Rapport de deux forces. Le rapport de la force F à la
force F′ est le nombre qui exprime comment F se compose avec F′.
Si ces forces sont commensurables entre elles, c'est-à-dire s'il
existe entre elles une commune mesure φ, contenue m fois dans F
et m' fois dans F′, on aura :

$$\frac{F}{F'} = \frac{m}{m'}.$$

Mais, dans le cas où il n'existe pas de commune mesure entre
F et F′, on obtiendra des valeurs de plus en plus approchées du
rapport de F à F′ en cherchant le nombre de fois que la force F contient des parties aliquotes de plus en plus petites de F′.

Par exemple, si l'on veut évaluer $\frac{F}{F'}$ à $\frac{1}{10^n}$ près, on comparera F à la force f qui est la fraction $\dfrac{1}{10^n}$ de F', et, si m est le plus grand nombre de fois que F contient f, on aura :

$$\frac{m}{10^n} < \frac{F}{F'} < \frac{m+1}{10^n}.$$

13. — Unité de force. On choisit pour *unité de force* le kilogramme, c'est-à-dire l'action exercée par la terre sur un décimètre cube d'eau distillée à 4 degrés centigrades, placé à la surface du sol.

14. — Mesure des forces. Dynamomètres. On appelle *mesure* d'une force le rapport de cette force au kilogramme.

Pour effectuer la comparaison d'une force au kilogramme, on emploie des instruments appelés DYNAMOMÈTRES, qui sont formés dans leur partie essentielle de corps élastiques, tels que des ressorts d'acier, pouvant subir des déformations sous l'action des forces, et reprenant leur forme primitive lorsque cette action cesse. On conçoit aisément que l'on puisse constater ainsi l'égalité de deux forces par l'identité des déformations qu'elles produisent sur le même dynamomètre.

Pour graduer un dynamomètre, on observera directement les flexions produites par des poids connus, et l'on inscrira les poids vis-à-vis des positions occupées par un point déterminé, appelé *repère*, de la partie flexible.

15. — Peson à ressort. On donne à ce dynamomètre plusieurs dispositions représentées dans les figures 1, 2, 3.

1° — *Peson en arc* (fig. 1). — Il se compose d'une lame d'acier flexible courbée en forme de V. Un arc métallique (laiton) fixé en A passe librement à travers l'autre branche dans laquelle on a pratiqué une fenêtre et se termine par un anneau destiné à fixer l'appareil à un obstacle fixe. Un deuxième arc analogue au premier est fixé au contraire en B et passe librement dans l'autre branche; il porte à son extrémité un crochet permettant de faire agir successivement les forces que l'on veut comparer. Il est évident que si l'on fixe l'anneau et que l'on suspende un corps pesant à l'aide du crochet, le ressort fléchira et l'on pourra définir cette flexion par le point du premier

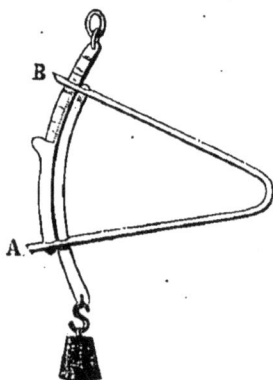

Fig. 1.

arc en contact avec la partie B du ressort. On graduera ainsi l'instrument en suspendant des corps pesant 1, 2, 3... kilogrammes, et
marquant 1, 2, 3... aux points d'affleurement. Enfin, pour éviter
qu'on ne dépasse la *limite d'élasticité* du ressort, ce
qui produirait une déformation permanente, on place
sur le premier arc un talon contre lequel vient buter
le ressort dans le cas où l'on fait agir une force de
trop grande intensité.

2º — *Peson cylindrique* (fig. 2). — Ici la lame élastique est un ressort à boudin enfermé dans un tube de
laiton qui porte à sa partie supérieure un anneau A.
L'autre base du cylindre laisse passer librement une
tige terminée à la partie inférieure par un crochet C,
et à l'autre extrémité par un disque faisant piston et
qui a pour but de comprimer le ressort à boudin contre
la base inférieure du cylindre. Une rainure B, pratiquée
dans la paroi latérale du tube, laisse saillir un index
fixé à la tige, qui peut ainsi se mouvoir sur une échelle tracée
sur le bord de la rainure.

Fig. 2.

L'usage de cet instrument est évident.

3º — *Peson à cadran* (fig. 3). — Dans cette disposition, la lame
d'acier R est cintrée ; elle est fixée en l'une
de ses extrémités à une plaque circulaire dont
le contour porte la graduation. L'autre extrémité porte une crémaillère c qui engrène
sur un pignon p dont l'arbre porte une aiguille A se mouvant sur le cadran. On suspend l'appareil à un point fixe par un anneau
qui part de la première extrémité du ressort,
et l'on fait agir la force que l'on veut mesurer
à l'aide d'un crochet fixé à l'autre extrémité.
L'action de la force tend à abaisser l'extrémité mobile du ressort, et la crémaillère, obli-
geant le pignon à tourner autour de son axe, fait déplacer l'aiguille
sur le cadran.

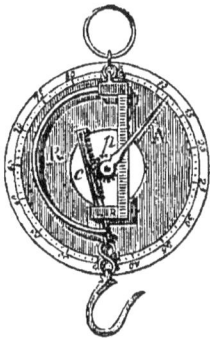

Fig. 3.

16. — Dynamomètre de M. Poncelet. Cet appareil (fig. 4) se
compose de deux lames d'acier AB, CD qui au repos sont parallèles,
et qui sont articulées à leurs extrémités à deux petites tiges métalliques AC, BD. Un anneau et un crochet sont fixés au milieu de ces
lames et à l'extérieur, tandis qu'aux mêmes points sont vissées inté-

rieurement deux règles divisées, glissant l'une contre l'autre. Il est évident qu'en fixant l'anneau E, et faisant agir une force en F, on produira un écartement des deux ressorts qui sera apprécié par le déplacement relatif des divisions des deux tiges.

17. — REMARQUE. On constate aisément, en voyant la graduation d'un pèson, que les divisions sont inégales : elles sont d'autant plus petites pour un même excès de force que la force a une plus grande intensité : il en résulte que l'approximation avec laquelle une

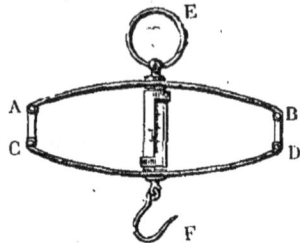

Fig. 4.

force est mesurée par ces instruments va en décroissant quand la force augmente.

Dans le dynamomètre de M. Poncelet, cet inconvénient n'existe pas : l'écartement des points milieux des deux lames est proportionnel à l'intensité de l'effort exercé pour les écarter, dans des limites assez grandes. C'est un avantage important.

18. — **Dynamomètre de Regnier** (fig. 5). — Cet instrument peut servir à l'évaluation des efforts de traction et de compression. Il se compose d'un ressort d'acier *abcd* formé de deux lames minces courbées en ellipse, et réunies à leurs extrémités par une partie épaisse et peu élastique.

Il est clair qu'on produira un rapprochement des points milieux des deux parties flexibles en comprimant le ressort perpendiculairement à *ab*, et aussi en le soumettant à une traction dans la direction *ab*.

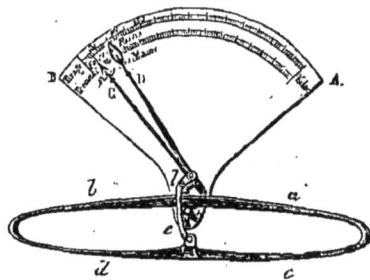

Fig. 5.

Le déplacement relatif de ces deux points milieux est transmis par un levier coudé *el* à une aiguille C dont l'extrémité se déplace sur un cadran divisé.

Les deux graduations indiquées sur la figure sont relatives l'une à la traction, l'autre à la compression.

Une seconde aiguille D a pour but d'indiquer l'effort maximum : elle est entraînée par l'aiguille C, et peut se déplacer librement autour du même centre.

Quant à la graduation, cet appareil présente les inconvénients des pesons, mais il est plus précis que ces dynamomètres et sert particulièrement à la mesure des forces supérieures à 100 kilogrammes. Il est employé pour estimer la force de traction du cheval.

19. — Représentation graphique d'une force. Quelle que soit la nature d'une force, nous avons obtenu sa mesure en la comparant au kilogramme ; il est possible alors de la représenter géométriquement en traçant une droite passant par le point d'application A (fig. 6), de même direction que la force, et portant à partir

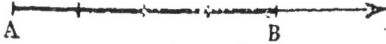

Fig. 6.

de A, dans le sens où agit cette force, *une longueur AB ayant même mesure que la force.* Ainsi, en prenant le mètre pour unité de longueur, et le kilogramme pour unité de force, la longueur $AB = 2,7$ représentera la force $2,7$.

On indiquera d'ailleurs par une flèche le sens d'action.

§ III. — AXIOMES ET CONSÉQUENCES.

20. — La mécanique repose sur des propriétés ou *axiomes* qui sont acquises par l'expérience.

Les axiomes utiles dans la statique sont au nombre de quatre.

21. — AXIOME I. *Deux forces égales agissant aux extrémités d'une barre rigide, dans la direction de cette barre et en sens inverse, se font équilibre.*

Ainsi, soit (fig. 7) les deux points A, B, liés l'un à l'autre, de sorte

Fig. 7.

que leur distance soit invariable, et soit F et F' des forces d'égale intensité agissant dans la direction AB, mais en sens inverse ; nous admettons que le système est en équilibre.

22. — AXIOME II. *Lorsqu'un corps invariable a un point fixe, et qu'il est sollicité par une force unique, il faut et il suffit pour l'équilibre que la direction de la force passe par ce point fixe.*

Le corps invariable M (fig. 8) dont le point A est fixe, sera en équilibre sous l'action de la seule force F si le point A est situé sur BF, et seulement dans ce cas.

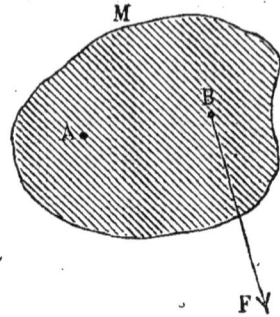

23. — AXIOME III. *Lorsqu'un corps invariable a un axe fixe (c'est-à-dire s'il ne peut que tourner autour d'une droite), et qu'il est sollicité par une force unique, il faut et il suffit pour l'équilibre que la force soit dans un même plan avec l'axe.*

Fig. 8.

24. — AXIOME IV. *Lorsqu'un corps invariable au repos est en équilibre sous l'action d'un système de forces, on ne trouble pas l'équilibre en fixant un ou plusieurs points du corps.*

25. — AXIOME V. *On ne trouble pas l'état d'un corps invariable en détruisant des forces qui se font équilibre sur ce corps, ou en faisant agir des forces se tenant en équilibre sur le corps.*

26. — THÉORÈME I. *On peut, sans changer l'action d'une force sur un corps, transporter son point d'application en un point quelconque du corps situé sur sa direction.*

Soit, en effet (fig. 9), la force F sollicitant le point A du corps M,

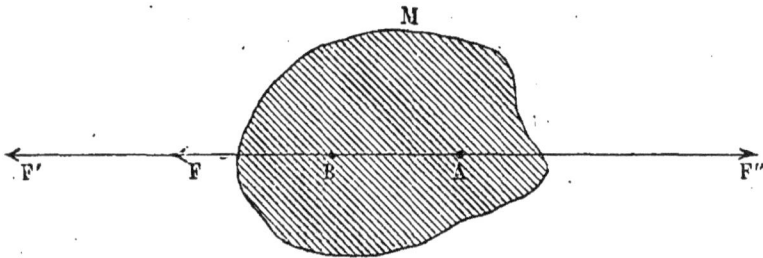

Fig. 9.

et soit B un point quelconque de sa direction : nous ne changerons en rien l'état du système (25) en introduisant deux nouvelles forces F′ et F″ égales entre elles et à la force F, agissant l'une F′ en B, l'autre F″ en A dans la direction AB et en sens inverse, car AB est une barre rigide, et par suite les forces F′ et F″ sont en équilibre (21). Or, les forces F et F″ égales et directement opposées se font équilibre, donc nous pouvons les supprimer (25), le corps ne sera plus sollicité que par la force F′ appliquée au point B.

27. — THÉORÈME II. *Deux forces qui se font équilibre sur un corps libre sont égales et directement opposées.*

Soit (fig. 10) le corps solide M absolument libre, et soient les deux forces F et F′ qui se font équilibre sur ce corps ; nous voulons prouver que les directions de ces forces coïncident, qu'elles agissent en sens inverse et qu'elles ont même intensité : c'est ce que l'on exprime en disant qu'*elles sont égales et directement opposées.*

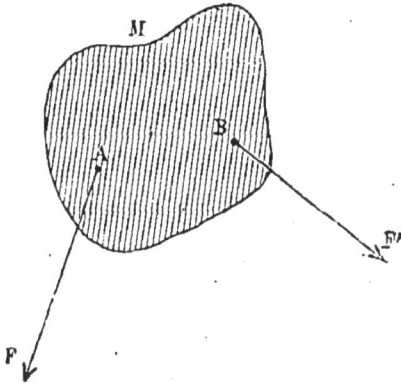

Fig. 10.

1° Soit A un point arbitraire de la force F, que nous pouvons prendre comme point d'application de cette force (26) : nous ne troublerons pas l'équilibre supposé en fixant le point A (24) ; or, à ce moment, l'effet de la force F sera détruit, et le corps ayant un point fixe A sera en équilibre sous l'action de la seule force F′ ; donc (22) la direction de F′ passe par le point A.

Les directions F et F′ coïncident donc, puisqu'elles ont en commun un *point quelconque* de F.

2° Les deux forces agissant en même direction et se faisant équilibre ne peuvent évidemment agir en même sens.

3° Les deux forces agissant en même direction et en sens contraire ne peuvent être en équilibre que si elles ont même intensité.

Donc, en résumé, les deux forces F et F′, qui se font équilibre sur le corps invariable libre M, sont égales et directement opposées.

28. — Corollaire I. *Deux forces qui produisent sur un corps libre des effets identiques sont identiques.*

Soient en effet (fig. 10) les deux forces F et F′ produisant des effets identiques sur le corps M ; nous détruirons l'action de F en faisant agir, par exemple au point A, une force F″ égale et contraire à F : Donc cette force F″ est capable de tenir en équilibre la force F′ dont l'effet sur M est identique à l'action de F ; par suite F′ et F″ sont égales et directement opposées (27). Donc F et F′ sont identiques, puisque chacune d'elles est égale et directement opposée à F″.

29. — Corollaire II. (*Réciproque du théorème I.*)

Si l'on ne change pas l'effet d'une force sur un corps libre en transportant son point d'application de A en B, ce point B est sur la direction de la force.

Car deux forces qui produisent des effets identiques sur un corps libre sont en même direction (28).

30. — THÉORÈME III. *Trois forces qui se font équilibre sur un corps sont situées dans le même plan.*

Soit en effet (fig. 11) le corps M, en équilibre sous l'action des forces F, F', F''; prenons arbitrairement un point sur la direction de chacune d'elles; en fixant les points A et B, nous ne troublerons pas l'équili-bre supposé (24). Or, à ce moment, les deux forces F et F' étant dé-truites par la fixité des points A et B, le corps, toujours en équilibre, sera sollicité par la seule force F'' et aura un axe fixe AB : donc (23) la force F'' est dans un même

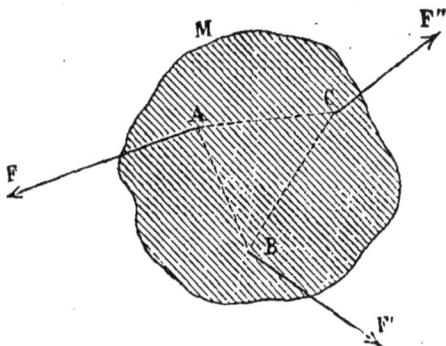

Fig. 11

plan avec AB, c'est-à-dire qu'elle est contenue dans le plan ABC; ce plan contenant l'une quelconque des trois forces les contient toutes, c'est ce qu'il fallait prouver.

31. — Définition. *On dit qu'un système de forces sollicitant un corps admet une RÉSULTANTE, lorsqu'il existe une force produisant sur ce corps un effet identique à l'effet simultané des forces considérées.*

Dans le cas général, ainsi que nous le verrons, un système de forces n'admet pas de *résultante* : il faut, pour qu'il en soit ainsi, certaines conditions que nous déterminerons. Mais, lorsqu'un sys-tème de forces admet une résultante, *il n'en peut admettre qu'une seule;* en effet, d'après (28), si deux forces produisent des effets iden-tiques sur un corps elles sont identiques.

32. — THÉORÈME IV. *Lorsque des forces sont en équilibre sur un corps libre, chacune d'elles est égale et directement opposée à la résultante de toutes les autres.*

Soit en effet le corps M (fig. 12) en équilibre sous l'action des forces $F_1, F_2, F_3 \ldots$; appliquons une force F_1' égale et contraire à F_1, le corps obéira uniquement à l'action de F_1' : mais, d'autre part, cette force F_1' tenant en équilibre F_1, nous ne troublerons pas l'état du système en supprimant $\mathbf{F_1}$ et F_1'; donc le corps obéira à l'action

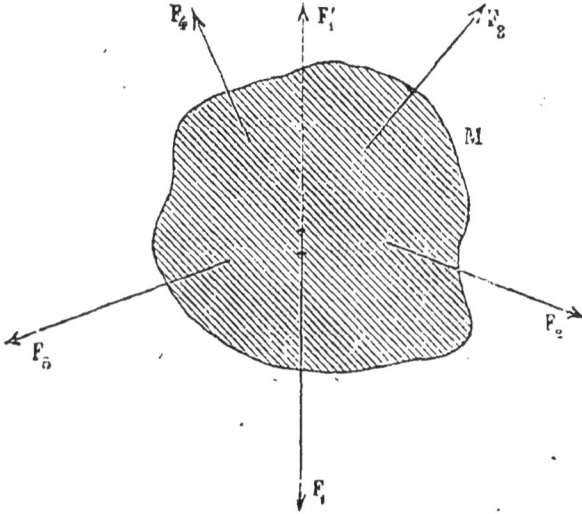

Fig. 12.

simultanée des forces $F_2, F_3 \ldots$ Il en faut conclure que la force F_1' produit le même effet sur le corps que l'action simultanée des forces $F_2, F_3 \ldots$; donc F_1' est, par définition, la résultante du système des forces $F_2, F_3 \ldots$, ce qu'il fallait démontrer, puisque F_1 est égale et contraire à F_1' par hypothèse.

33. — **THÉORÈME V**. *Deux forces qui ne sont pas dans un même plan n'ont pas de résultante.*

Car si les forces F et F' ont une résultante R, en appliquant au corps une force R' égale et contraire à R, on produira un équilibre entre les forces F, F' et R'. Ces forces sont donc dans le même plan (30). Donc si les forces F et F' ne sont pas dans le même plan, elles ne peuvent admettre de résultante.

CHAPITRE II

FORCES CONCOURANTES

§ I. — COMPOSITION DES FORCES QUI SOLLICITENT UN POINT MATÉRIEL.

34. — Définition. Lorsque les forces d'un système admettent une *résultante*, on dit qu'on les *compose* quand on les remplace par cette résultante, et ces forces s'appellent *composantes*.

35. — *Des forces qui sollicitent un point matériel admettent toujours une résultante.* En effet, on peut toujours imaginer une force qui empêche le point matériel de se déplacer sous l'action des forces qui le sollicitent : cette force tient donc en équilibre les forces considérées, qui admettent dès lors une résultante égale et contraire à cette force.

36. — COMPOSITION DES FORCES AGISSANT EN MÊME DIRECTION.

PREMIER CAS. — Supposons que *deux forces* agissent sur un même point matériel en même direction et *en même sens*. On pourra les remplacer par une force unique égale à leur somme, agissant dans la même direction et dans le même sens que ces composantes.

Soient en effet F et F' les intensités de ces forces et φ une commune mesure contenue m fois dans F et m' fois dans F'. Cela signifie, par définition, que la force F produit le même effet que les m forces égales à φ, agissant dans la même direction et dans le même sens que F : donc par les mêmes raisons, la force F+F' produira le même effet que les $(m+m')$ forces égales à φ, c'est-à-dire que les forces simultanées F et F'.

37. — DEUXIÈME CAS. — Considérons des forces en *nombre arbitraire* agissant sur un même point matériel, *en même direction* et *en* *même sens;* on pourra les remplacer par une force unique, agissant en même direction et en même sens que ces composantes, et dont l'intensité sera la somme des intensités.

Soient en effet les forces F_1, F_2, F_3... considérées : les forces F_1 et F_2 pourront être remplacées par $(F_1 + F_2)$, puis les forces $(F_1 + F_2)$ et F_3 pourront être remplacées par $(F_1 + F_2 + F_3)$, et ainsi de suite, en appliquant le résultat du premier cas.

38. — Troisième cas. — Supposons un point matériel sollicité en même direction, mais en sens inverse par les forces F et F'; on les remplacera par une force agissant dans la même direction, dans le sens de la plus grande, ayant pour intensité la différence des intensités.

En effet, soit $F > F'$: l'action de la force F peut être remplacée (premier cas) par l'action simultanée des deux forces F' et $(F - F')$ agissant dans le même sens que F : or les deux forces égales à F' agissant en sens inverse sont en équilibre et peuvent être supprimées, il restera donc la force unique $(F - F')$ agissant dans le sens de F.

39. — Quatrième cas. — Enfin, soit le cas *général* d'un point matériel sollicité en même direction par les forces F, F', F''... qui tirent dans un même sens, et par les forces F_1, F_1', F_1''... qui tirent dans le sens contraire. Elles admettent pour résultante une force agissant en même direction, dans le sens de celles des forces proposées, dont la somme des intensités est la plus grande, et ayant pour intensité la différence des deux sommes.

En effet, les forces F, F', F''..., se composent (deuxième cas) en une force unique Φ ayant pour intensité :

$$F + F' + F'' + \ldots$$

De même, les forces qui agissent en sens contraire admettent pour résultante la force Φ_1 dont l'intensité est :

$$F_1 + F_1' + F_1'' + \ldots$$

Donc le point matériel est sollicité par les deux forces simultanées Φ et Φ_1 qui agissent en même direction mais en sens inverse ; on peut donc (troisième cas) remplacer ces forces, et par suite les proposées, par une force agissant en même direction, dans le sens de la plus grande des forces Φ et Φ_1 et ayant pour intensité leur différence.

Résumé. Si l'on convient de représenter les forces qui agissent dans la même direction par la notation algébrique, en donnant le signe $+$ aux forces qui tirent dans un sens, et le signe $-$ à celles qui agissent en sens inverse, la résultante sera représentée en grandeur et en signe par la somme algébrique des composantes.

40. — COMPOSITION DE DEUX FORCES CONCOURANTES.
Pour arriver au théorème qui donne la résultante de deux forces concourantes, nous démontrerons les quatre lemmes suivants.

41. — Lemme I. — *La résultante de deux forces concourantes est située dans le plan de ces forces.*

Soient en effet (fig. 13) les deux forces F et F' sollicitant le point A; soit R leur résultante : si les directions de ces trois forces ne sont pas dans le même plan, nous considérons un plan passant par le point A et laissant d'un côté la force R et de l'autre les forces F et F'.

Nous remarquons alors que le point matériel A est sollicité par les forces F et F' du côté du plan où ces forces agissent, tandis que la résultante R, qui doit produire le même effet, tend à déplacer le point A de l'autre côté du plan.

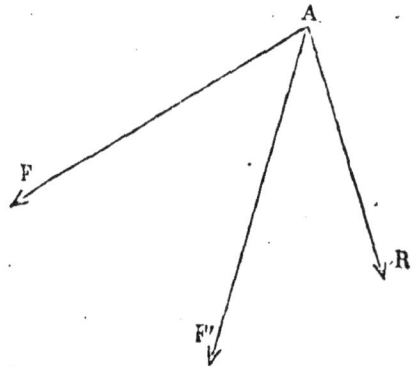

Fig. 13.

Il faut en conclure que le plan considéré ne peut exister, et que par suite les trois directions sont contenues dans un même plan.

42. — Lemme II. — *La résultante de deux forces concourantes agit dans l'angle des composantes.*

Le même raisonnement que ci-dessus prouve que si la résultante R (fig. 13) des forces F et F' n'agit pas dans l'angle FAF', cette force R ne peut remplacer les actions simultanées des forces F et F', puisqu'on peut imaginer une infinité de plans passant par A, laissant d'un côté la force R et de l'autre les deux composantes.

43. — Lemme III. — *La résultante de deux forces concourantes égales est dirigée suivant la bissextrice de l'angle des composantes.*

Soit le point A (fig. 14) sollicité par les forces égales F et F′, et soit XY la bissextrice de l'angle de ces forces : supposons que la résultante R n'étant pas dirigée suivant XY, agisse dans l'angle FAY.

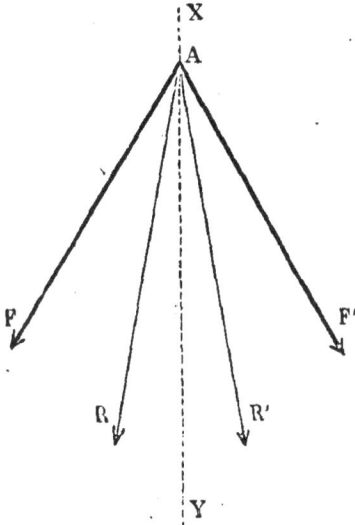

En faisant tourner la figure de 180° autour de XY, F viendra prendre la place de F′ et réciproquement, et R se placera dans la position R′ symétrique de R par rapport à XY : or, la figure géométrique formée par les composantes est restée identique à elle-même, donc la résultante R existe encore dans la position d'abord supposée.

Les deux forces R et R′ distinctes seraient donc en même temps des résultantes du même système de forces, ce qui ne peut être.

Donc R est dirigé suivant XY.

Fig. 14.

44. — Lemme IV. — *Si l'on fait agir des forces égales en deux sommets opposés A, C (fig. 15) d'un losange invariable, et suivant les*

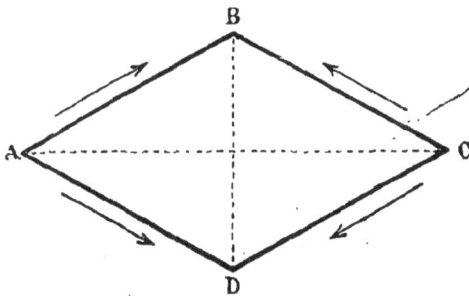

Fig. 15.

côtés qui aboutissent à ces sommets, il y aura équilibre entre ces quatre forces.

En effet, les forces qui sollicitent le point A sont égales et également inclinées sur la diagonale AC, donc leur résultante est dirigée

suivant AC. De même, les forces qui sollicitent le point C se composent en une force dirigée suivant CA.

D'ailleurs, ces résultantes partielles sont d'égale intensité, car la
figure géométrique formée par les forces qui agissent en A est identique à la figure formée par les forces qui agissent en C.

Par suite, les deux forces auxquelles le système est réduit sont
appliquées aux extrémités d'une barre rigide AC (puisque le losange
est invariable), agissent dans la direction de cette barre et en sens
contraire. Elles se font donc équilibre d'après l'axiome I (21).

45. — THÉORÈME VI. — Parallélogramme des forces. — *La
résultante de deux forces concourantes est représentée, en grandeur
et en direction, par la diagonale du parallélogramme construit sur les
droites qui représentent, en grandeur et en direction, les forces composantes.*

46. — 1° — Direction de la résultante. — Supposons d'abord les
forces F et F' sollicitant le point A (fig. 16), commensurables entre

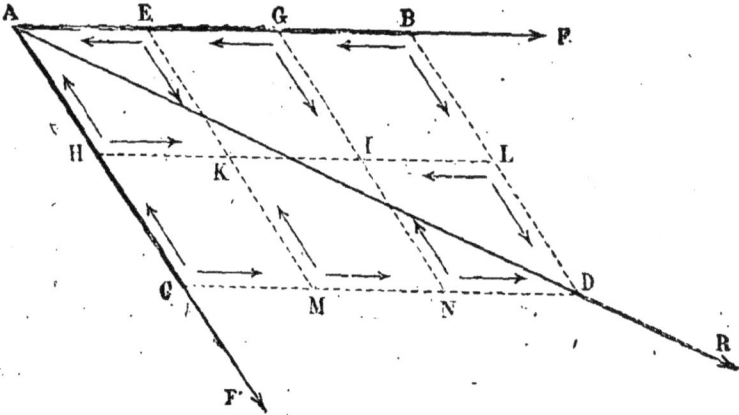

Fig. 16.

elles; et soit φ une commune mesure contenue trois fois dans F et
deux fois dans F' : les droites AB et AC qui représentent ces composantes auront donc aussi une commune mesure contenue trois fois
dans AB et deux fois dans AC.

Par les points de division E, G, B nous traçons des parallèles à F'
et par les points H, C, des parallèles à F : nous formons ainsi des
losanges que nous supposons invariables et liés invariablement
entre eux.

Dès lors, le corps formé par ces losanges est sollicité par une force unique, la résultante des forces F et F', agissant sur le point A (fig. 16 *bis*) : nous cherchons alors à prouver que l'on peut considérer ce corps comme sollicité par une force unique agissant en D ; il en faudra conclure (29) que la direction de la force unique, c'est-à-dire de la résultante, est AD, diagonale du parallélogramme construit sur AB et AC.

A cet effet, nous appliquons aux sommets E, H du losange AEKH des forces égales à φ, dirigées suivant les côtés qui aboutissent à ces sommets. Nous savons que ces quatre forces se faisant équilibre (44) ne changeront pas l'état du corps (25). Nous répétons cette opération aux sommets G et C du losange AGNC, puis aux sommets B

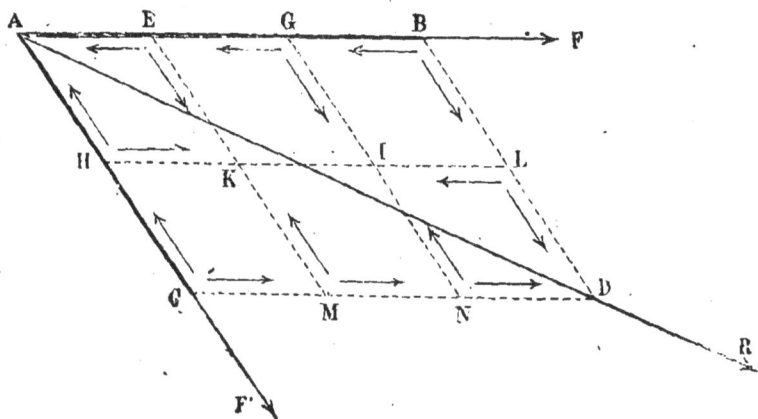

Fig. 16 *bis*.

et M du losange EBDM, et enfin aux sommets L et N du losange HLDN. Le corps, sollicité par les forces F et F' et par les seize nouvelles forces, est dans le même état que s'il était sollicité en A par la résultante des forces F et F'.

Or, les forces auxiliaires dirigées suivant HL, sollicitant les points H et L, se font équilibre (21); donc on peut les supprimer (25) : il en est de même pour les forces dirigées suivant EM et GN.

De plus, les forces agissant aux points E, G, B suivant BA peuvent être appliquées en A (26) et se composent alors (37) suivant une force égale et contraire à F : donc on peut supprimer la force F et ces forces auxiliaires (25). Il en est de même pour la force F' et pour les forces auxiliaires dirigées suivant CA.

Les forces dirigées suivant CD se composent de même en une

force égale à F et sollicitant le point D, et les forces agissant suivant BD peuvent être remplacées par une force égale à F′ et tirant sur le point D.

· Donc le corps, sollicité par deux forces qui agissent en D, est soumis à l'action d'une seule force appliquée en D.

Nous en concluons, comme il a été dit plus haut, que la droite AD est la direction de la résultante des forces F et F′.

* **47.** — Nous avons supposé dans la démonstration précédente que les forces F et F′ admettaient une commune mesure. Faisons l'hypothèse contraire, partageons AC (fig. 17) en n parties égales; en portant autant de fois que possible cette partie aliquote sur AB, nous trouvons :

$$AB_1 = \frac{m}{n} AC ,$$

$$AB_2 = \frac{m+1}{n} AC .$$

Lorsque nous faisons croître sans limite le nombre arbitraire n, les points B_1 et B_2 tendent simultanément vers le point B.

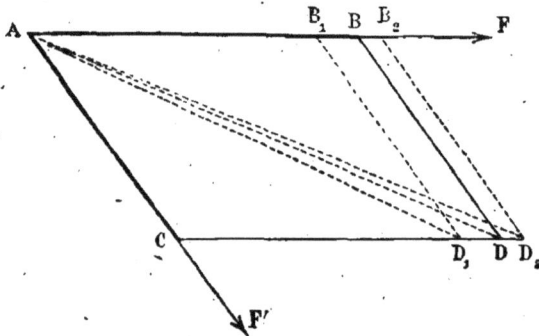

Fig. 17.

Or (46), la résultante des forces représentées par AB_1 et AC a pour direction AD_1, et les forces AB_2 et AC se composent suivant AD_2.

Donc la résultante des forces AB et AC, étant la limite commune vers laquelle tendent AD_1 et AD_2, est dirigée suivant AD. Le résultat est donc toujours le même.

48. — 2° — Intensité de la résultante. — Nous savons que les deux forces F, F′ représentées en grandeur et direction par AB et AC (fig. 18) ont pour résultante une force R dirigée suivant AD : et il nous reste à prouver que l'intensité de R est représentée par AD.

A cet effet, appliquons en A une force R' égale et contraire à R ; il y aura équilibre entre les forces F, F' et R', et par suite (52) la résultante des forces R' et F' est égale et contraire à F ; il en résulte que BAE est la direction de la diagonale du parallélogramme con-

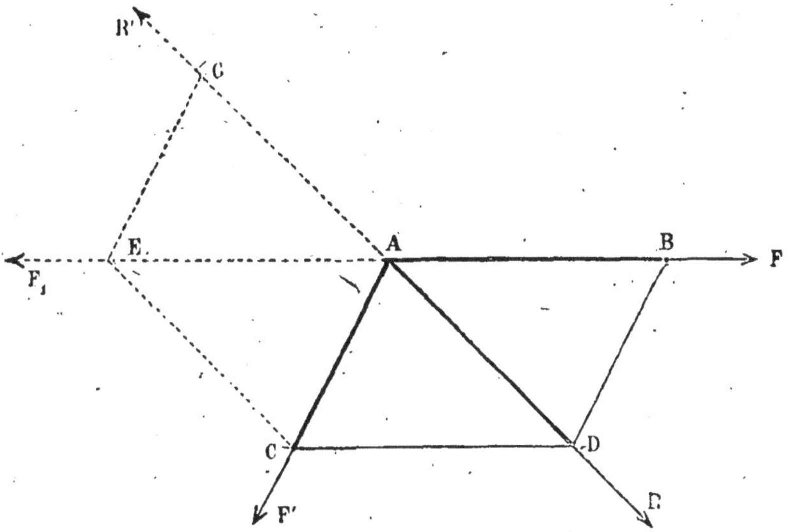

Fig. 18.

struit sur les droites qui représentent en grandeur et en direction les forces R' et F' ; par suite, ce parallélogramme peut être construit en menant CE parallèle à R' et EG parallèle à F' ; donc AG est l'intensité de la force R' et aussi celle de la force R.

Or, AG = CE = AD, donc AD est bien l'intensité de la résultante R ; c'est ce qu'il restait à prouver.

49. — COMPOSITION DE TROIS FORCES SOLLICITANT UN POINT MATÉRIEL. Soient les forces F, F', F″, sollicitant le point O (fig. 19) et représentées en grandeur et en direction par OA, OB, OC : ces directions forment généralement un angle trièdre OXYZ.

Nous composons F et F' suivant OD en appliquant le théorème VI (45), puis nous composons OD et F″ en OE d'après la même règle : la force représentée en grandeur et en direction par OE remplace le système des forces F, F', F″ dans leur action sur le point O.

50. — REMARQUE. — Nous remarquons que la droite OE est *la diagonale du parallélépipède construit sur les droites* OA, OB, OC : ce solide s'appelle PARALLÉLÉPIPÈDE DES FORCES.

Enfin la droite OE ferme la ligne polygonale OADE *dont les côtés sont respectivement égaux et parallèles aux droites* OA, OB, OC *qui représentent en grandeur et en direction les forces composantes.*

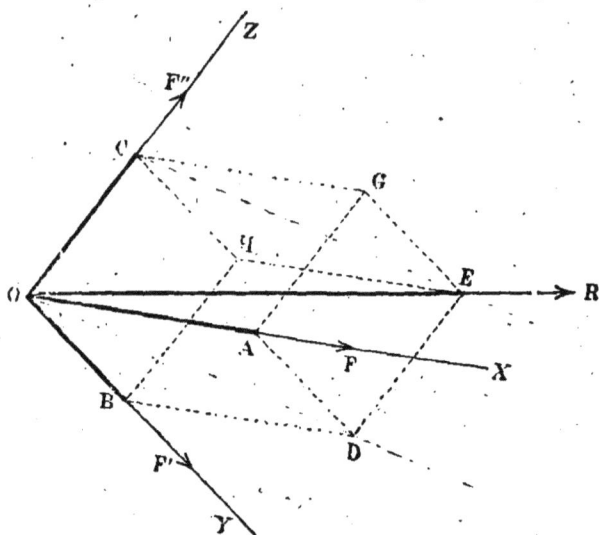

Fig. 19.

51. — COMPOSITION D'UN NOMBRE QUELCONQUE DE FORCES SOLLICITANT UN POINT MATÉRIEL. Soient (fig. 20) les

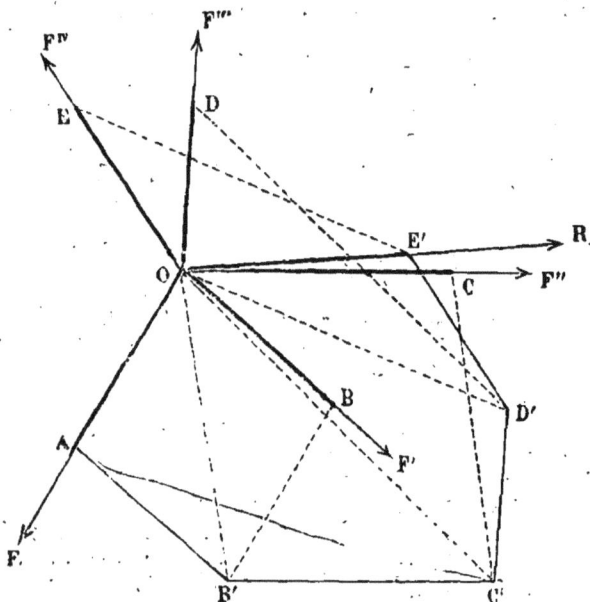

Fig. 20.

forces F, F', F'', F''', F^{iv}, sollicitant le point 0, et représentées en grandeur et direction par OA, OB, OC, OD, OE; nous traçons AB′ égale et parallèle à OB : la force représentée en grandeur et en direction par OB′ remplace les forces F et F′. De même nous traçons B′C′ égale et parallèle à OC, et la force représentée par OC′ remplace les forces F, F′, F″; puis nous tirons successivement C′D′ et D′E′ égales et parallèles respectivement à OD et OE. Il est clair que la force représentée par OE′ est la résultante du système considéré.

Nous en concluons l'énoncé suivant :

52. — THÉORÈME VII. *En traçant une ligne polygonale, dont les côtés sont respectivement égaux et parallèles aux droites qui représentent en grandeur et en direction les forces sollicitant un point matériel, on obtient, dans la droite qui ferme le polygone, une ligne égale et parallèle à la résultante du système de ces forces.*

Le polygone ainsi construit s'appelle le POLYGONE DES FORCES.

§ II. — DÉCOMPOSITION D'UNE FORCE.

53. — PROBLÈME I. *Décomposer une force qui sollicite un point matériel en deux forces ayant des directions données.*

Soit donnée la force F représentée par AB (fig. 21) à décomposer

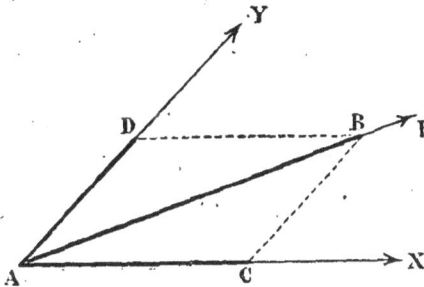

Fig. 21.

suivant les directions données AX, AY : *a priori* les droites AB, AX, AY sont situées dans le même plan, car sans cette condition le problème est impossible (41).

Nous menons par le point B les parallèles BC, BD aux directions données, et il est visible que les forces représentées par AC et AD répondent à la question.

Il faut remarquer que le problème proposé revient à construire un triangle ABC, connaissant un côté AB et les angles.

54. — PROBLÈME II. *Décomposer une force qui sollicite un point matériel en deux forces dont l'une est donnée en grandeur et direction.*

Soit donnée la force F représentée par AB (fig. 22) à décomposer en deux forces dont l'une soit représentée en grandeur et direction par AC.

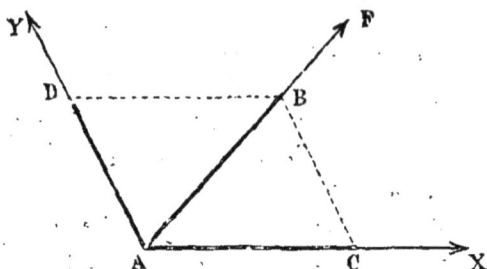

Fig. 22.

Nous traçons AD et BD respectivement parallèles à BC et AC, et il est évident que la force représentée par AD répond à la question.

Ce problème revient à construire un triangle connaissant deux côtés et l'angle qu'ils comprennent.

55. — PROBLÈME III. *Décomposer une force sollicitant un point matériel en deux forces dont l'une ait une intensité donnée et l'autre une direction donnée.*

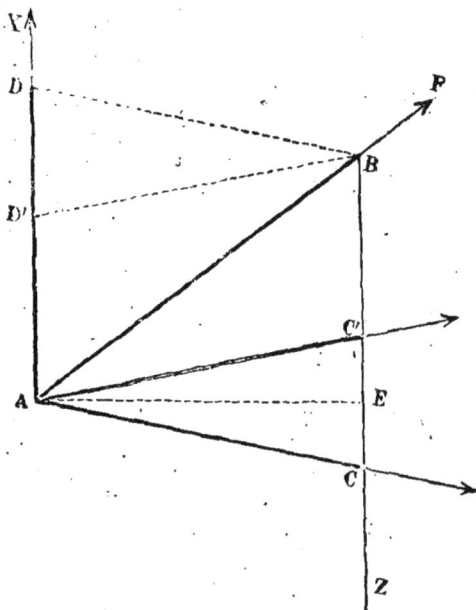

Fig. 23.

Soit à décomposer la force représentée par AB (fig. 23) en deux forces dont l'une soit dirigée suivant AX, l'autre ayant pour intensité f.

Nous menons la droite BZ parallèle à AX, et du point A comme centre avec f pour rayon, nous décrivons une circonférence ; supposons qu'elle rencontre BZ en C : il est clair qu'en menant BD parallèle à AC, nous obtiendrons en AC et AD des forces qui répondront à la question.

La condition de possibilité est donc que la longueur qui représente l'intensité f soit au moins égale à la distance AE du point A à la parallèle à AX menée par B.

Le problème admettra deux solutions AC, AD et AC', AD' si f est plus grand que AE ; mais il pourra arriver que le sens de la composante dont la direction est donnée ne soit pas AX ; c'est lorsque f sera supérieure à AB.

La question revient visiblement à construire un triangle dont on connaît deux côtés et l'angle opposé à l'un d'eux : mais la discussion diffère un peu parce que l'angle opposé au côté connu peut être remplacé par son supplément.

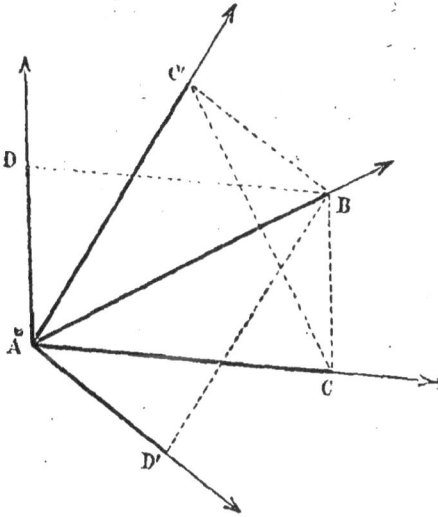

Fig. 24.

56. — PROBLÈME IV.
Décomposer une force sollicitant un point matériel en deux forces ayant des intensités données.

Soit à décomposer la force F représentée par AB (fig. 24) en deux forces dont les intensités sont f et f'. Nous construisons le triangle ABC ayant pour côtés les longueurs qui représentent les intensités F, f, f' : nous obtenons ainsi deux solutions ABC et ABC' desquelles résultent les deux systèmes de forces AC, AD et AC', AD'.

Il est visible que les conditions de possibilité sont :

$$F < f + f'$$
$$f < F + f'$$
$$f' < F + f.$$

57. — PROBLÈME V. *Décomposer une force sollicitant un point matériel en trois forces agissant suivant des directions données.*

Soit F (fig. 25) la force donnée représentée par OA, que l'on veut décomposer en trois forces agissant suivant les directions données OE, OY, OZ. Nous menons par le point A la parallèle à OZ qui rencontre le plan XOY au point B, et par ce point B nous traçons la parallèle à OY qui rencontre OX en C : en prenant OD = CB, et OE = BA, nous obtiendrons en OC, OD, OE les intensités des trois composantes cherchées, car il est visible qu'en composant ces trois forces nous serons conduit à la résultante OA. Cette construction

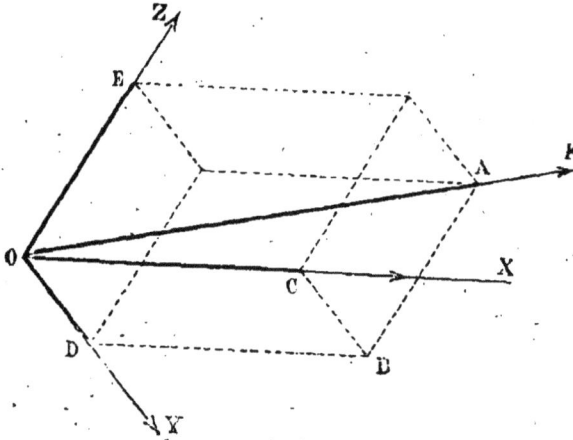

Fig. 25.

revient visiblement à former un parallélépipède dont OA soit la diagonale, et dont les trois arêtes soient dirigées suivant les directions données.

58. — Discussion. Tant que les directions OX, OY, OZ formeront un trièdre, et que la direction OA ne sera pas comprise dans le plan de l'une des forces, il est évident que la construction précédente réussira et conduira à une solution unique du problème proposé.

1° — Supposons d'abord que OA soit contenue (fig. 26) dans le plan XOY, la composante suivant OZ aura une intensité nulle, et l'on obtiendra les composantes suivant OX et OY en construisant le parallélogramme ayant OA pour diagonale et dont les côtés sont dirigés suivant OX et OY. Il est évident d'ailleurs *a priori* que si la composante suivant OZ a une intensité différente de zéro, la résultante ne sera pas située dans le plan XOY ;

2° — Supposons que les directions données soient dans un même plan ne contenant pas OA ; la construction générale conduit à une impossibilité, et il est en effet visible *a priori* que des forces situées dans un même plan et sollicitant un, point matériel ont une résultante située dans ce plan ;

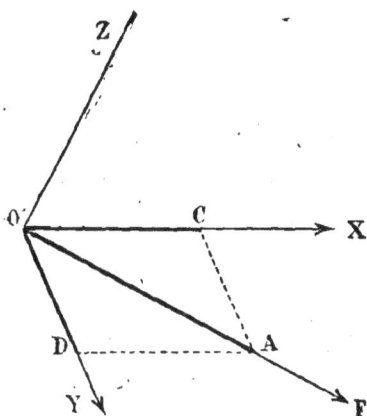

Fig. 26.

3° — Supposons enfin que les directions données soient dans un même plan avec la force à décomposer.

La construction générale conduit alors à l'indétermination, car le point B (fig. 25), où la parallèle à OZ rencontre le plan XOY, est un point arbitraire de cette droite.

On peut alors se donner arbitrairement ce point, c'est-à-dire que l'on peut prendre une intensité arbitraire pour l'une des composantes cherchées.

59. — PROBLÈME VI. *Décomposer une force sollicitant un point matériel en plusieurs forces ayant des directions données.*

Ce problème, qui est déterminé quand le nombre des composantes est *trois*, devient indéterminé quand il y en a un plus grand nombre. La question revient en effet à construire un polygone OA BC DE (fig. 27) dans lequel on connaît un seul côté OA, et des parallèles aux autres côtés.

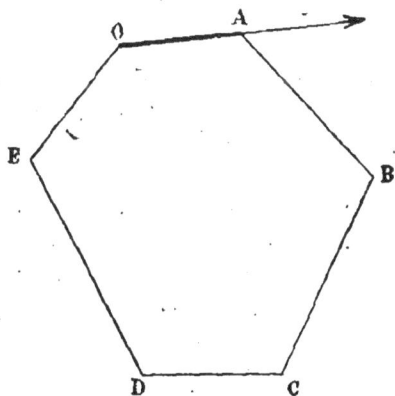

Fig. 27.

Nous pouvons donc prendre arbitrairement les longueurs AB, BC, et nous achèverons le polygone d'après le procédé indiqué dans le problème V (57).

En général on pourra se donner arbitrairement les intensités des composantes moins trois.

§ III. — EXPRESSION ANALYTIQUE DE LA RÉSULTANTE DE FORCES CONCOURANTES.

60. — Intensité de la résultante de deux forces concourantes. Soient les composantes F et F′ faisant entre elles l'angle θ. La résultante R étant la diagonale du parallélogramme construit sur

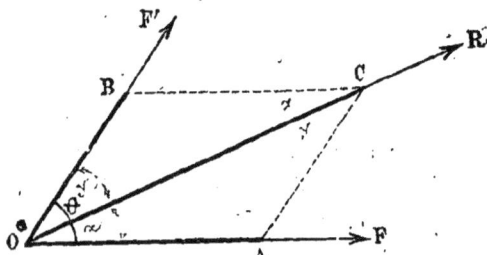

Fig. 28.

les droites OA, OB (fig. 28) qui représentent les composantes, on a, dans le triangle OAC :

$$\overline{OC}^2 = \overline{OA}^2 + \overline{AC}^2 - 2\,OA \times AC \cos \widehat{OAC}.$$

Or, l'angle OAC est le supplément de θ, et les côtés OA, AC, OC sont les intensités des forces F, F′, R ; d'où :

$$R^2 = F^2 + F'^2 + 2\,FF' \cos \theta.$$

Il en résulte :

$$R = \sqrt{F^2 + F'^2 + 2\,FF' \cos \theta},$$

car la valeur de R est positive.

61. — Si les forces composantes sont rectangulaires, on obtient aisément :

$$R = \sqrt{F^2 + F'^2}.$$

62. — Si les forces composantes sont en même direction, il suffira de remplacer cos θ par + 1 ou par − 1, suivant que les composantes agissent en même sens ou en sens inverse. On obtient donc ainsi, en supposant F > F′ :

$$R = F + F'$$

ou :
$$R = F - F'.$$

Ce sont les résultats déjà obtenus (36 et 38).

63. — Direction de la résultante. En désignant par x et y les angles formés par OR avec OF et OF', on a :

$$x + y = \theta,$$

puis, dans le triangle OAC :

$$\frac{F}{\sin y} = \frac{F'}{\sin x}.$$

On aura donc les angles x et y en partageant θ en deux parties dont les sinus soient dans le rapport des composantes

On tire de la proposition précédente :

$$\frac{\sin x - \sin y}{\sin x + \sin y} = \frac{F' - F}{F' + F},$$

d'où :

$$\operatorname{tg} \frac{x - y}{2} = \frac{F' - F}{F' + F} \operatorname{tg} \frac{\theta}{2}.$$

On en déduira une valeur et une seule de $\dfrac{x - y}{2}$, soit φ, comprise entre $-90°$ et $+90°$; et alors on aura :

$$x = \frac{\theta}{2} + \varphi,$$

$$y = \frac{\theta}{2} - \varphi.$$

64. — REMARQUE. — On est ainsi amené à la résolution d'un triangle, connaissant deux côtés F et F' et l'angle compris $(180° - \theta)$. On aura donc à appliquer les mêmes transformations. Les problèmes inverses, que nous avons résolus graphiquement, donneront lieu à des calculs déjà faits en trigonométrie.

65. — Définition. Nous avons défini en géométrie *la projection d'une portion de droite* AB *sur un axe* XY (fig. 29) en appelant ainsi la distance A′B′ des projections sur XY des points A et B.

Il y a lieu de modifier cette définition en *Mécanique*, car ici nous devons distinguer deux sens sur une droite suivant laquelle agit

une force. Ainsi il n'est pas indifférent de dire qu'une force est représentée par AB ou par BA; de même nous distinguerons deux sens
sur l'axe XY des projections.

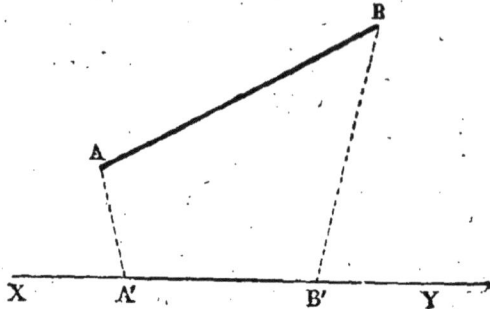

Fig. 29.

De cette manière, *la projection de* AB *sur* XY *est une expression
algébrique dont la valeur absolue est* A′B′, *et qui a le signe* + *ou le
signe* —, *suivant qu'il faut se déplacer de* X *vers* Y, *ou de* Y *vers* X *pour
aller de* A′ *en* B′.

Il résulte visiblement de cette définition que l'on a :

$$\text{proj. AB} + \text{proj. BA} = 0.$$

66. — THÉORÈME VIII. *La projection sur un axe quelconque de
la résultante d'un système de forces concourantes est la somme algébrique des projections de toutes les forces sur cet axe.*

Soit en effet (fig. 30) le contour polygonal OABCDE dont les côtés
sont respectivement égaux et
parallèles aux composantes considérées et de même sens que
celles-ci. Nous savons (52) que
la droite OE est égale à la résultante, lui est parallèle et de
même sens. Or il est visible que
la somme algébrique des projections sur un axe des côtés OA,
AB, BC, CD, DE, EO est *nulle*,
puisqu'en parcourant ce polygone fermé dans le sens indiqué

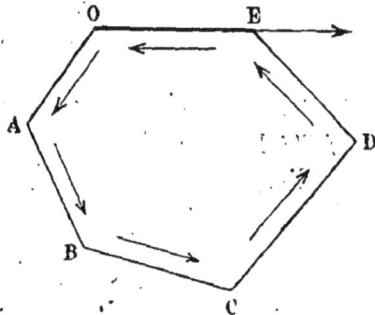

Fig. 30.

on revient au point de départ. Donc la projection de OE étant égale
et de signe contraire à la projection de EO, on a :

$$\text{proj. OE} = \text{proj. OA} + \text{proj. AB} + \text{proj. BC} + \text{proj. CD} + \text{proj. DE.}$$

proj. EO + p. OA + proj. AB + p. BC + pro. CD + pro. DE = 0

proj. OA + pro. AB + p. BC + pro. CD + pro. DE = − proj. EO

− proj. EO = proj. OE

*67.—Corollaire. *Deux contours polygonaux qui ont mêmes extré-mités ont des projections égales sur le même axe.*

*68. — THÉORÈME IX. *En représentant par α un angle dont les côtés sont parallèles à la direction d'une force d'intensité F et à l'axe des projections, et de même sens que ces droites, la projection de cette force sur l'axe a pour expression en valeur absolue et en signe :*

$$F \times \cos \alpha.$$

D'abord nous remarquerons que les projections d'une même por-tion de droite sur des axes parallèles et de même sens sont égales, car deux plans parallèles sont partout également distants.

Soit d'abord la disposition de la figure 31, dans laquelle la

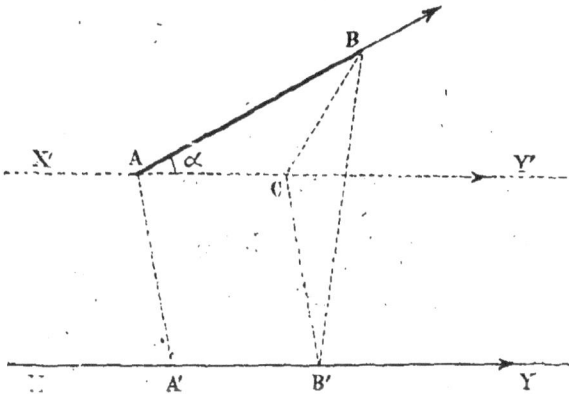

Fig. 31.

projection de AB est $+ A'B'$. Nous traçons par le point A une paral-lèle X'Y' à XY, sur laquelle AB se projette en AC, le plan BCB' étant perpendiculaire à XY. L'angle désigné par α est ici l'angle aigu BAC du triangle rectangle ABC, et par suite on a :

$$A'B' = AC = AB \times \cos \alpha;$$

or AC est en valeur absolue et en signe la projection de AB sur XY, et AB est l'intensité de la force. Donc :

$$\text{proj. } F = F \times \cos \alpha.$$

Soit, en second lieu, la disposition de la figure 32.

La projection d'une droite AB sur un axe XY c'est la portion de cet axe comprise entre deux plans qui lui sont perpendiculaires et contiennent les extrémités de la droite AB

L'angle α est ici l'angle obtus BAY'. Le triangle ABC rectangle en C donne :

$$AC = AB \times \cos \widehat{CAB}.$$

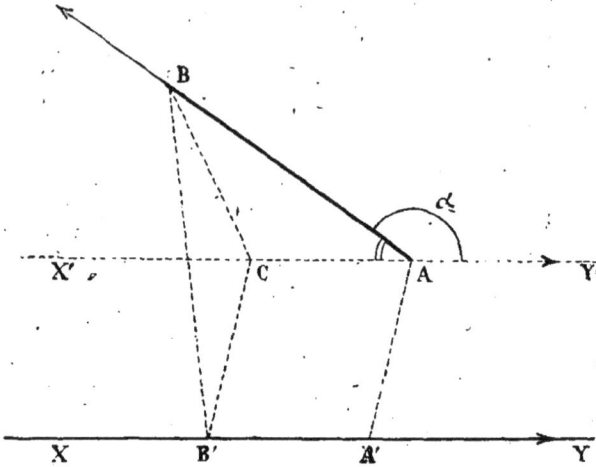

Fig. 32.

Or, AC, ou A'B', est égal et de signe contraire à la projection *(du cos* p de AB, tandis que l'angle CAB est le supplément de α ; par suite on a encore : *cos. α est négatif*

$$- \text{proj.}\, F = F \times \cos \alpha.$$

Cette relation est donc toujours de même forme.

*69. — Corollaire I. *La condition nécessaire et suffisante pour que la projection d'une force sur un axe soit nulle est que cette force soit perpendiculaire à cet axe.*

*70. — Corollaire II. *Si l'on représente par α, α', α''... les angles que font avec un même axe les forces F, F', F''... sollicitant un point matériel, et par λ l'angle que fait avec cet axe la résultante R, on a la relation :*

$$R \cos \lambda = F \cos \alpha + F' \cos \alpha' + F'' \cos \alpha'' + \ldots$$

Cela résulte immédiatement des théorèmes VIII et IX, car le premier membre est la projection de la résultante sur l'axe considéré, et le second membre est la somme algébrique des projections des composantes sur le même axe. Mais il faut avoir le soin, dans l'application de cette relation importante, de prendre les angles comme ils ont été définis dans l'énoncé du théorème IX.

*71. — **Définition.** Pour déterminer la direction et le sens d'une force, il suffit de connaître les angles que cette droite fait avec les trois arêtes d'un trièdre trirectangle.

Soit (fig. 33) le trièdre trirectangle OXYZ, dans lequel nous con-

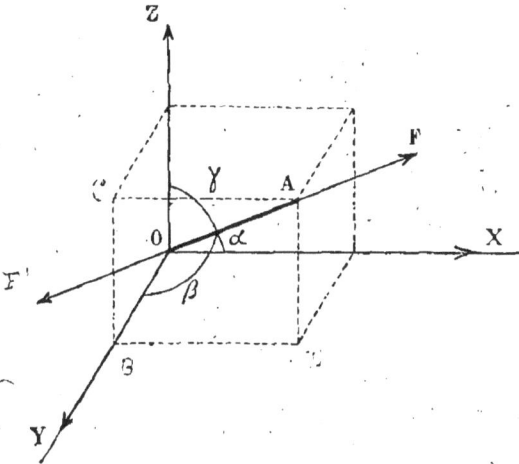

Fig. 33.

sidérons les sens OX, OY, OZ des arêtes, et soit OF la droite représentant la direction et le sens d'une force donnée. Nous appelons, comme ci-dessus, l'angle α que fait OF avec OX l'angle $\widehat{XOF}$. De même les angles β et γ, que fait OF avec OY et OZ, sont les angles $\widehat{YOF}$, $\widehat{ZOF}$.

Or, les angles α et β étant connus, il n'y a que deux directions possibles pour OF qui sont symétriques l'une de l'autre par rapport au plan XOY, car les trois faces du trièdre OXYF sont connues. L'angle γ servira à fixer celle de ces deux directions qui est OF.

*72. — REMARQUE I. — Il faut remarquer que les angles définis comme ci-dessus sont toujours positifs et au plus égaux à 180 degrés; que, par suite, ces angles sont complètement définis par leurs cosinus.

Donc, en résumé, une droite sera complètement déterminée dans sa direction et son sens quand on connaîtra les cosinus des angles qu'elle fait avec trois axes rectangulaires deux à deux. Ces cosinus s'appellent *cosinus directeurs* de la droite.

REMARQUE II. — *Lorsque deux forces ont des cosinus directeurs égaux et de signes contraires, ces forces sont parallèles et de sens contraires.*

En effet, la force F' contraire à F fait avec les axes des angles respectivement supplémentaires des angles α, β, γ; donc ses cosinus directeurs sont égaux et de signes contraires à ceux de la force F.

D'ailleurs il n'y a qu'une seule direction définie par trois cosinus directeurs.

73. — THÉORÈME X. *La somme des carrés des cosinus directeurs d'une droite égale l'unité.*

En effet, si nous prenons sur OF (fig. 33) une longueur OA égale à l'unité, les projections de OA sur les trois axes considérés seront les cosinus directeurs de OF; de plus, les valeurs absolues de ces projections sont les arêtes d'un parallélépipède rectangle ayant OA pour diagonale; or la somme des carrés des arêtes d'un parallélépipède rectangle aboutissant à un même sommet égale le carré de la diagonale, donc la somme des carrés des cosinus directeurs est l'unité.

74. — REMARQUE. — La relation précédente vérifie une conséquence des considérations géométriques précédentes (71); elle montre, en effet, que si l'on connaît deux cosinus directeurs d'une droite, le troisième est déterminé au signe près.

On a en effet :

$$\cos^2 \gamma = 1 - \cos^2 \alpha - \cos^2 \beta.$$

75. — *THÉORÈME XI. L'angle de deux droites déterminées dans leur direction et leur sens a pour cosinus la somme des produits deux à deux des cosinus directeurs de ces droites.*

Soient les droites OF, OF' (fig. 34) dont les cosinus directeurs sont :

$$\cos \alpha, \quad \cos \beta, \quad \cos \gamma,$$
$$\cos \alpha', \quad \cos \beta', \quad \cos \gamma'.$$

Nous prenons OA égale à l'unité et nous projetons OA sur OF'. Cette projection est précisément le cosinus de l'angle FOF',

Menons AB perpendiculaire au plan XOY qui rencontre ce plan en B, et traçons BC parallèle à OY qui rencontre OX en C.

La projection sur OF′ du contour OCBA est égale à la projection de OA sur OF′, donc :

$$\cos V = \cos \alpha \cos \alpha' + \cos \beta \cos \beta' + \cos \gamma \cos \gamma',$$

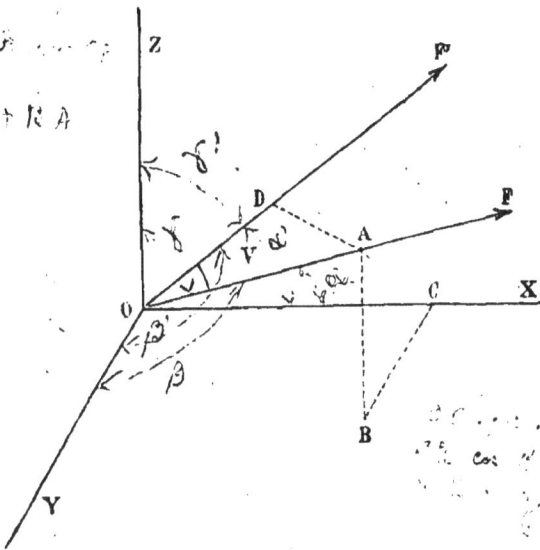

Fig. 34.

car la projection de OC sur OF′ est $\cos \alpha \times \cos \alpha'$, et ainsi des autres.

26. — Corollaire. *La condition nécessaire et suffisante pour que les directions OF et OF′ soient rectangulaires est :*

$$\cos \alpha \cos \alpha' + \cos \beta \cos \beta' + \cos \gamma \cos \gamma' = 0.$$

27. — Résultante de trois forces agissant suivant les arêtes d'un trièdre trirectangle.

En représentant par F_x, F_y, F_z, les valeurs algébriques des composantes qui sollicitent le point O (fig. 35) dans les directions OX, OY, OZ, par R la résultante, et par λ, μ, ν les angles qu'elle fait avec ces mêmes axes, nous savons que la projection de R sur OX est la somme des projections des composantes sur cet axe ; cette projection est donc F_x, puisque les forces F_y et F_z sont dans un plan perpendiculaire à OX, et de même pour les projections sur OY et OZ ; donc on a :

$$\left\{ \begin{array}{l} R \cos \lambda = F_x \\ R \cos \mu = F_y \\ R \cos \nu = F_z \end{array} \right. \quad (1)$$

En joignant à ces équations la relation fondamentale entre les cosinus directeurs de R :

$$\cos^2 \lambda + \cos^2 \mu + \cos^2 \nu = 1 ; \qquad (2)$$

nous aurons un système de quatre équations pour déterminer les les quatre inconnues R, λ, μ, ν.

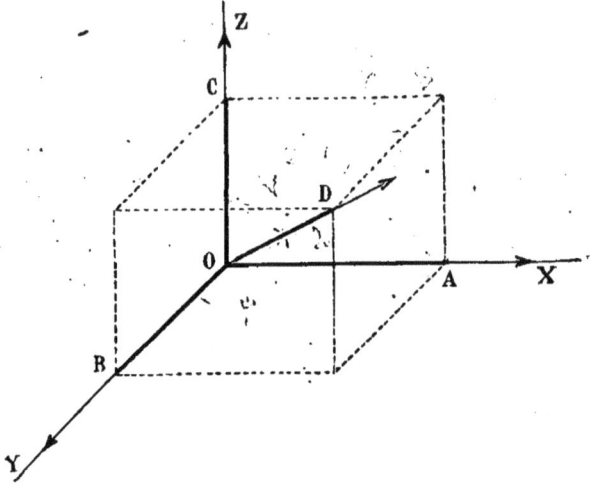

Fig. 55.

En ajoutant membre à membre les équations du système (1), après avoir élevé au carré les deux membres de chacune, nous obtenons, à cause de (2) :

$$R^2 = F_x^2 + F_y^2 + F_z^2,$$

d'où :

$$(5) \qquad R = \sqrt{F_x^2 + F_y^2 + F_z^2}.$$

On en conclut les valeurs suivantes pour les cosinus directeurs :

$$(4) \quad \begin{cases} \cos \lambda = \dfrac{F_x}{\sqrt{F_x^2 + F_y^2 + F_z^2}}, \\[2mm] \cos \mu = \dfrac{F_y}{\sqrt{F_x^2 + F_y^2 + F_z^2}}, \\[2mm] \cos \nu = \dfrac{F_z}{\sqrt{F_x^2 + F_y^2 + F_z^2}}. \end{cases}$$

La question est donc complètement résolue.

*78. — Remarque. — Réciproquement, si l'on décompose une force F en trois autres dirigées suivant les arêtes d'un trièdre trirectangle qui font des angles α, β, γ avec sa direction, on aura pour les composantes représentées en grandeur et en signe par X, Y, Z, les valeurs :

$$\begin{cases} X = F \cos \alpha \\ Y = F \cos \beta \\ Z = F \cos \gamma, \end{cases}$$

car la projection de la force F sur chacun de ces axes est la somme des projections des forces X, Y, Z.

*79. — RÉSULTANTE D'UN SYSTÈME DE FORCES CONCOU-RANTES.

Soit le système de forces F_1, F_2, F_3... agissant sur le point matériel O (fig. 36), et soient les angles :

$$\begin{aligned} &\alpha_1 \quad \beta_1 \quad \gamma_1 \\ &\alpha_2 \quad \beta_2 \quad \gamma_2 \\ &\alpha_3 \quad \beta_3 \quad \gamma_3 \\ &\cdot \;\; \cdot \;\; \cdot \;\; \cdot \;\; \cdot \\ &\cdot \;\; \cdot \;\; \cdot \;\; \cdot \;\; \cdot \end{aligned}$$

qui définissent les directions de ces forces par rapport aux trois axes rectangulaires OXYZ.

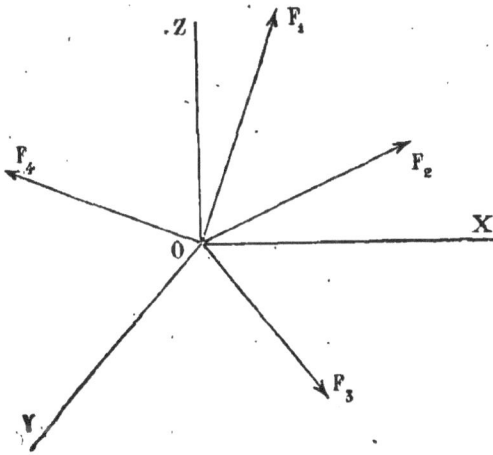

Fig. 36.

Soit R la résultante dont la direction fait avec les mêmes axes les angles λ, μ, ν.

La méthode consiste à exprimer que la projection de la résultante sur chacun des axes choisis est la somme des projections des forces considérées sur le même axe.

Or la projection de la résultante sur OX est $R \cos \lambda$, et les projections sur OX des forces données sont :

$$F_1 \cos \alpha_1, \quad F_2 \cos \alpha_2, \quad F_3 \cos \alpha_3, \quad \ldots$$

On a donc l'équation :

$$R \cos \lambda = F_1 \cos \alpha_1 + F_2 \cos \alpha_2 + F_3 \cos \alpha_3 \ldots,$$

ce que nous écrivons pour simplifier :

$$R \cos \lambda = \sum F_1 \cos \alpha_1 ; \qquad (1)$$

on aura de même, en projetant sur OY :

$$R \cos \mu = \sum F_1 \cos \beta_1, \qquad (2)$$

et enfin l'axe OZ donne de même :

$$R \cos \nu = \sum F_1 \cos \gamma_1. \qquad (3)$$

Nous obtenons ainsi trois équations entre les inconnues R, λ, μ, ν ; si nous y joignons la relation :

$$\cos^2 \lambda + \cos^2 \mu + \cos^2 \nu = 1, \qquad (4)$$

nous aurons autant d'équations que d'inconnues. On en tire visiblement :

$$R = \sqrt{\left(\sum F_1 \cos \alpha_1 \right)^2 + \left(\sum F_1 \cos \beta_1 \right)^2 + \left(\sum F_1 \cos \gamma_1 \right)^2},$$

puis :

$$\begin{cases} \cos \lambda = \dfrac{\sum F_1 \cos \alpha_1}{R} \\[2mm] \cos \mu = \dfrac{\sum F_1 \cos \beta_1}{R} \\[2mm] \cos \nu = \dfrac{\sum F_1 \cos \gamma_1}{R}. \end{cases}$$

Le problème est donc complètement résolu.

′ **80. — Remarque I.** On peut encore se rendre compte de la méthode précédente en observant que si l'on décompose chacune des forces proposées suivant les axes OXYZ, on remplacera le système par trois forces agissant suivant ces axes et représentées en valeur absolue et en signes par les seconds membres des équations (1), (2), (3) ; en composant ces trois forces par la méthode donnée au numéro 77, on arrivera aisément aux résultats précédents.

′ **81. — Remarque II.** Le résultat que nous venons de trouver pour l'intensité de la résultante contient les angles qui définissent les directions des composantes par rapport aux axes rectangulaires choisis. On peut donner à ce résultat une forme indépendante du système d'axes rectangulaires choisi :

Nous avons, en effet :

$$R^2 = \begin{cases} (F_1 \cos \alpha_1 + F_2 \cos \alpha_2 + F_5 \cos \alpha_5 + \ldots)^2 \\ + (F_1 \cos \beta_1 + F_2 \cos \beta_3 + F_5 \cos \beta_5 + \ldots)^2 \\ + (F_1 \cos \gamma_1 + F_2 \cos \gamma_2 + F_5 \cos \gamma_5 + \ldots)^2 \end{cases}$$

ou, en développant les carrés des polynômes :

$$R^2 = \begin{cases} F_1^2(\cos^2 \alpha_1 + \cos^2 \beta_1 + \cos^2 \gamma_1) + F_2^2(\cos^2 \alpha_2 + \cos^2 \beta_2 + \cos^2 \gamma_2) + \ldots \\ + 2F_1 F_2(\cos \alpha_1 \cos \alpha_2 + \cos \beta_1 \cos \beta_2 + \cos \gamma_1 \cos \gamma_2) \\ + 2F_1 F_5(\cos \alpha_1 \cos \alpha_5 + \cos \beta_1 \cos \beta_5 + \cos \gamma_1 \cos \gamma_5) \\ + \ldots \ldots \ldots \ldots \end{cases}$$

Or, en remarquant d'abord que la somme des carrés des cosinus directeurs d'une même composante vaut l'unité, et que la somme des produits deux à deux des cosinus directeurs de deux forces est le cosinus de l'angle qu'elles font entre elles (75), nous mettons le second membre précédent sous la forme :

$$R^2 = \begin{cases} F_1^2 + F_2^2 + F_5^2 + \ldots \\ + 2F_1 F_2 \cos(F_1 F_2) + 2F_1 F_5 \cos(F_1 F_5) + \ldots \end{cases}$$

ce qui s'écrit :

$$R^2 = \sum F_1^2 + 2 \sum F_1 F_2 \cos (F_1 F_2),$$

et cette fois le résultat ne dépend plus des axes choisis. Nous retrouvons ainsi la formule particulière au cas de deux forces concourantes :

$$R^2 = F_1^2 + F_2^2 + 2F_1 F_2 \cos (F_1 F_2).$$

*82. — Remarque III. On peut aussi évaluer l'angle que la résultante fait avec l'une quelconque des composantes, et donner au résultat une forme indépendante des axes choisis. Ainsi, l'angle que fait R avec F_n a pour cosinus (75) :

$$\cos (R_1 F_n) = \cos \lambda \cos \alpha_n + \cos \mu \cos \beta_n + \cos \nu \cos \gamma_n,$$

ou :

(handwritten) $X = R \cos \lambda$; $Y = R \cos \mu$; $Z = R \cos \nu$

$$\cos (R_1 F_n) = \frac{X \cos \alpha_n + Y \cos \beta_n + Z \cos \gamma_n}{\text{R}},$$

or :

(handwritten) (75) $X = proj. F_1 + proj. F_2 + proj. F_n$ ...
$Y = p$
$Z =$

$$\cos \alpha_p \cos \alpha_n + \cos \beta_p \cos \beta_n + \cos \gamma_p \cos \gamma_n = \cos (F_p F_n);$$

donc : *(handwritten)* si on prend par rapport à F_n

$$\cos (R_1 F_n) = \frac{F_n + F_1 \cos (F_n F_1) + F_2 \cos (F_n F_2) + \cdots}{R}$$

(handwritten marginal notes, right side, partly illegible)

§ IV. — ÉQUILIBRE D'UN POINT MATÉRIEL.

83. — *Pour qu'un point matériel, entièrement libre, soit en équilibre sous l'action d'un système de forces, il faut et il suffit que la résultante de ces forces soit nulle.*

On peut donc dire qu'il faut et qu'il suffit, pour l'équilibre, que le polygone des forces qui agissent sur ce point se ferme de lui-même.

84. — THÉORÈME XII. *Lorsqu'un point matériel libre est sollicité par des forces, il faut et il suffit, pour qu'il y ait équilibre, que la somme des projections de ces forces sur trois axes rectangulaires soit nulle pour chacun de ces axes.*

En désignant, en effet, par R la résultante des forces considérées, et par X, Y, Z les sommes des projections de ces forces sur trois axes rectangulaires arbitraires, on a démontré la relation :

$$R^2 = X^2 + Y^2 + Z^2.$$

Donc, la condition nécessaire et suffisante pour que R soit nulle est :

$$X = 0, \quad Y = 0, \quad Z = 0;$$

c'est ce qu'il fallait démontrer.

(handwritten notes at bottom of page, partly illegible)

85. — Remarque I. Il suffirait évidemment de dire que la somme des projections des forces sur *un axe quelconque* soit nulle, car alors cette somme serait nulle pour tous les axes.

Mais si la somme des projections était nulle pour un seul *axe particulier*, la condition ne serait plus suffisante, cela signifierait seulement que les forces considérées admettent une résultante située dans un plan perpendiculaire à cet axe particulier.

86. — Remarque II. La restriction contenue dans l'énoncé 84, que les trois axes soient rectangulaires, n'est pas nécessaire : il suffit que la somme des projections des forces sur trois axes *non parallèles à un même plan* soit nulle pour chacun d'eux. En effet, les parallèles à ces axes passant par le point de concours des forces formeront alors un trièdre, et, si la résultante n'est pas nulle, elle est nécessairement perpendiculaire à chacune de ces arêtes, ce qui ne peut être, puisque ces droites ne sont pas contenues dans le même plan.

87. — Pour qu'un point matériel, *assujetti à rester sur une surface déterminée*, soit en équilibre sous l'action d'un système de forces, il faut et il suffit que la résultante de ces forces soit détruite par la résistance que la surface oppose au mouvement du point.

Or, nous disons qu'une surface est parfaitement polie lorsqu'elle ne s'oppose en chaque point qu'au mouvement suivant la normale en ce point, et dans un sens déterminé.

88. — *Pour qu'un point matériel, assujetti à rester sur une surface déterminée parfaitement polie, soit en équilibre sous l'action d'un système de forces, il faut et il suffit que la somme des projections de ces forces sur deux axes rectangulaires, parallèles au plan tangent relatif à la position occupée par le point, soit nulle pour chacun de ces axes.*

Il est d'abord évident que si le point est en équilibre, les conditions précédentes sont satisfaites, car la résultante des forces considérées étant normale à la surface, sa projection sur un axe quelconque perpendiculaire à sa direction sera nulle.

Réciproquement, si la somme des projections sur deux axes parallèles au plan tangent est nulle, il faut en conclure que la résultante est dans deux plans parallèles à la normale, et que, par suite, sa direction est normale à la surface : donc il y a équilibre.

On doit toutefois remarquer qu'il restera à exprimer que la résultante agit bien dans le sens où résiste la surface, si le point est seulement appuyé sur cette surface.

89. — Si l'on considère un point matériel *assujetti à rester sur une ligne déterminée*, et sollicité par un système de forces, *la condition nécessaire et suffisante pour l'équilibre est que la somme des projections de toutes les forces sur la tangente à cette courbe soit nulle.*

En effet, si l'équilibre existe, la résultante des forces est perpendiculaire à la tangente à la courbe, seule direction dans laquelle le point peut se mouvoir; donc sa projection sur cette tangente est nulle.

Réciproquement, si la somme des projections des forces sur la tangente est nulle, c'est que la résultante de ces forces est dans un plan perpendiculaire à la tangente, et par suite le point ne peut obéir à son action.

90. — **Application I.** *Un point matériel* M (fig. 37) *assujetti à rester sur un plan dont la ligne de plus grande pente est* AB, *se trouve en équilibre sous l'action de son poids* P *et de trois forces égales au double de son poids, et dirigées :* F *suivant l'horizontale,* F′ *suivant la verticale et de bas en haut,* F″ *suivant la direction* BA. *Déterminer :*

1° *L'inclinaison du plan sur le plan horizontal;*

2° *La pression exercée sur le plan.*

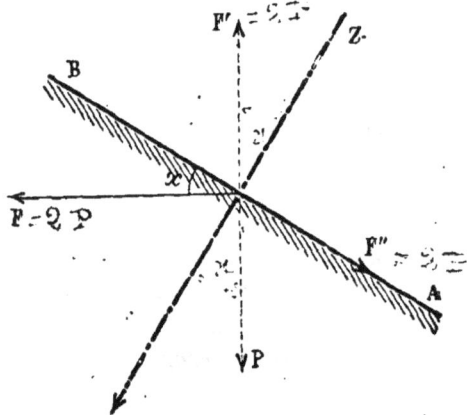

Fig. 37.

1° — L'équilibre du point étant admis, il faut que la somme des projections des forces sur un axe quelconque du plan considéré soit nulle : par exemple sur la ligne AB. En désignant par x l'angle cherché, nous obtenons l'équation :

$$P \sin x + 2P - 2P \sin x - 2P \cos x = 0,$$

d'où :

$$\sin x = 2(1 - \cos x),$$

d'où :

$$2 \operatorname{tg}^2 \frac{x}{2} - \operatorname{tg} \frac{x}{2} = 0.$$

En supprimant la solution :

$$\operatorname{tg} \frac{x}{2} = 0,$$

qui est relative à un cas très particulier de la question, il reste :

$$\operatorname{tg} \frac{x}{2} = \frac{1}{2};$$

on en déduit aisément :

$$x = 53^\circ \, 7' \, 48'',57.$$

2° — La pression y, normale au plan, qui résulte de l'action des forces considérées sur le point M, est la résultante de ces forces. En les projetant sur la normale MZ, nous obtenons l'équation :

$$y = \mathrm{P} \cos x + 2\mathrm{P} \sin x - 2\mathrm{P} \cos x,$$

d'où :

$$y = \mathrm{P}(2 \sin x - \cos x),$$

et comme nous connaissons $\operatorname{tg} \frac{x}{2}$, nous exprimons les lignes de l'arc x en fonction de cette tangente, ce qui donne :

$$y = \mathrm{P} \, \frac{\operatorname{tg}^2 \frac{x}{2} + 4 \operatorname{tg} \frac{x}{2} - 1}{1 + \operatorname{tg}^2 \frac{x}{2}},$$

et en remplaçant $\operatorname{tg} \frac{x}{2}$ par $\frac{1}{2}$, nous obtenons :

$$y = \mathrm{P}.$$

91. — **Application II.** *Un point matériel M pesant assujetti à rester sur une droite AB (fig. 58) est attiré perpendiculairement à la verticale AX et perpendiculairement à la verticale BY. Chacune de ces attractions est proportionnelle à la distance du point à la verticale considérée; on donne la longueur AB = a, l'angle aigu α que cette direction fait avec la verticale, et l'on sait que chacune de ces attractions a pour valeur P, quand elle s'exerce à la distance b.*

1° *En supposant le point* M *en équilibre, trouver sa distance* x *au point* A.

2° *Discuter la direction de la résultante des trois forces* P, F, F′ *quand le point matériel se déplace de* A *en* B.

1° — Soit x la distance AM : la force F attractive, exercée dans le sens perpendiculaire à AX, étant P à la distance b, sera :

$$\frac{P \times b}{x \sin \alpha}$$

à la distance MN. De même, la force attractive F′ aura pour valeur :

$$\frac{P \times b}{(a - x) \sin \alpha}.$$

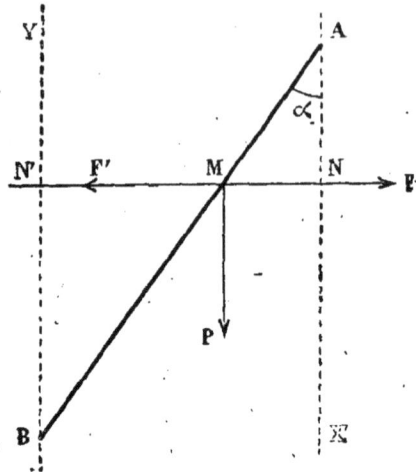

Fig. 38.

Or, l'équilibre exige que la somme des projections des forces sur AB soit nulle, c'est-à-dire que l'on ait :

$$P \cos \alpha + \frac{Pb}{x \sin \alpha} \cos\left(\frac{\pi}{2} + \alpha\right) + \frac{Pb}{(a - x) \sin \alpha} \cos\left(\frac{\pi}{2} - \alpha\right) = 0,$$

ou :

$$\cos \alpha - \frac{b}{x} + \frac{b}{a - x} = 0,$$

et cette condition sera de même forme tant que la position cherchée pour le point M sera située entre A et B.

En mettant cette équation sous forme entière, nous obtenons :

$$x(a - x) \cos \alpha - b(a - x) + bx = 0, \qquad (1)$$

ce qui devient, en ordonnant :

$$x^2 \cos \alpha - (a \cos \alpha + 2b)x + ab = 0. \qquad (2)$$

Pour qu'une racine de cette équation convienne, il faut et il suffit qu'elle soit réelle, positive et au plus égale à a.

Or, la condition de réalité est :

$$(a \cos \alpha + 2b)^2 - 4ab \cos \alpha > 0,$$

ou :

$$a^2 \cos^2 \alpha + 4b^2 > 0,$$

et cette condition est toujours satisfaite.

D'ailleurs l'angle α étant aigu, les racines de l'équation (2) sont positives. Nous comparons leur grandeur à a en étudiant le signe du trinôme, premier membre, quand on remplace x par a; ce résultat est $(-ab)$, donc la plus petite des deux racines convient seule et convient toujours. La réponse au problème est donc :

$$x = \frac{a \cos \alpha + 2b - \sqrt{a^2 \cos^2 \alpha + 4b^2}}{2 \cos \alpha}.$$

92. — 2° — En désignant par R la résultante des trois forces P, F, F′ dans l'une quelconque des positions du point M sur AB (fig. 38), et par λ l'angle qu'elle fait avec AB, nous aurons les équations nécessaires pour le calcul de ces inconnues, en exprimant que la projection de la résultante sur AB et sur un axe perpendiculaire à cette direction, égale la somme algébrique des projections des composantes. Ce qui nous donne :

$$R \cos \lambda = P \cos \alpha - \frac{Pb}{x} + \frac{Pb}{a - x}, \qquad (3)$$

$$R \sin \lambda = P \sin \alpha + \frac{Pb \cos \alpha}{x \sin \alpha} - \frac{Pb \cos \alpha}{(a - x) \sin \alpha}. \qquad (4)$$

Ces deux équations déterminent R et λ. Nous nous proposons de discuter la direction de R qui est définie par λ ; nous éliminons R en divisant membre à membre, ce qui donne :

$$\operatorname{tg} \lambda = \frac{\sin \alpha + \dfrac{b}{x} \cot \alpha - \dfrac{b}{a - x} \cot \alpha}{\cos \alpha - \dfrac{b}{x} + \dfrac{b}{a - x}}. \qquad (5)$$

Sous cette forme, nous voyons que x croissant de zéro à la plus petite racine x_1 de (2), tg λ va toujours décroître; pour cette valeur particulière x_1 cette tangente devient $(-\infty)$ et saute brusquement à $(+\infty)$; x continuant à croître de x_1 à a, la tangente va continuer à décroître en passant par zéro pour la racine positive x_2 de l'équation :

$$\sin \alpha + \frac{b}{x} \cot \alpha - \frac{b}{a - x} \cot \alpha = 0.$$

Enfin, x croissant de x_2 à a, tg λ va devenir négative, et décroître jusqu'à la valeur $(-\cot \alpha)$.

En résumé, quand x a la valeur zéro, on a :

$$\text{tg } \lambda = -\cot \alpha,$$

d'où :

$$180 - \lambda = 90 - \alpha,$$

ou :

$$\lambda = 90 + \alpha,$$

ce qui donne la direction AZ (fig. 39).

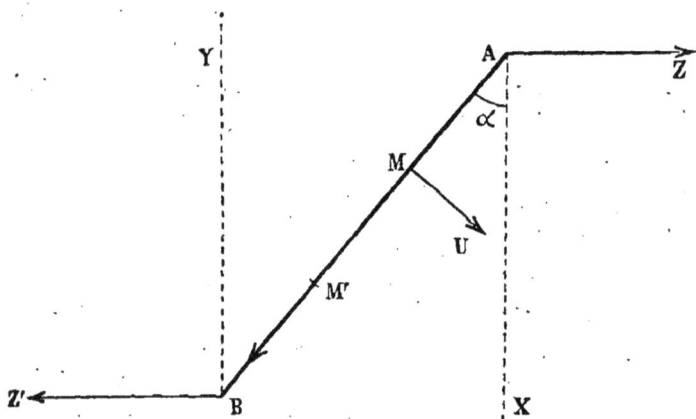

Fig. 39.

Le point matériel descendant le long de AB, l'angle λ va en décroissant ; la résultante devient perpendiculaire à AB quand le point matériel atteint la position M pour laquelle AM $= x_1$. L'angle λ devient aigu, et le point atteignant la position M′ pour laquelle AM′ $= x_2$, la résultante est dirigée suivant M′B. A partir de ce moment la résultante passe de l'autre côté de AB, et elle prend la direction limite BZ′ quand le point arrive en B ; en effet, on a dans ce cas :

$$\text{tg } \lambda = -\cot \alpha$$

et l'angle λ étant négatif, on a :

$$-\lambda = 90^0 - \alpha.$$

CHAPITRE III

FORCES PARALLÈLES

§ 1. — COMPOSITION DE DEUX FORCES PARALLÈLES. COUPLE.

93. — THÉORÈME XIII. *La résultante de deux forces parallèles et de même sens a pour intensité la somme des intensités des composantes, leur est parallèle, agit dans le même sens, et sa direction partage toute droite qui rencontre les composantes en segments additifs inversement proportionnels aux intensités des composantes.*

Soient A et B (fig. 40) des points arbitraires situés sur les forces P, Q, parallèles et de même sens. Soient AC et BD les longueurs représentant les intensités de ces forces.

1° — Nous appliquons en A et B, dans la direction AB, et en sens inverse, deux forces arbitraires F, F′ égales entre elles et représentées par BE et AH. Ces forces F et F′ se faisant équilibre (axiome I) puisque les points A et B appartiennent au corps solide sur lequel agissent les forces proposées, l'état du corps n'est en rien changé par l'introduction de ces forces (axiome V).

Nous remplaçons les forces F′ et P par leur résultante AG, et les forces F et Q par la résultante BK.

Ces deux résultantes partielles sont concourantes parce que leurs directions font avec AB des angles internes du même côté de AB qui ne sont pas supplémentaires. Soit I le point de rencontre, que nous supposons, pour un instant, invariablement lié aux points A et B.

Transportons les forces AG et BK en I, nous obtenons les deux forces IG′, IK′ sollicitant le point I, et la résultante de ces forces sera la résultante des forces P et Q.

Nous traçons par le point I une parallèle à AB et une parallèle à AP. En décomposant chacune des forces IG′, IK′ suivant ces deux directions, nous sommes conduits à construire des parallélogrammes II′G′C′ et IE′K′D′ respectivement égaux à AHGC et BEKD. Il en résulte que les deux composantes III′ et IE′ se font équilibre, que, par suite, le système se réduit aux deux forces IC′ et ID′ lesquelles, agissant sur un même point I en même direction et même sens, se composent suivant une force R égale à leur somme, agissant dans la même direction et dans le même sens.

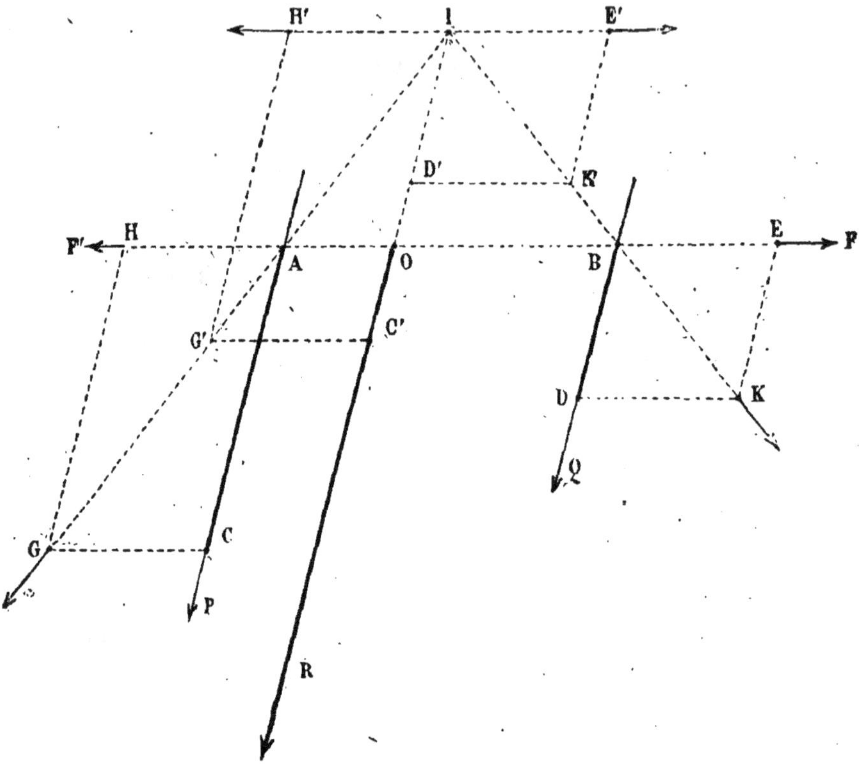

Fig. 40.

Donc déjà, la résultante R des deux forces considérées a pour intensité la somme des intensités des composantes, leur est parallèle et de même sens.

94. — 2° — Pour déterminer complétement cette force, il reste à connaître un point par lequel elle passe, par exemple le point O (fig. 40) où elle rencontre AB; or, les triangles G′C′I et ID′K′, respectivement semblables aux triangles IOA et IOB, donnent :

$$\frac{OA}{OI} = \frac{G'C'}{C'I} \quad \text{et} \quad \frac{OI}{OB} = \frac{D'I}{D'K'};$$

en remarquant que l'on a :

$$G'C' = IH' = IE' = D'K',$$

et en multipliant membre à membre les proportions précédentes, nous obtenons, après réductions évidentes :

$$\frac{OA}{OB} = \frac{D'I}{C'I} = \frac{Q}{P}.$$

Donc la résultante partage AB en deux segments additifs inversement proportionnels aux forces composantes.

On est ainsi conduit au théorème énoncé.

95. — Corollaire I. *Deux forces, parallèles et de même sens, et leur résultante déterminent trois points sur toute droite qu'elles rencontrent, tels que la distance de deux d'entre eux est proportionnelle à la force qui passe par le troisième point.*

Soient en effet (fig. 41) les trois points A, B, C en ligne droite situés

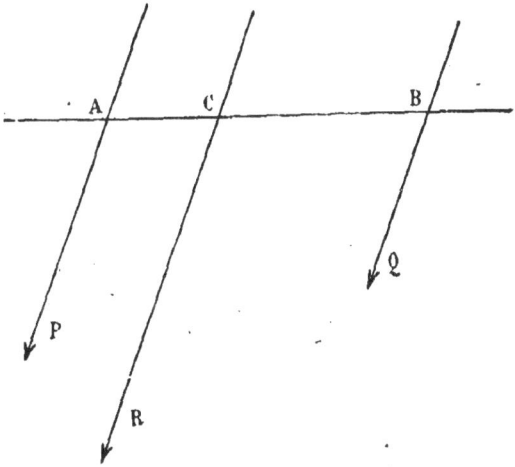

Fig. 41.

respectivement sur les composantes P, Q et leur résultante R. On a, d'après le théorème XIII :

$$\frac{CA}{CB} = \frac{Q}{P},$$

ce que l'on peut écrire :

$$\frac{AC}{Q} = \frac{BC}{P} = \frac{AC + CB}{P + Q},$$

et enfin :

$$\frac{AC}{Q} = \frac{BC}{P} = \frac{AB}{R}.$$

C'est précisément ce qu'il fallait prouver.

96. — Corollaire II. *La projection sur un axe de la résultante de deux forces parallèles et de même sens égale la somme des projections des composantes sur cet axe.*

97. — THÉORÈME XIV. *La résultante de deux forces parallèles et de sens contraire a pour intensité la différence des intensités des composantes, leur est parallèle, agit dans le sens de la plus grande, et sa direction partage toute droite qui rencontre les composantes en segments soustractifs inversement proportionnels aux intensités des composantes.*

Soient A et B (fig. 42) des points arbitraires situés sur les forces P, Q parallèles et de sens contraire, la force Q ayant la plus grande intensité.

Soient AC et BD les longueurs représentant les intensités de ces forces.

1º — Nous appliquons en A et B, dans la direction AB et en sens inverse, deux forces arbitraires F, F′ égales entre elles et représentées par BE et AH.

Ces forces F et F′ se faisant équilibre (axiome I) ne changent rien à l'état du système (axiome V).

Nous remplaçons les forces F′ et P par leur résultante AG, et les forces F et Q par la résultante BK.

Ces deux résultantes partielles sont concourantes et le point I de rencontre est situé du même côté du point B que le point K, parce que AC étant moindre que EK, l'angle IAB est moindre que IBE. Nous supposons pour un instant le point I lié invariablement aux points A et B.

Transportons les forces AG et BK en I, nous obtenons deux forces représentées par IG′ et IK′ sollicitant le point I, et la résultante de ces forces sera aussi la résultante des forces P et Q.

Nous traçons par le point I une parallèle à AB et une parallèle à AC : en décomposant chacune des forces IG′, IK′ suivant ces deux directions, nous sommes conduits à construire des parallélogrammes IH′G′C′ et IE′K′D′ respectivement égaux à AHGC et BEKD : par suite, les composantes IH′ et IE′ se font équilibre, et le système se réduit aux deux forces IC′ et ID′ qui, agissant sur un même point I en même direction et en sens contraire, se composent suivant une force R égale à leur différence, agissant dans la même direction et dans le sens de la force Q.

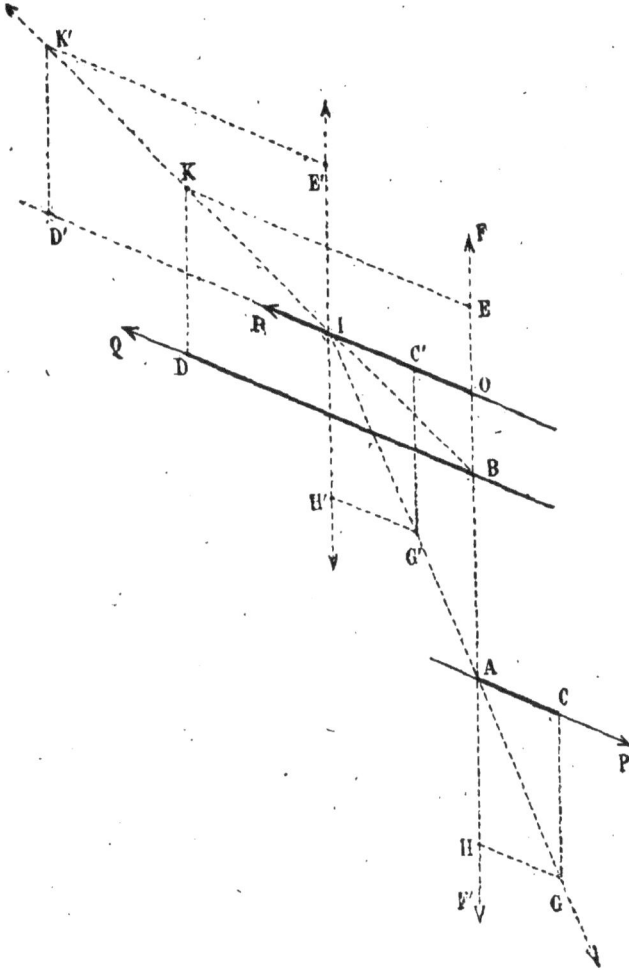

Fig. 42.

Donc, déjà, la résultante R des deux forces considérées a pour intensité la différence des intensités des composantes, leur est parallèle, et agit dans le sens de la plus grande.

98. — 2° — Pour déterminer complètement cette force, il reste à connaître un point par lequel elle passe, par exemple le point O où elle rencontre AB.

De ce que le point I est sur BK, du même côté du point B que le point K, il résulte d'abord que le point O est situé sur AB au delà du point B : il partage donc AB en segments soustractifs.

En second lieu, les triangles IC'G' et ID'K' respectivement semblables aux triangles IOA et IOB donnent : -

$$\frac{OA}{OI} = \frac{G'C'}{C'I} \quad \text{et} \quad \frac{OI}{OB} = \frac{D'I}{D'K'},$$

en remarquant que l'on a :

$$G'C' = III' = IE' = D'K',$$

et en multipliant membre à membre les proportions précédentes, nous obtenons, après réductions évidentes :

$$\frac{OA}{OB} = \frac{ID'}{IC'} = \frac{Q}{P}.$$

Donc la résultante partage AB en deux segments soustractifs inversement proportionnels aux forces composantes.

On est ainsi conduit au théorème énoncé.

99. — Remarque. On peut arriver au théorème précédent en appliquant le théorème XIII.

Soient, en effet (fig. 43), les forces P et Q parallèles, de sens contraire, et soit $Q > P$: nous décomposons la force Q en deux forces parallèles et de même sens, l'une de ces composantes étant égale à P et appliquée en A : en représentant par R l'autre composante, nous aurons d'abord :

$$R = Q - P'.$$

Puis, la direction de R rencontre AB en O tel que l'on ait d'après le corollaire (95) :

$$\frac{OB}{OA} = \frac{P'}{Q},$$

c'est-à-dire que le point O partage AB en segments soustractifs inversement proportionnels aux forces P et Q.

Cette décomposition de la force Q étant opérée, il est visible que l'on peut supprimer les forces P et P' qui se font équilibre, et que par suite la résultante cherchée est la force R qui a bien les propriétés contenues dans le théorème XIV.

100. — Corollaire I. *Deux forces parallèles de sens contraire et leur résultante déterminent trois points sur toute droite qui les rencontre, tels que la distance de deux d'entre eux est proportionnelle à la force qui passe par le troisième point.*

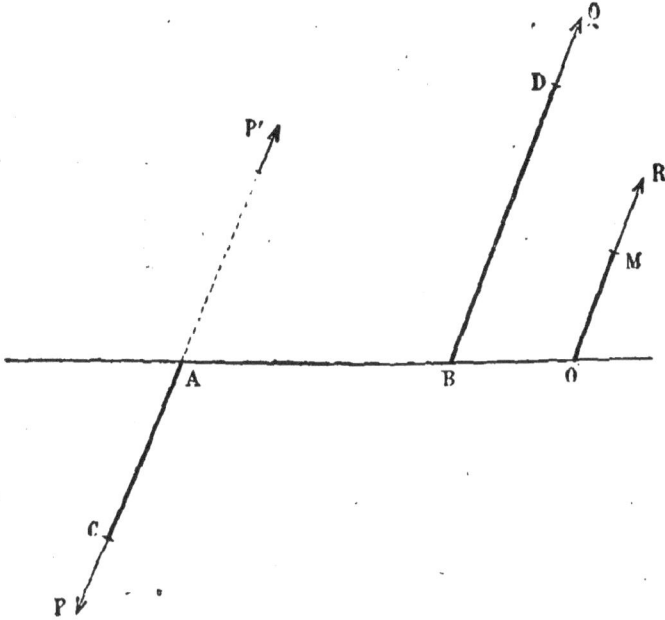

Fig. 43.

Car dans la figure 43 on a :

$$\frac{OB}{OA} = \frac{P}{Q},$$

d'où :

$$\frac{OA}{Q} = \frac{OB}{P} = \frac{OA - OB}{Q - P},$$

et par suite :

$$\frac{OA}{Q} = \frac{OB}{P} = \frac{AB}{R}.$$

101. — Corollaire II. *La projection sur un axe de la résultante de deux forces parallèles et de sens contraire égale la somme algébrique des projections des composantes sur cet axe.*

102. — Définition. *On appelle* COUPLE *le système de deux forces égales, parallèles, de sens contraire et non directement opposées.*

103. — THÉORÈME XV. *Deux forces qui forment un couple n'admettent pas de résultante et ne sont pas en équilibre.*

1° — Le théorème XIV montre aisément qu'il ne peut y avoir de résultante : reportons-nous, en effet, à la figure 43 ; nous avons :

$$\frac{OB}{P} = \frac{AB}{R} \quad \text{et} \quad R = P - Q.$$

Supposons que la force P, d'abord moindre que la force Q, aille en croissant et tende vers l'intensité de l'autre : la force R tendra vers zéro : puis OB croîtra sans limite, puisque

$$OB = \frac{AB \times P}{R},$$

le numérateur du second membre tend vers $AB \times Q$, tandis que le dénominateur tend vers zéro.

On voit ainsi que la résultante se transporte à l'infini et que son intensité devient nulle : cela revient à dire qu'il n'y a plus de résultante.

104. — 2° — Ce résultat se voit *a priori* de la façon suivante :

Soit R (fig. 44) la résultante du système des deux forces P et P'

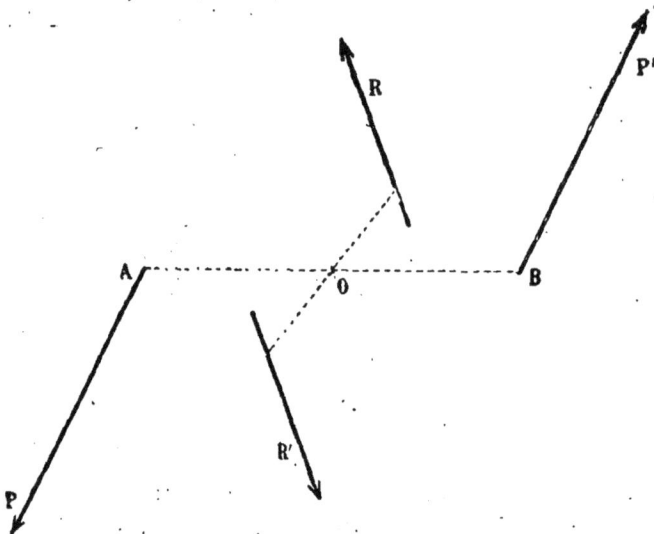

Fig. 44.

égales, parallèles, de sens contraire, mais non directement opposées : faisons tourner la figure de 180° autour d'un axe perpendiculaire au plan des parallèles PP' et passant par le milieu O de AB; la résultante R vient prendre la position R' et les forces P et P' vont se remplacer l'une l'autre : par suite, il y aura encore une résultante identique à R, pour les raisons qui avaient d'abord conduit à cette résultante; le système admettra donc deux résultantes R et R', ce qui est impossible.

Cette démonstration serait en défaut si l'on supposait que la résultante agisse suivant l'axe choisi pour la rotation : mais il est visible *a priori* que si la résultante existe elle ne peut agir hors du plan qui contient les deux composantes.

105. — 3° — Enfin il n'y a pas équilibre, car en fixant la position du point A (fig. 44) on ne troublerait pas l'équilibre, et il se produirait sous l'action de la seule force P', dont la direction ne contient pas le point fixe (axiome II).

106. — **Corollaire.** *Deux forces parallèles qui ne sont pas égales et de sens contraire admettent toujours une résultante.*

107. — **Application.** *Décomposer une force donnée en deux forces parallèles passant par deux points donnés.*

Il est d'abord nécessaire *a priori* que les deux points donnés soient situés dans un même plan avec la force que l'on veut décomposer : et ensuite il y a lieu de considérer deux cas, suivant que les deux points donnés sont situés de part et d'autre de la force ou d'un même côté de sa direction.

1° — Soient (fig. 45) la force donnée P et les points donnés A et B, la droite AB est partagée au point O en deux segments additifs : les composantes seront donc de même sens; en désignant les intensités par x et y, on aura (théorème XIII) :

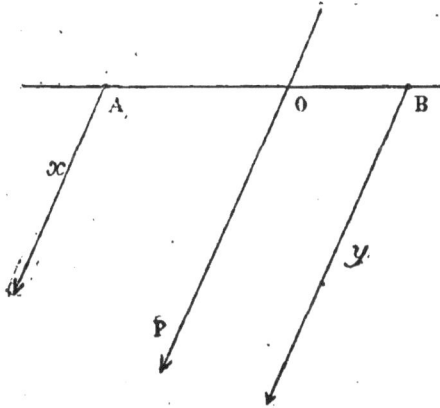

Fig. 45.

$$\frac{x}{\overline{OB}} = \frac{y}{\overline{OA}} = \frac{P}{\overline{AB}}.$$

Ces relations déterminent les inconnues x et y, car les longueurs OA et OB sont données.

2° — Soient (fig. 46) les deux points donnés A, B, situés d'un même côté de P : les composantes x et y seront alors de sens contraire, et celle qui aura la plus grande intensité agira dans le même sens que P : on aura donc (théorème XIV) :

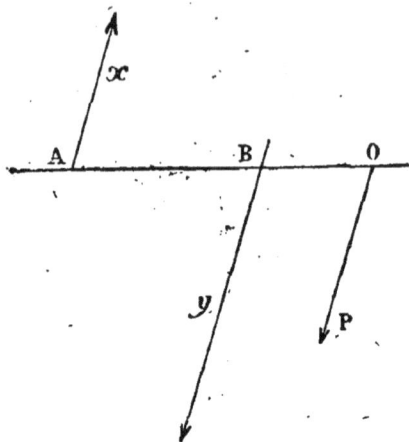

Fig. 46.

$$\frac{x}{OB} = \frac{y}{OA} = \frac{P}{AB},$$

et ces relations résolvent complètement la question.

§ II. — COMPOSITION DE FORCES PARALLÈLES EN NOMBRE ARBITRAIRE. CENTRE DES FORCES PARALLÈLES.

108. — Composition de forces parallèles de même sens. Soient les forces $F_1 F_2 F_3 F_4\ldots$ parallèles et de même sens, sur la direction desquelles nous prenons les points arbitraires A, B, C, D… (fig. 47), que nous supposons invariablement liés entre eux. Nous pouvons d'abord remplacer l'action des forces F_1 et F_2 par la force R_1 parallèle à celles-ci, égale à $(F_1 + F_2)$ et passant par le point L, situé entre A et B, tel que :

$$\frac{LA}{F_2} = \frac{LB}{F_1}.$$

Les deux forces R_1 et F_3 se composeront alors suivant la force R_2 parallèle à celles-ci, égale à $(F_1 + F_2 + F_3)$, et passant par le point M, situé entre L et C, tel que :

$$\frac{ML}{F_3} = \frac{MC}{F_1 + F_2}.$$

De même, les forces R_2 et F_3 admettent pour résultante la force R qui est parallèle aux composantes.

Il faut conclure de ceci que *la résultante de plusieurs forces parallèles et de même sens a pour intensité la somme des intensités des composantes, qu'elle leur est parallèle et qu'elle agit dans le même sens.*

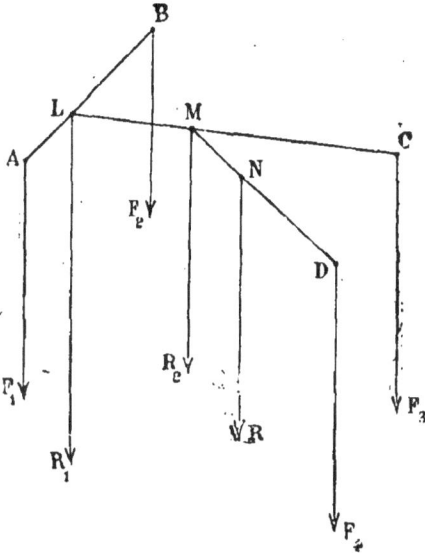

Fig. 47.

109. — REMARQUE. — Si nous supposons les forces composantes appliquées aux points A, B, C, D.... d'un même système invariable, nous voyons que la résultante R passe par un point N *dont la position ne dépend pas de la direction commune aux forces composantes.*

De plus, *ce point reste invariable si l'on change les intensités des composantes, pourvu que les rapports de l'une de ces forces à toutes les autres ne changent pas.*

Ainsi, le point L (fig. 47) est déterminé par le rapport des forces F_1 et F_2, le point M est déterminé par le rapport des forces $(F_1 + F_2)$ et F_3, etc.

110. — **Résultante d'un système quelconque de forces parallèles.** Dans le cas général où les forces composantes parallèles entre elles agissent les unes dans un sens, les autres dans l'autre, on pourra toujours réduire ces forces à deux R', R″ parallèles entre elles et agissant en sens contraire ; on composera alors ces deux forces d'après le théorème XIV, à moins qu'elles ne soient d'égale intensité, et non directement opposées, auquel cas elles forment un couple et le système proposé n'admet pas de résultante.

On est ainsi conduit à dire que si l'on attribue le signe + aux forces parallèles d'un système qui agissent dans un sens, et le signe — à celles qui agissent en sens contraire, *la résultante d'un système de forces parallèles est représentée en grandeur et en signe par la somme algébrique des forces composantes.*

111. — **Équilibre des forces parallèles.** *Il faut et il suffit, pour qu'un système de forces parallèles soit en équilibre, que la résultante* *des forces qui tirent dans un sens soit égale et directement opposée à la résultante des forces qui agissent dans l'autre sens.*

La condition est nécessaire, parce que le système peut toujours être réduit à ces deux résultantes; et cette condition est visiblement suffisante.

112. — CENTRE D'UN SYSTÈME DE FORCES PARALLÈLES.

On appelle CENTRE D'UN SYSTÈME DE FORCES PARALLÈLES *sollicitant des points liés invariablement entre eux, le point par lequel passe toujours la résultante de ces forces quand on vient à changer leur direction commune.*

Nous avons vu (109) que ce point existe, et nous avons montré qu'il a aussi la propriété d'appartenir à la résultante quand on fait varier les intensités des composantes, pourvu que les rapports de l'une d'elles à toutes les autres ne changent pas.

Nous aurons à déterminer analytiquement la position de ce point qui joue un rôle important en mécanique : nous nous bornons pour le moment à constater son existence.

Dans le cas particulier où les forces composantes sont d'égale intensité, le centre de ces forces parallèles est le *centre des moyennes distances* des points qu'elles sollicitent.

113. — Application I. *Quel est le centre des forces parallèles égales sollicitant quatre points invariablement liés entre eux et placés aux sommets d'un parallélogramme ABCD (fig. 48), sachant*

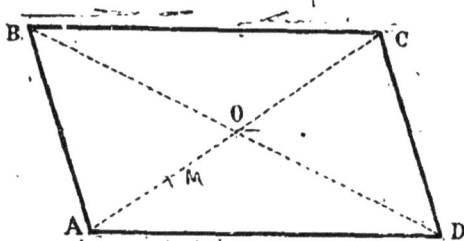

Fig. 48.

que la force qui sollicite le point A est dirigée en sens contraire des trois autres?

Le centre des deux forces égales, parallèles et de même sens, sollicitant les points B, D est le milieu O de BD, et la résultante de ces forces est 2F; nous la décomposons en deux forces parallèles et de même sens appliquées en A et C : ces composantes seront égales à F, puisque O est aussi le milieu de AC; la composante agissant en C détruit la force (— F) qui sollicite ce point, et il reste la force (2F) sollicitant le point A : c'est la résultante du système, et le centre cherché est le point A.

Remarque. — Si l'on supposait les forces sollicitant C et D de sens contraire aux forces qui agissent en A et B, le système se ramènerait à un couple et n'aurait pas de résultante.

114. — Application II. *Quel est le centre des forces parallèles égales sollicitant six points* A, B, C, D, E, F (fig. 49), *deux à deux symétriques par rapport à un même point* O, *et invariablement liés entre eux, sachant que les forces qui sollicitent les points* A, B, C, D, E, *sont de même sens et que la force qui sollicite le point* F *est de sens contraire à celles-ci?*

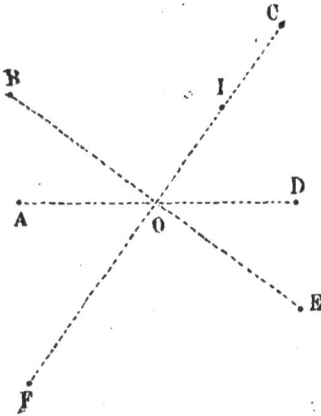

Les forces égales, parallèles et de même sens qui sollicitent les points A, B, D, E, ont pour centre le point O; elles sont donc remplacées par la force (4P) agissant en O.

Nous décomposons une partie 2P en deux autres forces parallèles et de même sens agissant en C et F, ces composantes seront égales à P, puisque le point O est le milieu de CF; la composante en F détruit la force (— P) qui agit en ce point; le système est donc réduit à deux forces égales à 2P, parallèles et de même sens agissant aux points O et C; donc le centre de ces forces est le milieu I de OC, et la résultante du système vaut 4P.

Fig. 49.

Remarque. — Si l'on généralise la question précédente et que l'on considère 2n points deux à deux symétriques par rapport à un point O, un de ces points A étant sollicité par une force de sens inverse aux autres, on trouvera que le centre est sur le prolongement de OA à une distance de O égale à $\dfrac{1}{n-1} \times$ OA.

115. — Application III. *Décomposer une force donnée en trois autres forces parallèles à sa direction et sollicitant trois points donnés.*

1° — Soit O le point où la force donnée P rencontre le plan des trois points donnés A, B, C (fig. 50) : nous joignons le point O à l'un des trois points donnés, soit B, cette droite détermine sur AC le

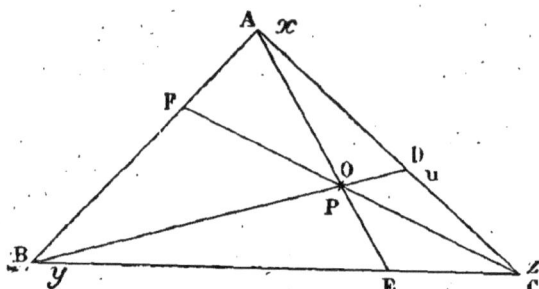

Fig. 50.

point D. Le point O étant compris entre B et D, nous décomposons la force P en deux forces parallèles et de même sens y et u, sollicitant les points B et D, nous avons :

$$\frac{y}{OD} = \frac{u}{OB} = \frac{P}{BD}. \qquad (1)$$

Ces équations déterminent y et u.

Le point D étant situé entre A et C, nous décomposons la force u en deux forces x et z de même sens, passant par les points A et C ; nous aurons :

$$\frac{x}{DC} = \frac{z}{AD} = \frac{u}{AC}. \qquad (2)$$

Les égalités (1) et (2) déterminent les inconnues x, y, z ; nous en tirons aisément :

$$x = \frac{DC}{AC} \times \frac{OB}{BD} \times P, \qquad y = \frac{OD}{BD} \times P, \qquad z = \frac{AD}{AC} \times \frac{OB}{BD} \times P.$$

Ces valeurs peuvent se transformer en appliquant le théorème de Ménélaüs ; on obtient ainsi les résultats simples :

$$x = \frac{OE}{AE} \times P \qquad y = \frac{OD}{BD} \times P \qquad z = \frac{OF}{CF} \times P.$$

On en déduit aisément les valeurs :

$$\frac{x}{BOC} = \frac{y}{AOC} = \frac{z}{AOB} = \frac{P}{ABC}.$$

2° — Si nous avions supposé le point O situé à l'extérieur du triangle ABC, mais dans l'un des angles opposés par le sommet aux angles de ce triangle, nous aurions obtenu une seule composante de même sens que P.

En supposant le point O situé à l'extérieur de ABC, mais dans l'un des angles de ce triangle, on aurait trouvé deux composantes de même sens que la force P.

3° — La force P peut être située dans le plan des trois points : alors le point O est indéterminé sur la direction de la force P, et la décomposition est possible d'une infinité de façons. Il y a indétermination.

4° — Enfin si la force P est parallèle aux plans ABC, il y a impossibilité, ce qui est évident a priori.

116. — REMARQUE. — Si l'on cherche à décomposer une force F en forces parallèles sollicitant n points donnés, on est conduit à une indétermination tant que n est supérieur à 3. En effet prenons des valeurs arbitraires pour les forces qui sollicitent $(n-3)$ des points donnés et soit R leur résultante : composons alors la force F avec une force $(-R)$ égale et contraire à R; et soit R' leur résultante : nous décomposons alors R' en forces parallèles, sollicitant les trois points donnés qui restent : ces trois composantes et les $(n-3)$ prises arbitrairement admettent comme résultante la force F.

CHAPITRE IV

MOMENTS

§ I. — MOMENTS PAR RAPPORT A UN POINT

117. — **Définition.** *Le* MOMENT D'UNE FORCE PAR RAPPORT A UN POINT
*est une quantité algébrique dont la valeur absolue est le produit de
l'intensité de la force par la distance du point à cette force.*

Il résulte de cette définition que le moment d'une force par rapport à un point étant un produit de deux facteurs, ne peut être nul
que si l'un des facteurs est nul; *si donc une force qui n'est pas
nulle a un moment nul par rapport à un point, c'est que sa direction
passe par ce point.*

Soient la force F et le point O (fig. 51) : la perpendiculaire OA abaissée
du point O sur F s'appelle le *bras de
levier de la force* F; si nous supposons la droite OA rigide, mais pouvant tourner autour du point O, et
si nous supposons la force F agissant
directement sur le point A, il est visible qu'il se produira un mouvement
de rotation dans le plan de la figure
et dans le sens de la flèche.

Le signe du moment de la force F
sera + ou — suivant que cette rotation fictive se fera dans un sens ou
dans l'autre. D'ailleurs le choix du

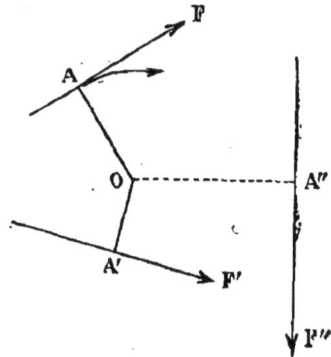

Fig. 51.

sens de rotation qui correspond aux moments positifs est indifférent:
mais une fois ce sens choisi, dans une même question, il faut le
conserver.

Ainsi, en représentant par F, F', F″ les intensités des forces (fig. 51)

agissant dans le plan de la figure qui contient le CENTRE O DES MO-
MENTS, les moments de ces forces auront respectivement pour valeur :

$$\pm F \times OA, \qquad \mp F' \times OA', \qquad \pm F'' \times OA''.$$

Les signes supérieurs se correspondant ainsi que les signes infé-
rieurs.

118. THÉORÈME XV (de Varignon). *Le moment de la résultante
de deux forces concourantes par rapport à un point de leur plan est
égal à la somme algébrique des moments des composantes.*

Le centre des moments pouvant être situé dans l'un des quatre
angles déterminés par les deux forces concourantes, nous distinguerons deux cas, suivant que ce point est placé dans l'angle qui contient la résultante et l'angle opposé par le sommet, ou dans l'un des
deux autres angles.

Premier cas. — Le point O n'est pas situé dans l'angle des forces
où agit la résultante, ni dans son opposé par le sommet (fig. 52) ;
alors les trois moments sont de même signe.

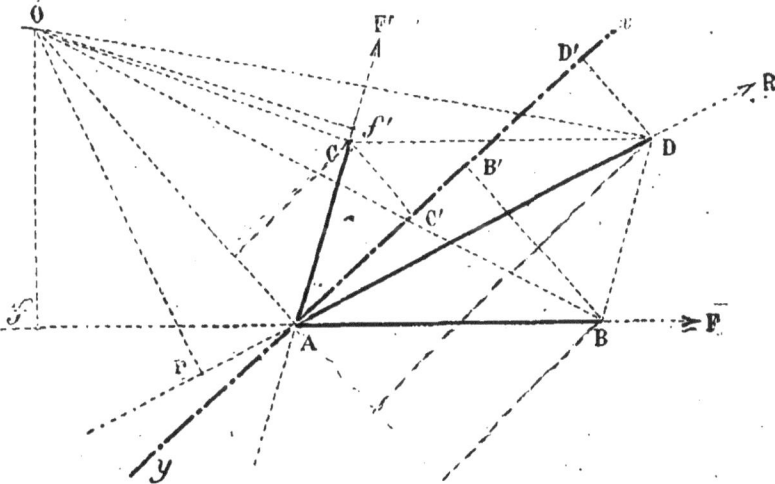

Fig. 52.

Nous traçons les bras de levier O*f*, O*f'* et O*r* des deux composantes F et F' et de leur résultante R : la relation que nous devons
démontrer est la suivante :

$$AB \times Of + AC \times Of' = AD \times Or. \qquad (1)$$

Or, les trois produits précédents sont les doubles des aires des triangles AOB, AOC, AOD; l'égalité (1) revient donc à la suivante :

$$AOB + AOC = AOD. \qquad (2)$$

Mais ces triangles ont un côté commun OA que l'on peut prendre pour base commune; si donc nous traçons la perpendiculaire xy à OA, et que nous projetions en B′, C′, D′ les sommets des triangles précédents, la relation (2) équivaudra à l'égalité :

$$\tfrac{1}{2} AO \cdot AB' + \tfrac{1}{2} AO \cdot AC' = \tfrac{1}{2} AO \cdot AD'$$

$$\tfrac{AO}{2} AB' + AC' = AD',$$

ou enfin :

$$AC' = B'D'.$$

car les long. AB' et AC' base AB' et respecti. égales aux hauteurs des tr. AOB AOC AOD commune

Relation vraie, parce que les droites égales et parallèles AC, BD ont des projections égales sur un même axe xy.

Deuxième cas. — Supposons le centre O des moments situé dans l'angle où agit la résultante, ou dans son opposé par le sommet : il arrivera alors que les moments des composantes seront de signes contraires. Nous avons donc à démontrer dans ce cas (fig. 53) :

$$AB \times Of - AC \times Of' = AD \times Or.$$

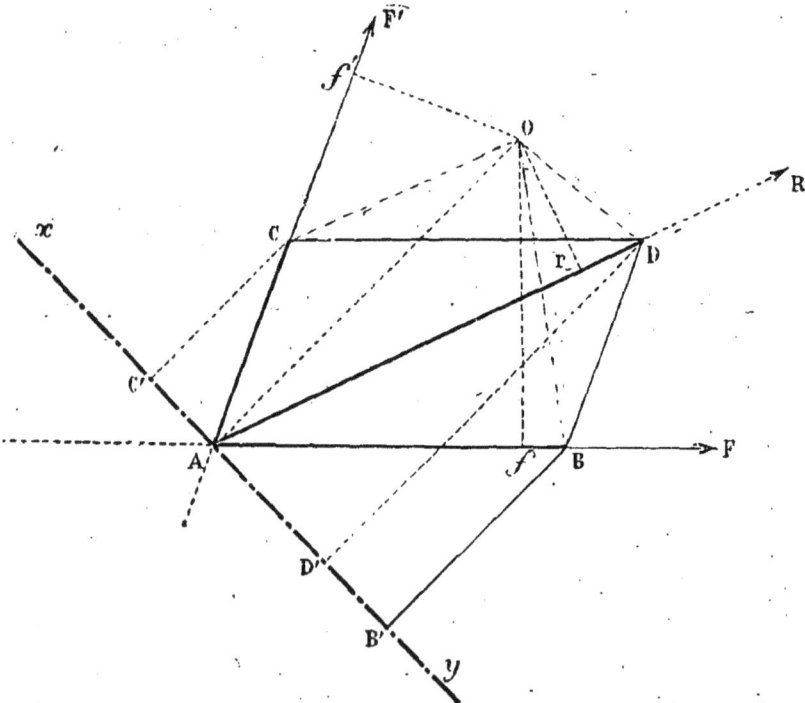

Fig. 53.

· Ce qui se transforme, comme dans le premier cas, dans l'égalité suivante :

$$AOB - AOC = AOD.$$

Et, en projetant les points B, C, D, sur l'axe xy perpendiculaire à OA :

$$AB' - AC' = AD',$$

ou :

$$AC' = D'B'.$$

Ce qui est vrai, puisque les droites AC, BD égales et parallèles ont des projections égales sur xy.

En résumé, le théorème est démontré quelle que soit la position occupée par le centre des moments dans le plan des deux forces.

119. — **Corollaire.** *Le moment de la résultante d'un système de forces concourantes et situées dans le même plan, par rapport à un point de ce plan, est égal à la somme algébrique des moments de toutes les composantes par rapport à ce point.*

Soient, en effet, les forces F_1, F_2, F_3, F_4, situées dans le même plan et agissant sur un même point A, soit R la résultante de ces forces, que nous pouvons obtenir en composant F_1 et F_2 suivant r_1, puis r_1 et F_3 suivant r_2, puis r_2 et F_4 suivant R. En prenant les moments par rapport à un point arbitraire du plan, nous aurons, d'après le théorème précédent :

$$m^t r_1 = m^t F_1 + m^t F_2,$$
$$m^t r_2 = m^t r_1 + m^t F_3,$$
$$m^t R = m^t r_2 + m^t F_4.$$

En ajoutant membre à membre ces égalités, nous obtenons, après réductions évidentes :

$$m^t R = m^t F_1 + m^t F_2 + m^t F_3 + m^t F_4.$$

Ce qui démontre le corollaire énoncé, car le raisonnement précédent est indépendant du nombre des forces considérées.

Remarque. — Le théorème précédent sert à exprimer que la résultante d'un système de forces concourantes passe par un point déterminé.

120. — **Application I.** *Une tige rigide* OA (fig. 54) *a le point* O *fixe, et l'autre extrémité* A *est sollicitée par trois forces agissant dans*

le plan de la figure supposé vertical ; les intensités des forces F, F′, F″
sont proportionnelles aux nombres $\sqrt{3}$, 1 *et* 4; *la force* F *agit vertica-*
lement, la force F″ *agit horizontalement, et la direction de la force* F′
fait un angle de 30° *avec la verticale.*

On propose de trouver la *position d'équilibre de la droite* OA.

D'après l'axiome II, il faut et il suffit pour l'équilibre que la résultante des trois forces considérées passe par le point fixe O.

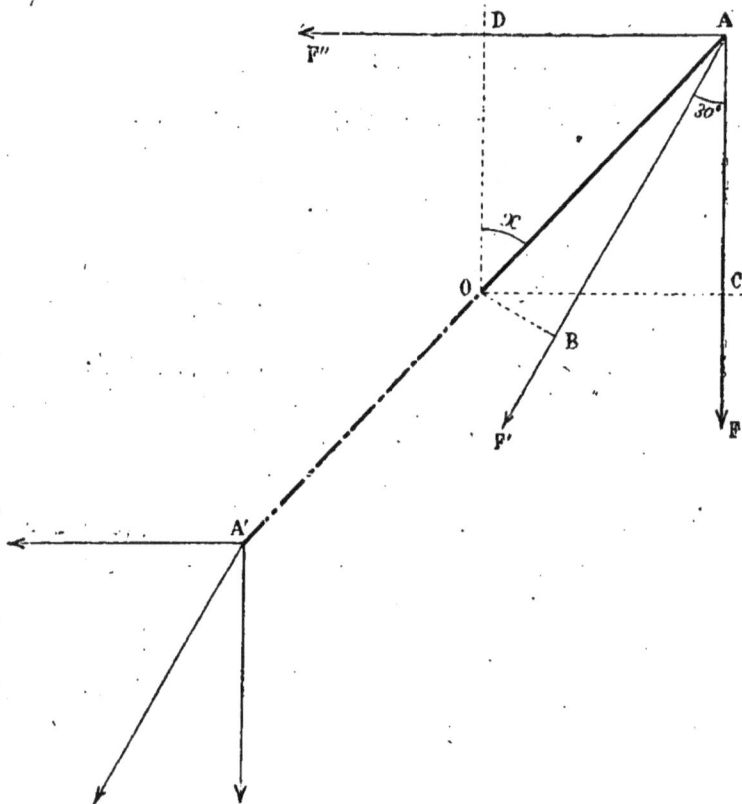

Fig. 54.

Il faut donc, et il suffit, que la somme algébrique des moments
des forces considérées par rapport au point O soit nulle.

Prenons comme inconnue l'angle x que fait OA avec la verticale,
l'équilibre étant supposé obtenu.

L'équilibre s'exprime alors par l'équation :

$$OA \times F \sin x + OA \times F' \cos (120 - x) - OA \times F'' \cos x = 0,$$

qui se réduit à :

$$\sqrt{3}\sin x + \cos 120 \times \cos \dot{x} + \sin 120 \times \sin x - 4\cos x = 0 ;$$

or

$$\cos 120 = -\frac{1}{2},$$

et :

$$\sin 120 = \frac{\sqrt{3}}{2}.$$

En remplaçant, nous obtenons :

$$2\sqrt{3}\sin x - \cos x + \sqrt{3}\sin x - 8\cos x = 0,$$

ou :

$$\operatorname{tg} x = \sqrt{3}.$$

La position d'équilibre sera donc atteinte lorsque l'angle x vaudra 60°, c'est-à-dire quand la direction OA sera bissectrice de l'angle formé par F' et F''.

Nous obtenons deux positions d'équilibre : OA et OA' ; la position OA est *instable*, parce que la résultante agissant suivant AO, si l'on vient à déplacer la barre rigide, elle s'écartera de cette position ; c'est le contraire pour la position OA'.

Remarque. — On arriverait au même résultat en exprimant que la somme algébrique des projections des forces sur une perpendiculaire à OA est nulle.

121. — Application II. *Déduire la composition de deux forces parallèles et de même sens de la composition de deux forces concourantes.*

Soient (fig. 55) les deux forces P et Q concourantes en A et représentées en grandeur et direction par AC et AB ; leur résultante est alors AD, diagonale du parallélogramme construit sur AB et AC.

Prenons un point arbitraire O sur AD, et projetons ce point en E et H sur les composantes ; nous aurons, d'après le théorème des moments :

$$\text{P} \times \text{OH} = \text{Q} \times \text{OE}.$$

Cela posé, imaginons que la direction de la force P se déplace en restant tangente à la circonférence de centre O et de rayon OH ; la résultante de cette force variable de direction et de la force Q passera toujours par le point O, puisque la somme des moments est nulle par rapport à ce point, et elle passera aussi par le point de concours variable des forces P et Q. Ainsi, lorsque la force P occupe la position P_1, la résultante prend la nouvelle direction $A'O$.

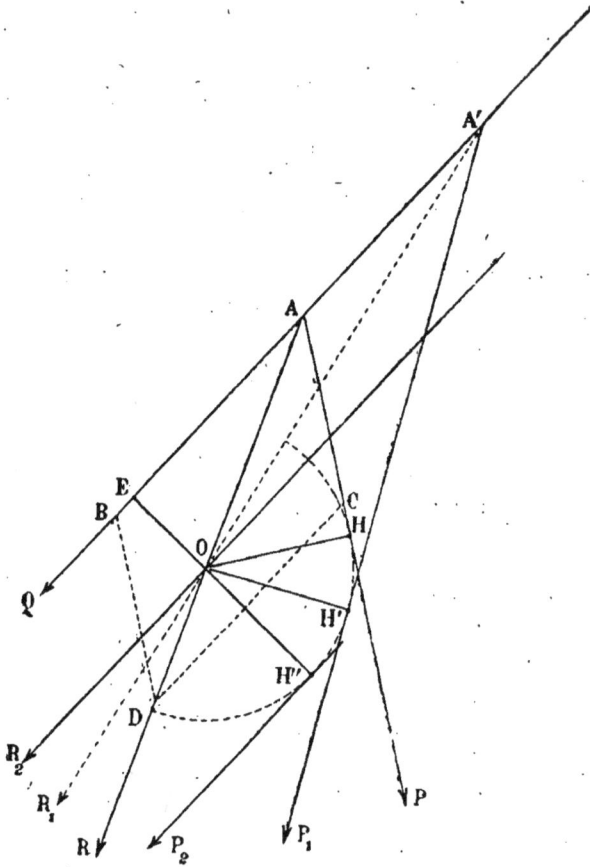

Fig. 55.

Or, lorsque la force P sera devenue parallèle à Q, c'est-à-dire quand le point H sera en H'', le point A se trouvera transporté à l'infini, la résultante, passant toujours par ce point, sera donc dirigée suivant la parallèle R_2 à la direction commune des forces, et passera par le point O.

D'ailleurs, pour ce point O on a, par hypothèse :

$$Q \times OE = P \times OH'',$$

·ou :

$$\frac{P}{Q} = \frac{OE}{OII''}.$$

Donc déjà la résultante des forces parallèles et de même sens P_2 et Q est parallèle à celles-ci, de même sens et partage la portion de droite EII'', comprise entre les composantes, en segments additifs inversement proportionnels aux intensités de ces forces.

Il reste à trouver l'intensité de cette résultante. A cet effet, nous rappelons qu'en représentant par α l'angle que forment entre elles les forces P et Q, nous avons pour l'intensité R de leur résultante la relation :

$$R^2 = P^2 + Q^3 + 2PQ \cos \alpha.$$

Or, dans le déplacement que nous avons attribué à la force P, l'angle α tend vers zéro, et l'on a, à la limite :

$$R_2^2 = (P + Q)^2,$$

d'où :

$$R_2 = P + Q,$$

puisqu'il ne s'agit ici que de valeurs absolues.

Remarque. — On arriverait aussi bien, par les mêmes considérations, à la composition de deux forces parallèles et de sens contraires.

122. — THÉORÈME XVII. *Le moment de la résultante de deux forces parallèles par rapport à un point du plan de ces forces, est égal à la somme des moments des composantes.*

D'abord ce théorème est une conséquence du théorème XVI relatif à deux forces concourantes.

On peut, en second lieu, en donner la démonstration directe suivante :

Soient (fig. 56) les deux forces parallèles et de même sens P et Q, et leur résultante R.

Soit un point O arbitraire du plan, par lequel nous traçons une droite quelconque qui rencontre ces forces aux points A, B, C. Nous avons entre les segments CA, CB la proportion démontrée :

$$\frac{CA}{CB} = \frac{Q}{P}.$$

Exprimons les lignes CA et CB en fonction de segments comptés à partir du point O, il viendra:

$$\frac{OA - OC}{OC - OB} = \frac{Q}{P},$$

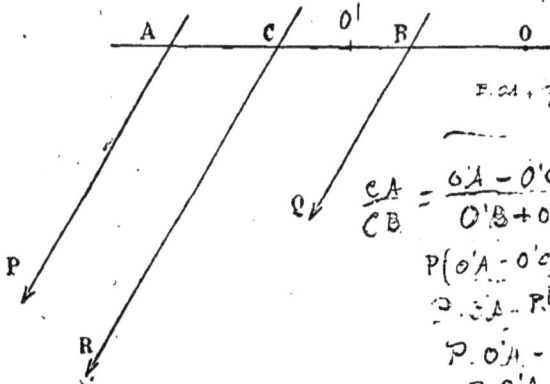

Fig. 56.

ou:

$$OA \times P + OB \times Q = OC \times (P + Q),$$

c'est-à-dire:

$$OA \times P + OB \times Q = OC \times R.$$

Si donc, en particulier, la direction quelconque OA est perpendiculaire sur P, l'égalité précédente signifiera:

$$m^i P + m^i Q = m^i R.$$

La relation énoncée est donc vraie dans le cas de la figure 56. Il est aisé de voir qu'elle existe dans tous les cas possibles. Prenons une autre position (fig. 57).

Nous avons:

$$\frac{CA}{CB} = \frac{Q}{P},$$

ce qui devient comme ci-dessus:

$$\frac{OC + OA}{OC + OB} = \frac{Q}{P},$$

puis:

$$OA \times P - OB \times Q = OC(Q - P),$$

et par suite :

$$m^l P + m^l Q = m R,$$

en supposant la direction AB perpendiculaire sur les forces considérées.

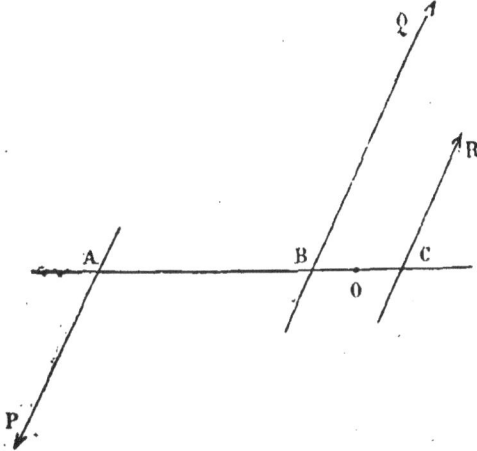

Fig. 57.

REMARQUE. — On voit que la démonstration précédente ne suppose pas les bras de levier des forces parallèles perpendiculaires sur ces forces. Le résultat est donc indépendant de cette hypothèse.

123. — **Corollaire I.** *Le moment de la résultante d'un système de forces parallèles situées dans le même plan, par rapport à un point de ce plan, est égal à la somme algébrique des moments des composantes.*

Même démonstration que pour le corollaire (119).

Corollaire II. *La somme des moments des forces qui forment un couple est indépendante de la position du centre des moments dans le plan de ces forces.*

124. — **Application I.** *Une barre rigide XX' (fig. 58) est sollicitée en des points A_1, A_2 ... A_n équidistants, par des forces parallèles de même sens dont les intensités sont représentées par 1, 2, 3 ... n ; déterminer le centre de ce système de forces parallèles.*

Nous prenons le point O tel que :

$$A_1 O = A_1 A_2 = a,$$

et nous cherchons la distance x à ce point O du centre des forces considérées.

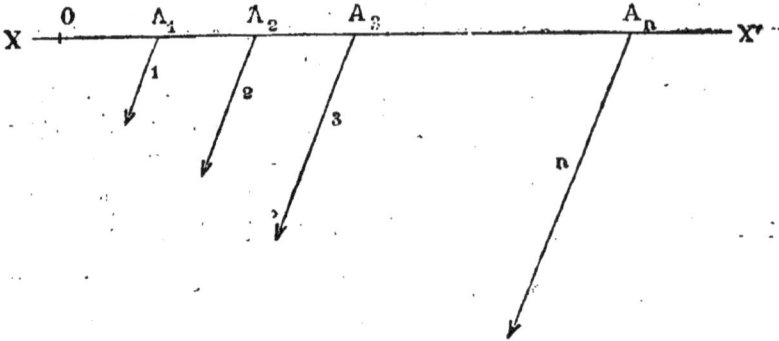

Fig. 58.

En appliquant le corollaire (123) à ce système de forces, nous obtenons:

$$(1+2+3...+n)\times x = a\times 1 + 2a\times 2 + 3a\times 3 + ... + na\times n,$$

d'où :

$$\frac{x}{a} = \frac{1^2 + 2^2 + 3^2 + ... + n^2}{1 + 2 + 3 + ... + n},$$

et par suite :

$$\frac{x}{a} = \frac{\dfrac{n(n+1)(2n+1)}{6}}{\dfrac{n(n+1)}{2}},$$

donc :

$$x = \frac{2n+1}{3} \times a.$$

Ce qui détermine complètement la position du centre cherché.

125. — Application II. *Deux barres rigides AB, BC, à angle droit et invariablement liées l'une à l'autre (fig. 59) sont sollicitées en leurs milieux M et N par des forces verticales proportionnelles à leurs longueurs $2a$, $2b$. On fixe le point A et l'on demande l'angle que doit faire AB avec la verticale pour qu'il y ait équilibre.*

Le corps solide formé par les deux barres AB, BC est sollicité, somme toute, par une seule force qui est la résultante des forces considérées. Il faut donc et il suffit, pour l'équilibre, que cette résultante passe par le point fixe A (axiome II). Par suite du théorème XVII (122),

il suffira donc d'exprimer que la somme algébrique des moments des forces par rapport au point A est nulle.

En projetant sur l'horizontale passant par A et située dans le plan de la figure, nous exprimerons que l'on a :

$$a \times AM' - b \times AN' = 0,$$

or :

$$AM' = a \sin x,$$

puis, en projetant le contour ABNN' :

$$AN' = 2a \cos(90 + x) + b \cos x$$

Fig. 59.

d'où l'équation :

$$a^2 \sin x + 2ab \sin x - b^2 \cos x = 0.$$

On en tire aisément :

$$\operatorname{tg} x = \frac{b^2}{a(a + 2b)},$$

formule de laquelle résulte l'angle aigu qui répond à la question.

§ II. — MOMENTS PAR RAPPORT A UN AXE.

126. — *Définition. *On appelle* MOMENT D'UNE FORCE PAR RAPPORT A UN AXE *le moment de la projection de cette force sur un plan perpendiculaire à cet axe, par rapport au pied de l'axe sur ce plan.*

Ainsi, soient (fig. 60) l'axe XY et la force F. Nous projetons F en F' sur le plan P perpendiculaire en un point arbitraire O de XY, et nous appelons *moment de la force* F *par rapport à* XY le moment de F' par rapport au point O.

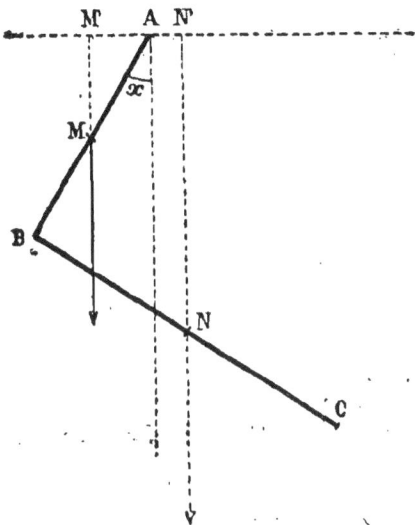

Si donc OA est la distance de O à F', c'est-à-dire *la plus courte dis-tance des droites* F *et* XY, le moment de F sera :

$$+ OA \times F'$$

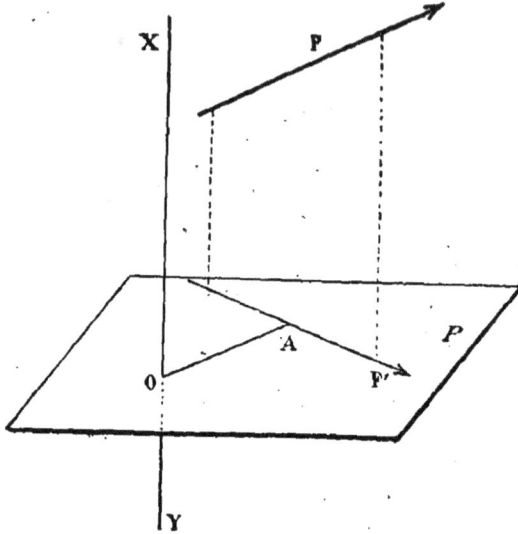

Fig. 60.

ou :

$$- OA \times F',$$

suivant la convention faite sur les signes.

127. — '*La condition nécessaire et suffisante pour que le moment d'une force par rapport à un axe soit nul est que cette force, n'étant pas nulle, soit dans un même plan avec l'axe.*

En effet (fig. 60) le moment de la force F' par rapport au point O ne peut être nul que si F' est nulle, ou si la direction de F' passe par le point O. Dans le premier cas, F est parallèle à l'axe, et dans le second cas F rencontre XY. Donc, si le moment de F est nul, c'est que F est dans un même plan avec XY. La condition est visiblement suf-fisante.

128 — *Remarque. Une force étant représentée en grandeur et direction par AB, M et N étant deux points arbitraires d'un axe XY, le moment de cette force par rapport à XY a pour valeur absolue le quo-tient par MN de six fois le volume du tétraèdre MNAB.

Projetons en effet AB en A′B′ (fig. 61) sur un plan P perpendiculaire au point M de XY. Le tétraèdre MNAB est équivalent au tétraèdre MNA′B′, car BB′ et AA′ sont parallèles aux faces AMN et BMN;

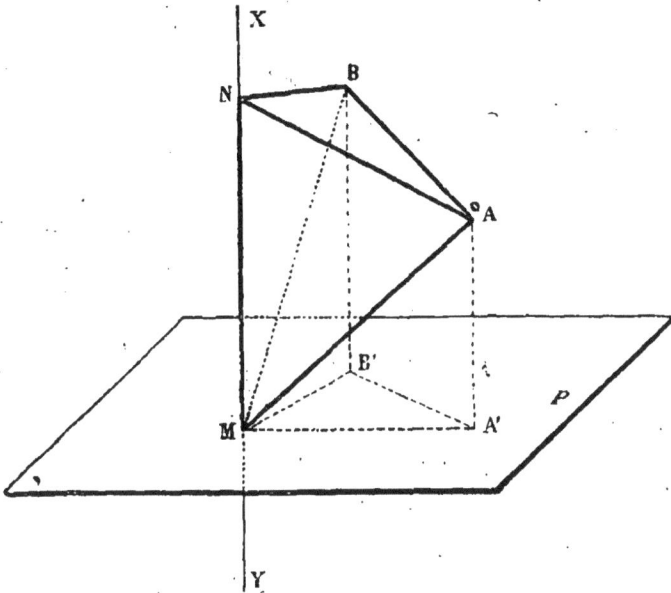

Fig. 61.

or, l'aire du triangle A′B′M est la moitié de la valeur absolue du moment K de la force AB par rapport à XY; on a donc :

$$V = \frac{1}{2} K \times \frac{1}{3} MN,$$

d'où :

$$K = \frac{6V}{MN}.$$

129. — *THÉORÈME XVIII. *Le moment de la résultante d'un système de forces concourantes par rapport à un axe égale la somme algébrique des moments des composantes.*

Nous remarquons en effet que la projection sur un plan de la résultante de plusieurs forces concourantes est la résultante du système formé par les projections des composantes sur ce plan. En effet, le polygone des forces considérées se projette suivant le polygone des forces projections, puisque les projections sur un même plan de deux portions de droites égales et parallèles sont égales et parallèles entre elles.

Soit donc R la résultante des forces $F_1, F_2, F_3 \ldots$ concourantes en A, et soit R' et $F'_1, F'_2, F'_3 \ldots$ les projections des forces précédentes sur un même plan P perpendiculaire au point O d'un axe XY. On sait que pour ce point O on a (119) :

$$m^l R' = m^l F'_1 + m^l F'_2 + m^l F'_3 + \ldots$$

donc on a aussi, par rapport à l'axe XY :

$$m^l R = m^l F_1 + m^l F_2 + m^l F_3 + \ldots$$

puisque les termes de la seconde égalité sont respectivement égaux par définition (126) aux termes de la première.

130. — *Coordonnées d'un point par rapport à trois axes rectangulaires.

Soit (fig. 62) le système des trois axes OXYZ formant un trièdre trirectangle ayant le point O pour sommet. Par un point A situé arbitrairement dans l'espace, menons les plans ABCG, parallèle à ZOY, ABDE, parallèle à ZOX, et AEFG, parallèle à XOY. Ces plans rencontrent les axes en des points C, D, F, qui sont les projections du point A sur ces axes et qui sont complètement déterminés ; *réciproquement*, si l'on se donne ces points, il y aura un point A de l'espace et un seul qui sera projeté en ces points sur les axes.

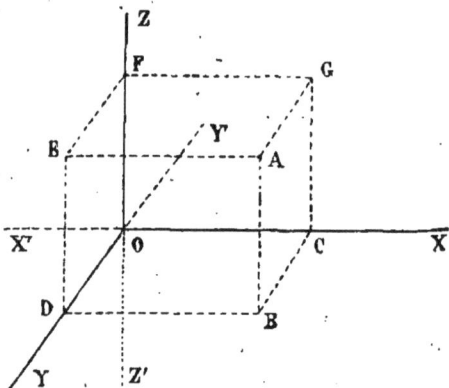

Fig. 62.

Nous convenons de représenter par x la projection de OA sur OX, c'est-à-dire la quantité algébrique qui a pour valeur absolue OC, et qui est positive ou négative suivant que pour aller de O en C il faut se déplacer dans le sens OX ou en sens inverse; la quantité x étant donnée, il lui correspond un point C, et un seul sur la droite indéfinie XX'.

De même, représentons par y et z les quantités algébriques ayant respectivement pour valeurs absolues OD et OF, et qui sont positives ou négatives, suivant que les points D et F sont sur OY et OZ ou sur leurs prolongements.

Il est évident que tout point de l'espace sera déterminé complè-tement quand on connaîtra les quantités x, y, z qui lui correspon-dent pour un système d'axes connus.

Ces quantités, desquelles résulte la position d'un point de l'espace, s'appellent les COORDONNÉES DE CE POINT.

131. — *Remarque I. Il est clair que les considérations pré-cédentes ne supposent nullement les axes rectangulaires, mais il faut qu'ils forment un trièdre, c'est-à-dire que l'un d'eux ne soit pas contenu dans le plan des deux autres. Seulement, dans le cas des axes rectangulaires, les coordonnées d'un point sont les projec-tions sur les axes de la droite qui joint l'origine à ce point.

132. — *Remarque II. Un point du plan XOY a un z nul et réci-proquement; cela est évident.

Un point d'un des axes a deux coordonnées nulles et réciproque-ment. Ainsi, un point situé sur OX a un y et un z nuls.

Enfin, le seul point de l'espace dont les trois coordonnées sont nulles est l'*origine* O.

133.— *Remarque III. Pour déterminer analytiquement une force, nous donnerons son intensité F, les coordonnées x, y, z de l'un des points de la droite suivant laquelle elle agit, et les angles α, δ, γ, qu'elle forme avec les trois axes de coordonnées.

Ces angles, en effet, définissent, comme on a vu, une parallèle à la force F, et de même sens, passant par l'origine; et les coordon-nées x, y, z, définissent un point de la droite suivant laquelle agit F : donc cette droite est complètement déterminée.

134. — *Remarque IV. Il faut remarquer les relations nécessaires qui existent entre les coordonnées $(x_1 y_1 z_1)$ et $(x_2 y_2 z_2)$ de deux points arbitraires $M_1 M_2$ (fig. 63) de la droite définie par les données précédentes.

Considérons le contour $M_1 O M_2$ dont la projection sur un axe quel-conque est la projection de $M_1 M_2$.

Projetons par exemple sur OX; la projection de $M_1 M_2$ est ;

$$M_1 M_2 \times \cos \alpha.$$

D'autre part, la projection de OM_1 étant x_1, la projection de M_1O est $(-x_1)$ et la projection de OM_2 est x_2 par définition; on a donc :

$$x_2 - x_1 = M_1 M_2 \cos \alpha.$$

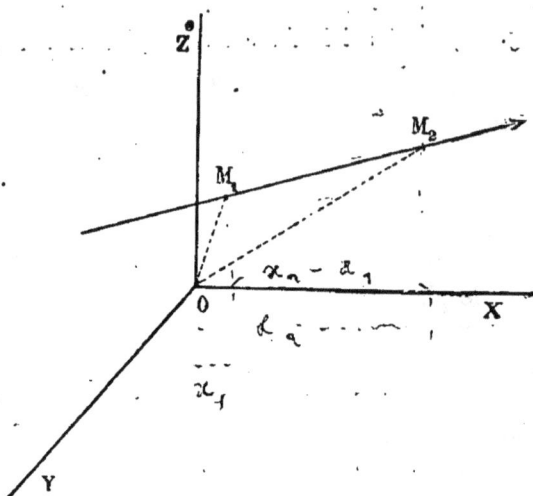

Fig. 63.

On aura même :

$$y_2 - y_1 = M_1 M_2 \cos 6;$$

et :

$$z_2 - z_1 = M_1 M_2 \cos \gamma.$$

Il en résulte la suite de rapports égaux :

$$\frac{x_2 - x_1}{\cos \alpha} = \frac{y_2 - y_1}{\cos 6} = \frac{z_2 - z_1}{\cos \gamma}. \qquad (1)$$

Ce sont les relations cherchées.

135. — *Réciproquement,* si le point $(x_1 y_1 z_1)$ est sur la droite définie ci-dessus, le point $(x_2 y_2 z_2)$ dont les coordonnées satisfont aux équations (1) est sur cette même droite.

Ainsi, en représentant par $x_1 y_1 z_1$ les coordonnées d'un point d'une droite dont les cosinus directeurs sont cos α, cos 6, cos γ, les coordonnées (xyz) d'un point quelconque de cette ligne satisfont aux équations :

$$\frac{x - x_1}{\cos \alpha} = \frac{y - y_1}{\cos 6} = \frac{z - z_1}{\cos \gamma}, \qquad (2)$$

et réciproquement.

C'est pour cette raison que les équations (2) s'appellent les équations de la droite.

136. — *Expressions analytiques des moments d'une force par rapport à trois axes rectangulaires.*

Soit F (fig. 64) l'intensité d'une force agissant sur un point A

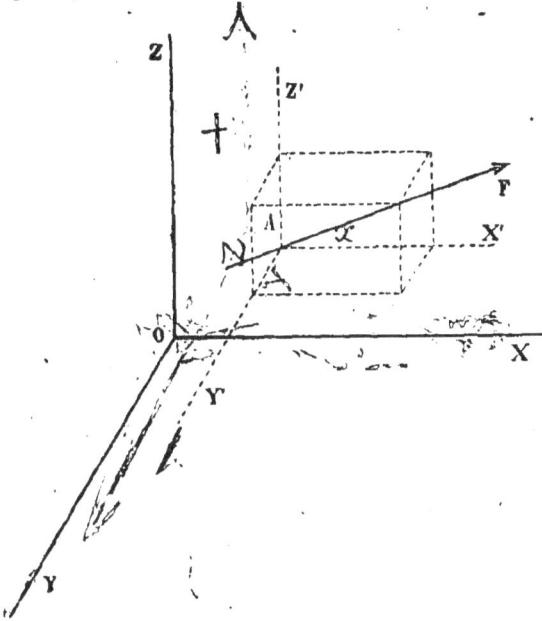

Fig. 64.

dont les coordonnées sont x, y, z, et dont la direction fait avec les
axes rectangulaires, les angles α, 6, γ.

Nous décomposons cette force en trois autres dirigées suivant
des parallèles aux axes menées par le point A.

Ces composantes, que nous représentons en grandeur et en signe
par X, Y, Z, ont pour valeur :

$$X = F \cos \alpha,$$
$$Y = F \cos 6,$$
$$Z = F \cos \gamma.$$

Le moment de la force F par rapport à OX, par exemple, est la
somme algébrique des moments par rapport à cet axe des composantes X, Y et Z. Or, déjà le moment de X est nul, parce que X est
dans un même plan avec OX.

Cherchons le moment de Y : cette composante étant parallèle

à OY, se projette sur le plan YOZ suivant une force égale en valeur absolue à Y, et le bras de levier de cette projection par rapport au point O est égal à la valeur absolue de z : il en résulte que le moment de la projection de Y sur YOZ par rapport au point O a même valeur absolue que le produit :

$$Yz.$$

Or, nous convenons de prendre comme positif le moment d'une force par rapport à OX lorsque la rotation fictive de la projection de cette force sur le plan YOZ se fait de la gauche à la droite d'un observateur placé suivant OX, les pieds en O et la tête en X : il en résulte que le moment de la force Y est toujours en valeur et en signe :

$$- Yz.$$

Il est aisé de s'en rendre compte : si Y et z sont positifs, le moment est négatif, et il en est de même si Y et z sont négatifs. Mais dans le cas où Y et z sont de signes contraires, le moment est positif : il est donc toujours de signe contraire au produit Yz.

Par les mêmes considérations, on voit que le moment de Z par rapport à OX est toujours :

$$+ Zy.$$

Donc le moment de F par rapport à OX est, dans tous les cas :

$$Zy - Yz,$$

ou encore :

$$F (y \cos \gamma - z \cos 6)..$$

Connaissant l'expression générale du moment de F par rapport à OX, on aura le moment par rapport à OY en avançant d'un rang dans les lettres, ou en effectuant une permutation tournante :

$$Xz - Zx,$$

et de même, le moment par rapport à OZ a pour expression générale :

$$Yx - Xy.$$

137. — *Ainsi, en résumé, les moments d'une force F par rapport à trois axes rectangulaires avec lesquels elle fait les angles α, 6, γ, et passant par le point dont les coordonnées sont x, y, z, sont :

Moment par rapport à OX :	$F(y \cos \gamma - z \cos 6)$;
Moment par rapport à OY :	$F(z \cos \alpha - x \cos \gamma)$;
Moment par rapport à OZ :	$F(x \cos 6 - y \cos \alpha)$.

138. — *Remarque I.* — On vérifie aisément par les résultats obtenus (134, 135) que les expressions de ces moments sont indépendantes du point choisi sur la direction de la force.

Remarque II. — Ces relations nous seront utiles pour écrire les équations exprimant l'équilibre d'un corps solide sollicité par des forces données.

§ III. — MOMENTS DES FORCES PARALLÈLES PAR RAPPORT A UN PLAN.

139. — **Définition.** Le MOMENT D'UNE FORCE PAR RAPPORT A UN PLAN *qui lui est parallèle est une quantité algébrique qui a pour valeur absolue le produit de l'intensité de la force par la distance de la droite suivant laquelle elle agit au plan considéré.*

Lorsque l'on considère des forces parallèles entre elles, comme il n'y a que deux sens opposés dans lesquels elles peuvent agir, il est commode d'attribuer un signe à chacune d'elles.

De même le plan des moments séparant l'espace en deux régions, et, les forces étant parallèles à ce plan, on distingue les forces qui agissent d'un côté du plan de celles qui agissent de l'autre côté, en attribuant un signe à la distance de la force au plan.

Le signe du moment d'une force parallèle à un plan sera, par définition, le signe du produit de la force par sa distance au plan, ces facteurs ayant les signes que nous venons d'indiquer.

Ainsi, soit le système des forces F, F', F'', F''' (fig. 65) parallèles

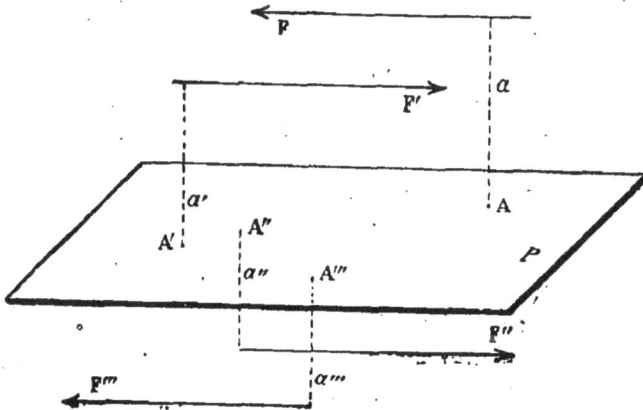

Fig. 65.

au plan P, et positives quand elles agissent dans le sens de la force F ;

et soient a, a', a'', a''', les distances de ces forces au plan P, positives quand ces forces sont du même côté du plan P que la force F.

Le moment de F est $a \times F$ et il est positif. Il en est de même du moment de F'', qui est $a'' \times F''$.

Au contraire, les moments des forces F', F''', qui ont pour valeur $a' \times P'$ et $a''' \times P''$, sont négatifs.

140. — Le moment d'une force qui n'est pas nulle, par rapport à un plan qui lui est parallèle, ne peut être nul que si cette force agit dans le plan.

141. — **THÉORÈME XIX.** *Le moment de la résultante de deux forces parallèles par rapport à un plan qui lui est parallèle, est la somme algébrique des moments des composantes.*

Soit (fig. 66) la résultante R des deux forces F, F' parallèles et de

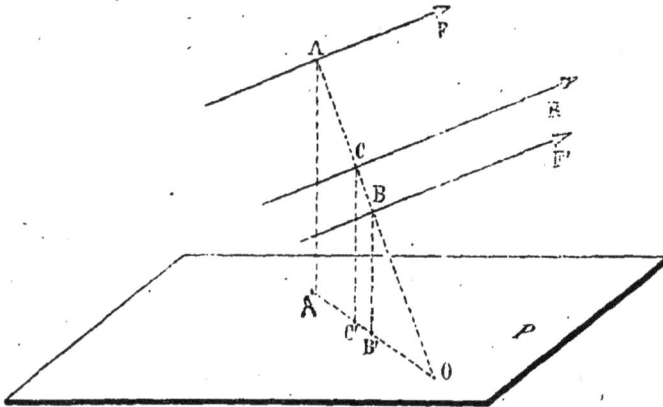

Fig. 66.

même sens, et situées du même côté du plan P parallèle à ces directions.

Traçons une droite ABC rencontrant ces forces, supposons que cette droite rencontre le plan P en O ; nous savons (122) que l'on a :

$$R \times OC = F \times OA + F' \times OB. \qquad (1)$$

En projetant les points A, B, C sur le plan P, il est visible que l'on obtient la suite de rapports égaux :

$$\frac{OA}{AA'} = \frac{OC}{CC'} = \frac{OB}{BB'} = K. \qquad (2)$$

Si donc nous remplaçons dans (1) les quantités OA, OC, OB par les valeurs que l'on tire des relations (2), nous obtiendrons visiblement, en divisant les deux membres par K :

$$R \times CC' = F \times AA' + F' \times BB',$$

c'est-à-dire, à cause de la définition (139) :

$$m^l\,R = m^l\,F + m^l\,F'.$$

Nous avons supposé que la droite ABC rencontrait le plan P ; dans l'hypothèse contraire, le plan des forces est parallèle au plan P, et comme on a :

$$R = F + F',$$

on aura ainsi :

$$R \times CC' = F \times AA' + F' \times BB'.$$

Supposons enfin le cas de la figure 67, où les composantes F et F' de sens contraire sont de part et d'autre du plan des moments.

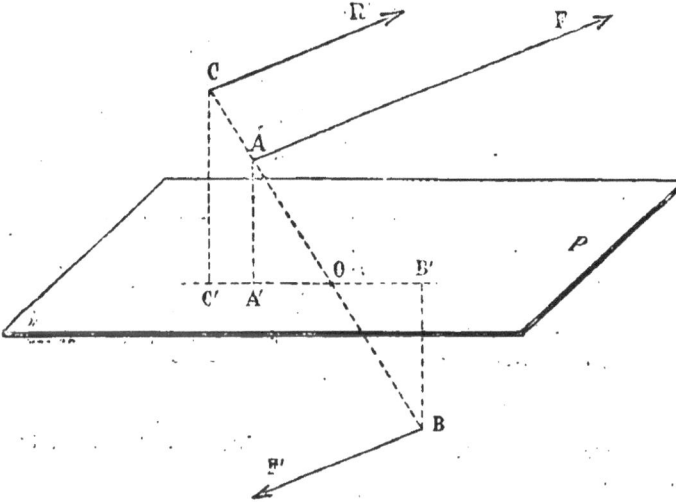

Fig. 67.

En traçant de même la droite ABC qui s'appuie sur les forces considérées, et sur leur résultante R, nous avons (122) :

$$R \times OC = F \times OA + F' \times OB.$$

Or, en projetant les points A, B, C sur le plan P, nous obtenons :

$$\frac{OA}{AA'} = \frac{OB}{BB'} = \frac{OC}{CC'}.$$

donc :

$$R \times CC' = F \times AA' + F' \times BB'.$$

Ce qui peut s'écrire :

$$R \times CC' = F \times AA' + (-F')(-BB').$$

Donc, à cause de la définition (159) :

$$m^t R = m^t F + m^t F'.$$

Dans tous les cas possibles de figure on sera conduit au même résultat, c'est-à-dire que le théorème est général.

REMARQUE. — Le théorème précédent est encore vrai quand les droites telles que AA', BB', CC' sont parallèles à une même direction, d'ailleurs quelconque.

142. — THÉORÈME XX. *Le moment de la résultante d'un système de forces parallèles par rapport à un plan parallèle à leur direction, est égal à la somme algébrique des moments des composantes.*

Soit, en effet, les forces composantes F_1, F_2, F_3, F_4, F_5, parallèles, agissant les unes dans un sens, les autres dans l'autre, soit R leur résultante et P un plan arbitraire parallèle à leur direction.

Pour obtenir R nous composons d'abord F_1 avec F_2, nous trouvons la résultante partielle R_1; puis nous composons F_3 avec R_1, et nous obtenons R_2 et ainsi de suite; la résultante de F_5 et de R_6 est la résultante R du système considéré.

En prenant les moments par rapport au plan P, nous avons les relations (141) :

$$m^t R_1 = m^t F_1 + m^t F_2 ;$$
$$m^t R_2 = m^t R_1 + m^t F_3 ;$$
$$m^t R_3 = m^t R_2 + m^t F_4 ;$$
$$m^t R = m^t R_3 + m^t F_5.$$

En ajoutant membre à membre et opérant les réductions évidentes, nous obtenons :

$$m^t R = m^t F_1 + m^t F_2 + m^t F_3 + m^t F_4 + m^t F_5.$$

Comme d'ailleurs le raisonnement précédent est indépendant du nombre des forces qui forment le système considéré, le théorème général énoncé est démontré.

REMARQUE. — La relation importante que nous venons d'établir

s'applique encore dans le cas où les distances des forces au plan des
moments sont comptées parallèlement à une direction donnée, d'ailleurs quelconque.

143. — *** Détermination analytique du centre d'un système de
forces parallèles.**

Soit (fig. 68) le système des points matériels $A_1 A_2 \ldots A_5$ liés invariablement les uns aux autres, chacun de ces points étant défini par
ses coordonnées relatives au système d'axes trirectangles OXYZ.

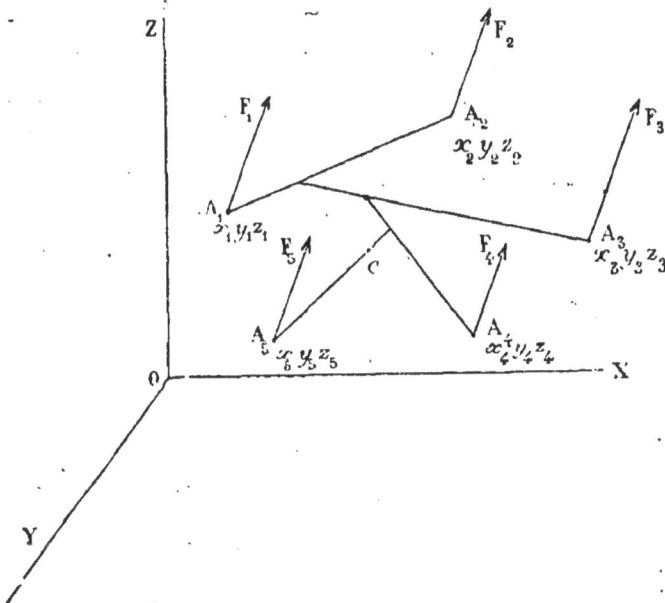

Fig. 68.

Supposons ces points sollicités par des forces $F_1 F_2 \ldots F_5$ parallèles
entre elles, et représentons par ces mêmes lettres les quantités
algébriques ayant pour valeurs absolues les intensités de ces forces
et le signe + ou le signe — suivant le sens d'action de ces forces.

Nous nous proposons de calculer les coordonnées du centre C de
ce système de forces.

Pour obtenir l'x de ce point C, nous rendons toutes les forces composantes parallèles au plan YOZ, ce qui ne change pas la position
du point C, et nous appliquons le théorème des moments par rapport
à ce plan. Nous aurons :

$$(F_1 + F_2 + \ldots + F_5)\, x = F_1 x_1 + F_2 x_2 + \ldots + F_5 x_5,$$

d'où :

$$x = \frac{\sum F_1 x_1}{\sum F_1}.$$

De même, en rendant les forces proposées parallèles au plan ZOX, et appliquant le théorème XX à ce plan, nous aurons :

$$y = \frac{\sum F_1 y_1}{\sum F_1}.$$

Et enfin, en opérant de la même façon pour le plan XOY :

$$z = \frac{\sum F_1 z_1}{\sum F_1}.$$

144. — Centre des moyennes distances. — Dans le cas particulier où les n forces considérées sont égales et de même sens, le centre de ces n forces a pour coordonnées :

$$x = \frac{\sum x_1}{n}, \qquad y = \frac{\sum y_1}{n}, \qquad z = \frac{\sum z_1}{n}.$$

Ce point porte, dans ce cas particulier, le nom de CENTRE DES MOYENNES DISTANCES des points $A_1 A_2 \ldots A_n$.

La propriété caractéristique de ce point particulier est en effet que *sa distance à un plan quelconque est le quotient de la somme des distances de tous les points du système au plan par le nombre de ces points :* c'est ce que démontrent les formules trouvées, puisqu'elles ne supposent rien de particulier par rapport aux axes.

D'ailleurs la propriété est encore vraie quand on remplace, dans l'énoncé précédent, les distances par les longueurs comptées parallèlement à une même direction.

On retrouve la construction géométrique de ce point par les considérations précédentes : soit en effet (fig. 69) les points $A_1 A_2 A_3 A_4 A_5$. Nous sommes conduit à prendre C_1 milieu de $A_1 A_2$, puis C_2 sur $C_1 A_3$ et tel que $C_1 C_2$ soit le tiers de $C_1 A_3$, puis C_3 au quart de $C_2 A_4$, puis C au cinquième de $C_3 A_5$.

Enfin la propriété démontrée pour le centre C prouve qu'il n'y a

qu'un seul point obtenu de cette façon, quel que soit le point de départ de la construction, puisqu'il n'y a qu'un seul point de l'espace

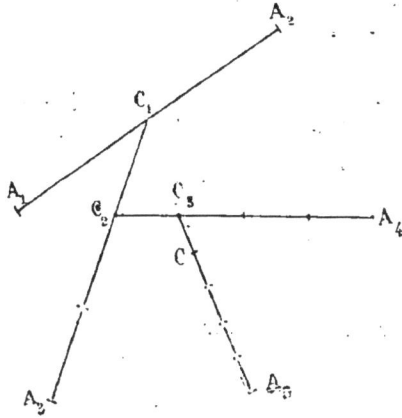

Fig. 69.

qui ait des coordonnées données par rapport à un système d'axes
déterminés.

CHAPITRE V

CENTRES DE GRAVITÉ

§ I. — NOTIONS PRÉLIMINAIRES ET DÉFINITIONS.

146. — L'expérience nous apprend que, si petits que soient les fragments dans lesquels on partage un corps, ceux-ci sont PESANTS ; c'est-à-dire qu'abandonnées à elles-mêmes, ces particules tombent vers le sol en vertu d'une attraction exercée par tous les points de la terre, et que l'on appelle PESANTEUR.

D'ailleurs, la direction suivant laquelle se fait ce mouvement est constante pour un même lieu d'observation, elle est normale à la surface des eaux tranquilles. On démontre expérimentalement ce fait en remarquant que l'image d'un fil à plomb dans un bain de mercure est dans le prolongement même de ce fil, ce que l'on peut constater à l'aide d'un second fil à plomb. La direction de la pesanteur en un lieu du globe terrestre s'appelle la VERTICALE de ce lieu.

Si l'on admet que la surface générale de la mer est sphérique, ce qui diffère peu de la vérité, il en faut conclure que les verticales aux divers points de la terre passent sensiblement par un même point qui est le centre du sphéroïde terrestre. Comme le rayon de la terre est 6366 kilomètres, en moyenne, il en résulte que dans toute l'étendue d'un corps les forces de pesanteur sont sensiblement parallèles.

147. — **Poids. Centre de gravité.** Nous avons défini un corps solide en le considérant comme un système de points matériels invariablement liés les uns aux autres. Pour tenir compte de l'action de la pesanteur sur un corps, nous supposerons ces points sollicités par des forces verticales dont les intensités ne dépendent pas des mutuelles distances des points d'application.

LE POIDS du corps est alors la résultante des forces de pesanteur qui sollicitent les points matériels dont il est formé.

Le CENTRE DE GRAVITÉ *est le centre de ces forces parallèles.*

148. — Dans un même lieu l'intensité de la pesanteur varie avec l'altitude du corps, elle décroît quand on l'élève; mais, dans les limites des dimensions d'un même corps, cette variation est insensible.

Il faut en conclure que le centre de gravité d'un corps ne dépend pas de l'orientation de ce corps par rapport à la terre, car en changeant cette orientation dans un même lieu, on n'altère ni le parallélisme, ni les intensités des forces parallèles de pesanteur, et l'on sait que dans ce cas (112) le centre des forces ne change pas.

149. — Enfin, la pesanteur n'a pas la même intensité aux divers points d'un même méridien terrestre. Cette intensité va en croissant quand on se déplace de l'équateur au pôle : si donc nous transportons un même corps à diverses latitudes, l'intensité de l'action de la terre changera, mais en un même lieu le rapport du poids de deux corps restera constant. Autrement dit, la mesure du poids d'un corps, à l'aide du kilogramme, par exemple, est le même nombre en tous les points du globe. Le centre de gravité reste aussi invariable dans le corps, puisque d'après un principe démontré (112), le centre des forces parallèles ne dépend que des rapports de l'intensité de l'une de ces forces aux intensités de toutes les autres.

150. — Propriété importante. *Si l'on suspend un corps pesant par l'un de ses points, il sera en équilibre lorsque la verticale du point de suspension passera par le centre de gravité.*

En effet, toutes les forces de pesanteur admettent une résultante qui passe par le centre de gravité; il faut donc et il suffit, pour l'équilibre, quand le corps a un point fixe, que ce point soit situé sur la direction de la résultante qui est la verticale passant par le centre de gravité.

Il faut d'ailleurs remarquer que cet équilibre sera *stable* ou *instable*, suivant que le point de suspension sera situé *au-dessus* ou *au-dessous* du centre de gravité.

S'il arrive que *le point fixe du corps soit le centre de gravité lui-même*, il est clair que ce corps sera en équilibre dans toutes les positions que l'on pourra lui donner.

En supposant qu'un corps pesant ait un axe fixe, on trouve par les considérations précédentes que *la condition nécessaire et suffisante d'équilibre est que le plan vertical passant par cet axe contienne le centre de gravité.*

151. — Détermination expérimentale du centre de gravité. On utilise la propriété précédente pour obtenir expérimentalement des données précieuses sur la position du centre de gravité d'un corps.

Par exemple, si l'on suspend successivement un corps par deux de ses points, et que l'on puisse suivre chaque fois dans le corps la direction de la verticale du point de suspension à l'instant de l'équilibre, il est clair que le point commun à ces deux directions sera le centre de gravité.

De même, si l'on pose le corps sur une arête vive et que l'on détermine la position qu'il faut lui donner pour qu'il soit en équilibre instable, on aura dans le plan vertical qui passe par cette arête un plan qui contient le centre de gravité.

152. — Corps homogène. Nous disons en mécanique qu'un corps est homogène quand des volumes égaux du corps ont des poids égaux, quelque petits que soient ces volumes. Il faut remarquer qu'au point de vue chimique cette condition nécessaire, ne serait pas suffisante.

Nous ne considérerons que des corps homogènes, dans ce qui va suivre, et nous voyons alors que le centre de gravité d'un corps ne dépendra que de sa forme géométrique. Nous chercherons à déterminer ce point dans le cas où le corps affecte une des formes étudiées dans la géométrie élémentaire.

153. — Centre de gravité d'une surface. Une surface géométrique n'a que deux dimensions : elle ne peut donc avoir de poids au point de vue physique. On est cependant conduit à considérer le centre de gravité d'une telle figure. Supposons en effet une lame métallique dont l'épaisseur uniforme aille en décroissant et tende vers zéro ; il est clair que le centre de gravité de ce solide tend vers une position limite en même temps que son volume tend vers zéro : c'est ce point qu'on appelle centre de gravité de la surface. C'est aussi le centre de forces égales et parallèles qui solliciteraient tous les points de cette surface.

154. — Centre de gravité d'une ligne. Pour les mêmes raisons nous appellerons centre de gravité d'une ligne géométrique la limite des positions occupées par le centre de gravité d'un fil dont l'épaisseur uniforme tend vers zéro. Ce point est le centre de forces parallèles et égales, sollicitant tous les points de la ligne.

155. — Plan diamétral. *On dit qu'un solide a un* PLAN DIAMÉTRAL *lorsque les milieux de toutes les portions de droites parallèles à une certaine direction, comprises dans le solide, sont situés sur un même plan.*

En particulier le plan diamétral prend le nom de PLAN DE SYMÉTRIE lorsque la direction des cordes qu'il partage en parties égales est perpendiculaire à ce plan.

156. — *Lorsqu'un solide a un plan diamétral, son centre de gravité est sur ce plan.*

En effet les forces de pesanteur, égales et parallèles, qui sollicitent les points matériels situés sur l'une quelconque des cordes que le plan partage en parties égales se composent deux à deux en une force passant par le milieu de cette corde ; on peut donc remplacer le système des forces sollicitant les points matériels dont le solide est formé, par des forces sollicitant des points appartenant au plan diamétral : le centre de ces forces est donc dans ce plan.

Ainsi, lorsqu'un solide a un plan de symétrie, ce plan contient le centre de gravité.

157. — Axe de symétrie. *On dit qu'un solide a un* AXE DE SYMÉ-TRIE *lorsque les points de ce solide sont deux à deux symétriques par rapport à une droite.*

Ainsi l'axe d'un solide de révolution est un axe de symétrie de ce corps.

158. — *Lorsqu'un solide a un axe de symétrie, son centre de gravité est sur cet axe.*

En effet, les forces de pesanteur, égales et parallèles, qui sollicitent deux points matériels symétriques l'un de l'autre par rapport à l'axe, se composent en une force qui passe par le milieu de la droite qui les joint, c'est-à-dire par un point de l'axe. Donc on peut remplacer toutes les forces de pesanteur par des forces parallèles sollicitant des points tous situés sur l'axe : le centre de ces forces est donc un point de cet axe.

159. — Le même raisonnement prouve évidemment que si une surface plane admet un DIAMÈTRE, c'est-à-dire si toutes les portions de droites parallèles à une même direction sont en ligne droite, le centre de gravité de la surface est un point de cette droite.

160. — **Centre de symétrie.** *On dit qu'un solide a* un centre de symétrie *lorsqu'il existe un point qui soit le milieu de toute portion de droite, comprise dans le solide, qui le contient.*

Ainsi, le centre d'une sphère, le centre d'un cercle, le centre d'un tore, etc., sont des centres de symétrie.

161. — *Lorsqu'un solide présente un centre de symétrie, ce point est le centre de gravité.*

Cela se démontre comme précédemment.

Par exemple, le centre de gravité d'une portion de droite est le milieu de cette ligne : de même, le centre de gravité d'un parallélépipède, d'un parallélogramme, est au point de rencontre des diagonales.

§ II. — CENTRES DE GRAVITÉ DES LIGNES.

162. — **Centre de gravité du périmètre d'un triangle.**

Le centre de gravité du périmètre d'un triangle est le centre du cercle inscrit dans le triangle qui a pour sommets les milieux des côtés.

Soit le triangle ABC (fig. 70) : les poids des côtés sont des forces

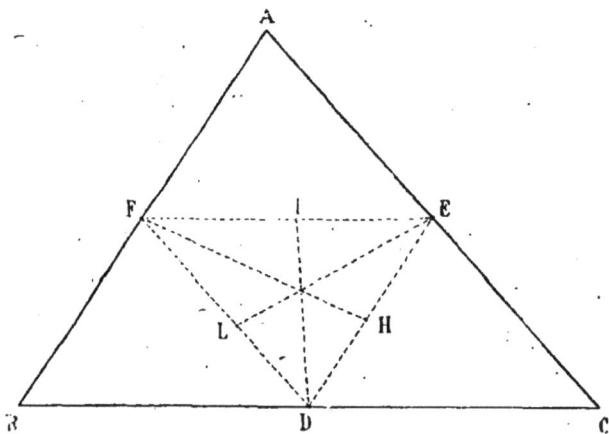

Fig. 70.

parallèles, proportionnelles aux longueurs de ces côtés, et appliquées aux milieux D, E, F de ces lignes.

Or, le centre des forces F et E est le point I de FE, tel que :

$$\frac{IF}{IE} = \frac{AC}{AB} = \frac{DF}{DE};$$

donc le centre cherché est sur la droite DI qui, d'après la proportion précédente, est bissectrice de l'angle FDE.

Le centre de gravité est donc sur chacune des bissectrices des angles intérieurs du triangle DEF, par suite il coïncide avec le centre du cercle inscrit dans ce triangle.

REMARQUE. — Cette démonstration prouve, par des considérations de mécanique, que les bissectrices des angles d'un triangle sont concourantes, puisqu'un triangle a toujours pour sommets les milieux des côtés d'un autre triangle.

163. — Centre de gravité d'un contour polygonal.

Soit, par exemple (fig. 71), le quadrilatère ABCD, dont les milieux des côtés E, F, I, H sont sollicités par des forces parallèles et proportionnelles aux longueurs de ces côtés.

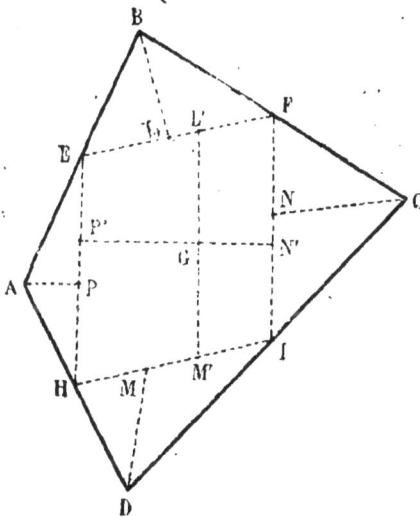

Fig. 71.

Nous traçons les bissectrices BL et DM des angles aux sommets B et D; en prenant :

$$EL' = EL \quad \text{et} \quad HM' = IM,$$

nous aurons en L' le centre des forces qui sollicitent E et F, puis en M' le centre des forces appliquées en H et I : donc le centre cherché est sur L'M'. Le point G partage alors L'M' en segments tels que l'on a :

$$\frac{GL'}{GM'} = \frac{DC + DA}{BC + BA}.$$

Mais il est plus commode de construire en N'P' une seconde droite contenant le point G, et cela en appliquant la méthode déjà indiquée.

164. — Enfin, dans le cas général, on aura toujours le point cherché en construisant le centre des forces parallèles sollicitant les milieux des côtés du contour polygonal, et dont les intensités sont proportionnelles aux longueurs de ces côtés.

165. — *Centre de gravité d'un arc de cercle.

Le centre de gravité d'un arc de cercle est situé sur le rayon qui passe par son milieu, et sa distance au centre est la quatrième proportionnelle à l'arc, à la corde et au rayon.

Soit, en effet, l'arc ABC de centre O (fig. 72) : nous remarquons que le diamètre qui passe par le milieu B de cet arc étant perpen-

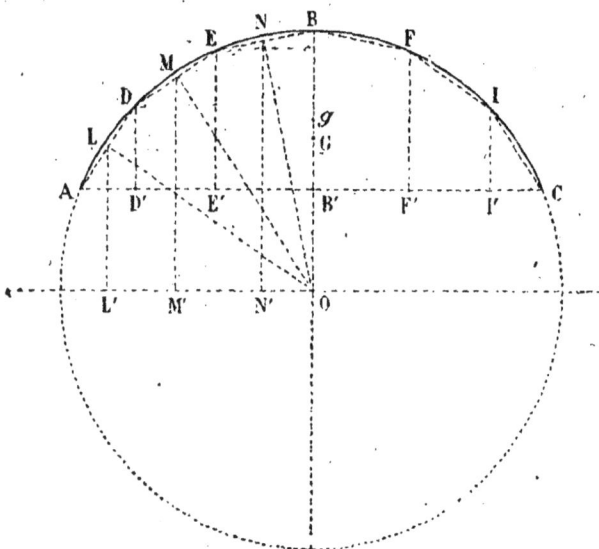

Fig. 72.

diculaire au milieu de toute corde parallèle à AC, est un axe de symétrie pour cette figure : donc le centre G est sur OB.

Pour trouver la distance OG, nous inscrivons dans l'arc une ligne brisée régulière ADEB...C d'un nombre arbitraire n de côtés.

Soit g le centre de gravité de cette ligne dont les côtés ont pour points milieux L, M, N..... Quand nous donnerons à n des valeurs croissant sans limite, la ligne brisée aura pour limite l'arc ABC, et par suite le point g aura pour position limite le point G.

Pour évaluer Og nous appliquons le théorème des moments par rapport au plan perpendiculaire au point O de OB, en supposant les forces rendues parallèles à ce plan ; nous aurons alors l'équation :

$$(1) \quad (AD + DE + \ldots + IC) \times Og = AD \times LL' + DE \times MM' + EB \times NN' + \ldots$$

Or, en traçant OL et projetant D en D' sur la corde, les triangles semblables OLL' et ADD' donnent :

$$\frac{AD}{OL} = \frac{AD'}{LL'},$$

d'où :

$$AD \times LL' = OL \times AD' ;$$

de même, nous obtiendrons :

$$DE \times MM' = OM \times D'E',$$
$$EB \times NN' = ON \times E'B',$$

$$\cdots \quad \cdots \quad \cdots \quad \cdots$$

en remplaçant dans (1), et remarquant que les longueurs OL, OM, ON, ... sont égales, nous obtenons :

$$(AD + DE + \ldots + IC) \times Og = (AD' + D'E' + E'B' + \ldots) \times OL;$$

ou, en représentant par λ la longueur de la ligne brisée :

$$Og = \frac{OL \times AC}{\lambda}.$$

Il reste à trouver la limite de Og quand n croît sans limite :

Or OL a pour limite le rayon R de l'arc ABC, et λ a pour limite la longueur de cet arc, donc :

$$OG = \frac{R \times \text{corde AC}}{\text{arc ABC}}. \qquad (3)$$

C'est précisément ce qu'il fallait prouver.

§ III. — CENTRES DE GRAVITÉ DES SURFACES.

166. — Centre de gravité de l'aire du triangle.

Le centre de gravité de l'aire d'un triangle est le point de concours des médianes.

Soit le triangle ABC (fig. 73), dans lequel D, E, F sont les milieux des côtés.

Le centre de gravité est sur l'une quelconque des trois médianes, car AD, par exemple, est un diamètre pour les cordes parallèles à BC.

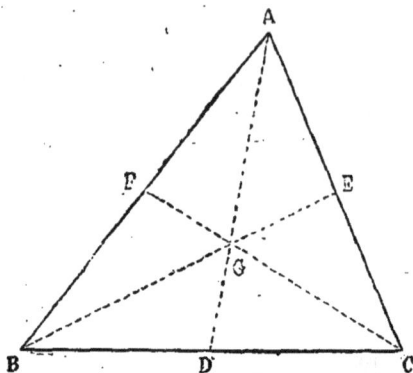

Fig. 73.

REMARQUE I. — Ceci prouve, par des considérations de mécanique, que les médianes d'un triangle sont concourantes.

167. — REMARQUE II. — *Le centre de gravité d'un triangle est le centre des moyennes distances des sommets*, c'est-à-dire le centre de trois forces égales, parallèles et de même sens, appliquées à ces sommets.

En effet, le centre des forces qui sollicitent B et C est le point D; donc le centre des forces qui sollicitent A, B est C et sur AD, il est donc sur chaque médiane.

168. — REMARQUE III. — Cette dernière propriété prouve que le point de concours des médianes est aux deux tiers de chacune de ces lignes à partir du sommet : en effet, les forces qui sollicitent A et D sont entre elles comme les nombres 1 et 2, donc GD est la moitié de GA. D'ailleurs c'est bien le résultat que l'on obtient en construisant le centre des moyennes distances des points A, B, C.

169. — **Corollaire.** *Un polygone étant décomposable en triangles, on sait trouver le centre de gravité d'une aire polygonale quelconque.*

170. — **Centre de gravité de l'aire du quadrilatère.**

Le centre de gravité du quadrilatère ABCD (fig. 74) dont les diagonales se coupent en O, est le point commun aux droites HE, IF qui joignent les milieux H, I des diagonales aux points E, F tels que HF égale HO et IE égale IO.

La méthode générale nous conduit, en effet, à considérer les centres

de gravité M et L des triangles ABC, ADC dans lesquels AC décompose
la figure, puis à prendre le point G sur ML tel que l'on ait :

$$\frac{GM}{GL} = \frac{ADC}{ABC}.$$

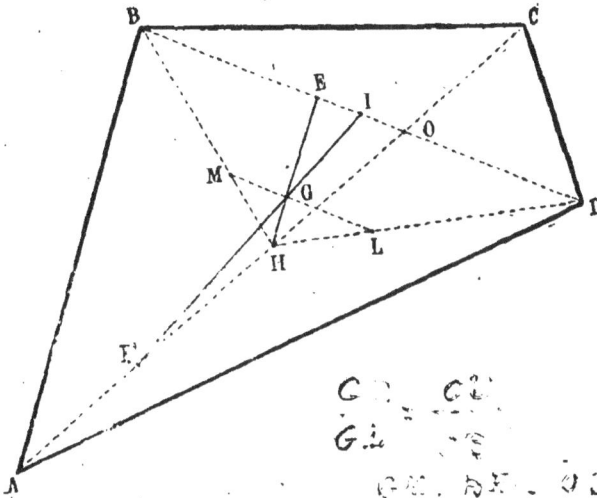

Fig. 74.

Or, ces triangles sont dans le rapport des distances à AC des sommets B et D, et par suite dans le rapport des longueurs OD, OB ;
d'ailleurs ML étant parallèle à BD, la droite HG détermine sur BD un
point E tel que l'on ait :

$$\frac{EB}{ED} = \frac{GM}{GL};$$

donc :

$$\frac{EB}{ED} = \frac{OD}{OB},$$

nous en concluons :

$$EB = OD \quad \text{et} \quad IE = IO.$$

Il en résulte que la droite HE ainsi déterminée passe par le point G,
et il en est visiblement de même pour la droite IF.

171. — Centre de gravité de l'aire du trapèze.

*Le centre de gravité de l'aire du trapèze est situé sur la droite qui
joint les milieux des bases, et sur la droite qui joint les points qu'on*

obtient en prolongeant chaque base, et en sens inverse, d'une longueur égale à l'autre.

Soit le trapèze ABCD (fig. 75) dont les côtés non parallèles se rencontrent en O. Il est visible que la droite qui joint le point O au milieu E de BC passe par le milieu F de AD, et que cette ligne est un diamètre pour les cordes parallèles aux bases. Donc le centre de gravité est sur EF.

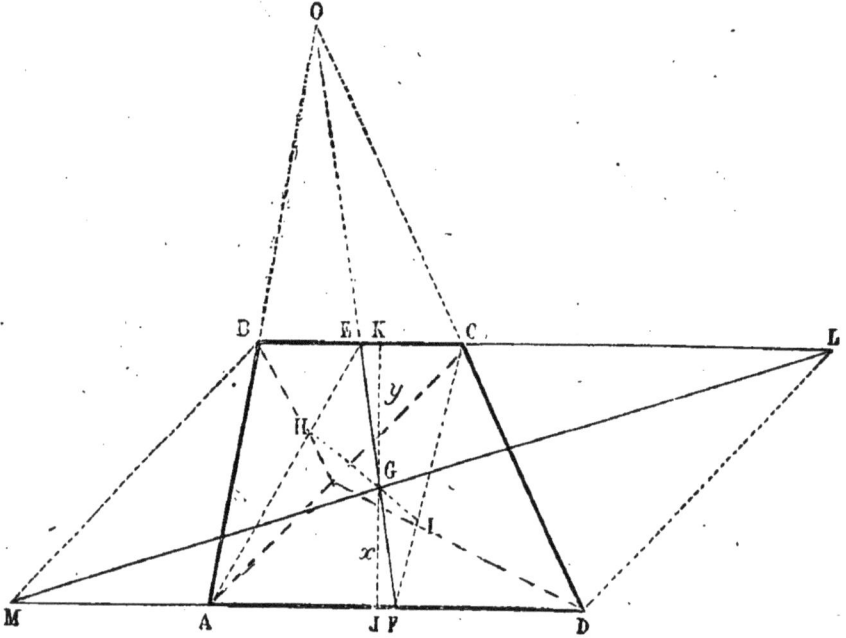

Fig. 75.

En second lieu, soient I et II les centres de gravité des triangles ABC, ADC, dans lesquels la diagonale AC partage l'aire. La droite III passe aussi par le point G.

Proposons-nous de trouver dans quel rapport G partage EF. A cet effet, considérons le trapèze comme la somme des triangles ABC, ADC; et appliquons successivement le théorème des moments par rapport aux plans passant par AD et BC et perpendiculaires au plan du trapèze.

Les bases du trapèze étant représentées par B, b et la hauteur par II, les forces composantes et résultante ont des intensités proportionnelles à :

$$\frac{BII}{2}, \qquad \frac{bII}{2}, \qquad \frac{(B+b)II}{2},$$

on ne changera pas le centre cherché en remplaçant ces forces par les suivantes :

$$B, \quad b, \quad B+b.$$

Soient d'ailleurs x et y les distances du point G aux côtés AD, BC ; elles sont dans le rapport des segments GF, GE que nous cherchons.

Par rapport au plan passant par AD, on a :

$$(B + b)\; x = B \times \frac{H}{3} + b \times \frac{2H}{3}, \qquad (1)$$

car les distances des points 1 et H à AD sont l'une le tiers et l'autre les deux tiers de la hauteur.

Puis, par rapport au plan passant par BC, on a :

$$(B + b)\, y = B \times \frac{2H}{3} + b \times \frac{H}{3}. \qquad (2)$$

En divisant membre à membre les égalités (1) et (2) on a, après simplifications évidentes :

$$\frac{x}{y} = \frac{B + 2b}{2B + b},$$

ce qui peut s'écrire :

$$\frac{x}{y} = \frac{\dfrac{B}{2} + b}{B + \dfrac{b}{2}}.$$

Si donc nous prenons (fig. 75) AM = BC et CL = AD, nous aurons :

$$FM = \frac{B}{2} + b$$

et :

$$EL = B + \frac{b}{2},$$

donc la droite LM passe par le point G ; c'est ce qu'il fallait prouver.

REMARQUE. — On arriverait encore à la valeur du rapport précédent en considérant le trapèze comme différence des triangles OAD et OBC.

172. — *Centre de gravité du secteur circulaire.

Le centre de gravité d'un secteur circulaire est situé sur le rayon qui passe par le milieu de l'arc, à une distance du centre qui est les deux tiers de la quatrième proportionnelle entre l'arc, la corde et le rayon.

Soit le secteur ABC (fig. 76). Le centre de gravité G est situé tout d'abord sur le rayon OB qui passe par le milieu de l'arc, car cette ligne est un axe de symétrie pour le secteur.

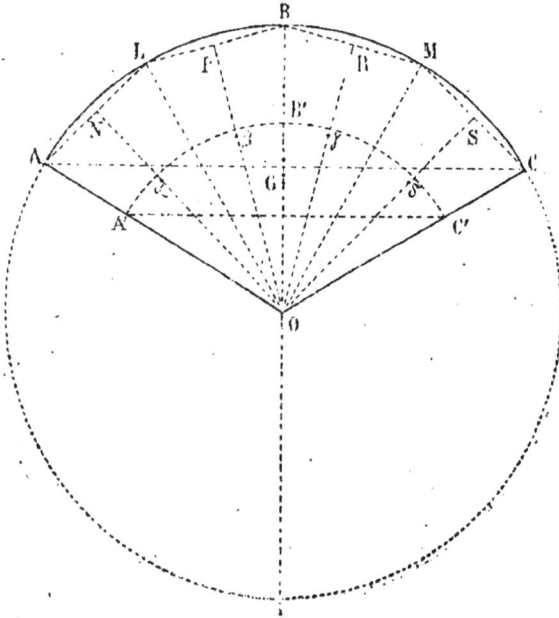

Fig. 76.

Proposons-nous de trouver la distance OG. A cet effet, considérons le secteur comme la limite vers laquelle tend le secteur polygonal régulier OALBMC formé par une ligne brisée régulière inscrite dans l'arc ABC, dont nous doublerons indéfiniment le nombre des côtés. Le centre G sera la position limite du centre de gravité du secteur polygonal.

Or, les centres de gravité α, β, γ, δ des triangles OAL, OLB... sont situés aux deux tiers des apothèmes ON, OP, OR, OS, c'est-à-dire sur l'arc de cercle de centre O, et dont le rayon est les deux tiers de l'apothème de la ligne brisée régulière. Quand le nombre des côtés de cette ligne croît sans limite, son apothème a pour limite le rayon OA, donc les centres α, β..., dont le nombre croît sans limite, viennent se placer aux divers points de l'arc A'B'C' concentrique à ABC, et dont le rayon est les deux tiers de OA. Le centre des forces parallèles a donc pour position limite le centre de gravité de l'arc A'B'C'.

En appliquant le résultat trouvé (165), nous obtenons :

$$OG = \frac{OA' \times \text{corde A'C'}}{\text{arc A'B'C'}},$$

or on a :

$$\frac{OA'}{OA} = \frac{\text{corde A'C'}}{\text{corde AC}} = \frac{\text{arc A'B'C'}}{\text{arc ABC}} = \frac{2}{3},$$

donc :

$$OG = \frac{2}{3} \times \frac{R \times \text{corde AC}}{\text{arc ABC}};$$

c'est le résultat énoncé.

173. — *Centre de gravité du segment circulaire.

Le centre de gravité d'un segment circulaire est situé sur le rayon qui passe par le milieu de l'arc, à une distance du centre qui est le quotient du cube de la corde par douze fois l'aire du segment.

Soit le segment ABC (fig. 77). Son centre de gravité G appartient

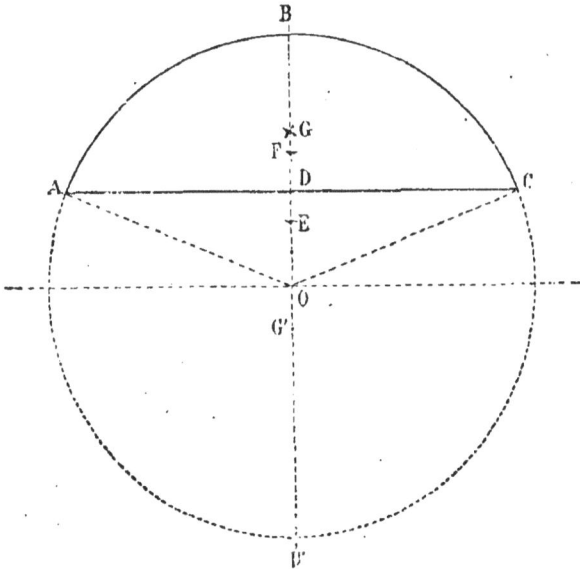

Fig. 77.

d'abord au rayon OB qui passe par le milieu de l'arc, car cette ligne est un axe de symétrie pour le segment.

Pour obtenir la distance OG, nous considérons le secteur OABC comme la somme du segment et du triangle OAC, et nous appliquons le théorème des moments par rapport au plan perpendiculaire au point O de OB. Soient E et F les centres de gravité du triangle et du secteur, nous aurons :

$$OF \times \text{secteur} = OE \times \text{triangle} + OG \times \text{segment} ; \qquad (1)$$

or nous avons trouvé :

$$OF = \frac{2}{3} \times \frac{R \times AC}{\text{arc} ABC}, \qquad OE = \frac{2}{3} OD,$$

d'ailleurs :

$$\text{secteur} = \frac{1}{2} R \times \text{arc } ABC, \qquad \text{triangle} = \frac{1}{2} AC \times OD,$$

d'où, en remplaçant dans (1), et représentant par S l'aire du segment :

$$\frac{2}{3} \times \frac{R \times AC}{\text{arc } ABC} \times \frac{1}{2} R \times \text{arc} ABC = \frac{2}{3} OD \times \frac{1}{2} AC \times OD + OG \times S.$$

Ce qui se réduit visiblement à :

$$OG \times S = \frac{1}{3} \left(R^2 - \overline{OD}^2 \right) \times AC ;$$

mais on a :

$$R^2 - \overline{OD}^2 = \frac{\overline{AC}^2}{4} ;$$

donc enfin :

$$OG = \frac{\overline{AC}^3}{12S}.$$

C'est le résultat qu'il fallait prouver.

Remarque. — La démonstration précédente suppose que le segment considéré est inférieur à un demi-cercle ; mais il est aisé de prouver que le résultat est indépendant de cette hypothèse, car en représentant par G′ le centre de gravité du segment AB′C, et par S′ son aire, on a :

$$S' \times OG' = S \times OG.$$

174. — *Centre de gravité de la zone sphérique.*

Le centre de gravité d'une zone est situé au milieu de la droite qui joint les centres des bases.

Prenons en effet, pour plan de la figure 78, un plan passant par les pôles P, P' de la zone considérée, et soient AB et CD les traces des

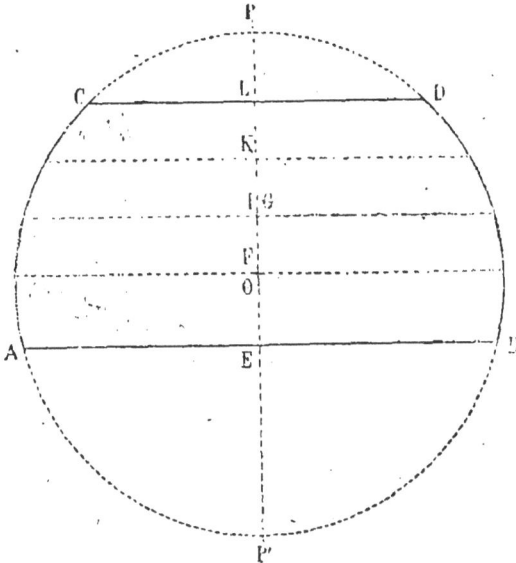

Fig. 78.

bases sur ce plan. Il est d'abord évident que PP' étant un axe de symétrie pour la zone contient le centre de gravité G de sa surface.

Proposons-nous de déterminer la distance de ce point G au plan de la base AB. A cet effet, partageons LE en un nombre arbitraire n de parties égales; en menant par les points de division des plans parallèles aux bases, nous décomposons la zone en n zones équivalentes.

Appliquons le théorème des moments par rapport au plan de la base AB : nous aurons une première valeur approchée par défaut de la somme des moments des composantes en plaçant le centre de gravité de chaque zone partielle dans la base la plus voisine de AB. Nous aurons donc, en représentant par H la hauteur LE :

$$EG \times 2\pi RH > \frac{H}{n} \times \frac{2\pi RH}{n} + \frac{2H}{n} \times \frac{2\pi RH}{n} + \ldots + \frac{(n-1)H}{n} \times \frac{2\pi RH}{n},$$

ou :

$$EG > \frac{H}{n^2} \times \frac{(n-1)n}{2},$$

et enfin :

$$EG > \frac{H}{2}\left(1 - \frac{1}{n}\right). \qquad (1)$$

De même, en plaçant le centre de gravité de chacune des zones partielles dans la base qui est la plus éloignée de AB, nous augmenterons le moment de chaque composante et nous obtiendrons une nouvelle valeur approchée du moment de la résultante, mais l'erreur sera par excès. On obtient ainsi :

$$EG \times 2\pi RH < \frac{H}{n} \times \frac{2\pi RH}{n} + \frac{2H}{n} \times \frac{2\pi RH}{n} + \ldots + \frac{nH}{n} \times \frac{2\pi RH}{n}.$$

Ce qui se réduit comme ci-dessus à :

$$EG < \frac{H}{2}\left(1 + \frac{1}{n}\right). \qquad (2)$$

Les inégalités (1) et (2) nous donnent donc deux variables qui comprennent EG; d'ailleurs ces variables ont pour limite commune $\frac{H}{2}$ quand n croit sans limite; il en résulte la valeur :

$$EG = \frac{H}{2},$$

ce qu'il fallait prouver.

175. — Centre de gravité de la surface du tétraèdre. *Le centre de gravité de la surface d'un tétraèdre se confond avec le centre de la sphère inscrite dans le tétraèdre qui a pour sommets les centres de gravité des faces.*

Soit, en effet, le tétraèdre ABCD (fig. 79), dont les faces ont pour centres de gravité les points a, b, c, d.

Le centre que nous cherchons est le centre de forces parallèles sollicitant ces points, dont les intensités sont proportionnelles aux aires des faces.

Or le centre des forces sollicitant les points c et d est le point E tel que :

$$\frac{Ec}{Ed} = \frac{ABC}{ABD}.$$

Donc le centre cherché est dans le plan *ab*E.

Mais les faces du tétraèdre *abcd* sont respectivement semblables aux faces du tétraèdre considéré, et le rapport de deux faces semblables est $\frac{1}{3}$; donc on a aussi :

$$\frac{\mathrm{E}c}{\mathrm{E}d} = \frac{abc}{abd};$$

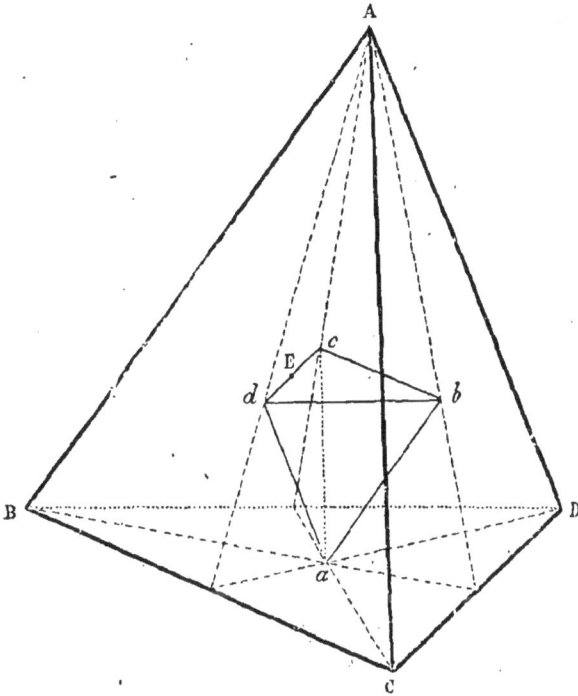

Fig. 79.

d'où il résulte que le plan *ab*E est le plan bissecteur du dièdre intérieur *dabc;* le centre cherché est par suite contenu dans chacun des six plans bissecteurs des dièdres intérieurs du tétraèdre *abcd;* il est donc bien le centre de la sphère inscrite dans ce solide.

REMARQUE. — Le raisonnement précédent prouve d'ailleurs que les six plans bissecteurs des dièdres intérieurs d'un tétraèdre. passent par un même point; car en menant par chaque sommet d'un tétraèdre un plan parallèle à la face opposée, on obtient un second tétraèdre dont les centres de gravité des faces sont les sommets du premier.

176. — *PRINCIPE. *Le centre de gravité de la projection d'une aire plane est la projection du centre de gravité de cette aire.*

Le théorème est évident pour un triangle : soit donc l'aire polygonale ABCDEF (fig. 80) qui se projette en A'B'C'D'E'F' sur un plan P arbitraire que nous plaçons horizontalement. Nous décomposons le polygone en triangles par les diagonales AE, AD. AC, et soient α, β, γ, δ les centres de gravité de ces triangles ; ils se projettent suivant les centres de gravité α', β', γ', δ' des triangles projections. Soient G

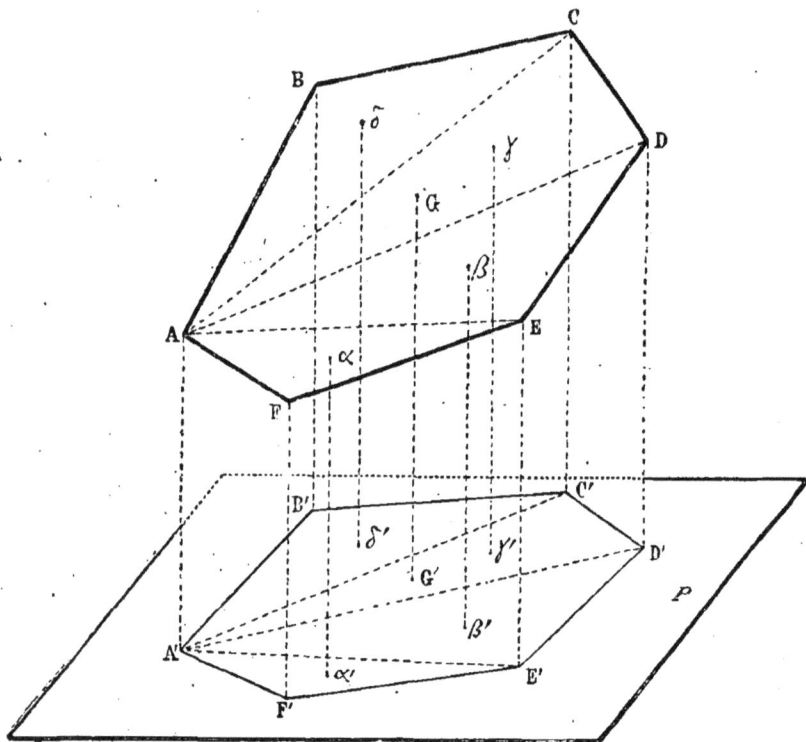

Fig. 80.

le centre de gravité du polygone et G' sa projection : en supposant le polygone invariablement lié à sa projection, nous voyons que les forces de pesanteur qui sollicitent les points α, β, γ, δ peuvent être appliquées en α', β', γ', δ' et leur résultante en G'. Par suite, les forces parallèles appliquées en α', β', γ', δ' et dont les intensités sont les aires des triangles AFE, ... ABC, ont pour centre le point G'; or les aires des triangles projections sont dans un rapport constant avec les aires des triangles eux-mêmes ; donc nous pouvons, sans changer le point G', remplacer les intensités des forces précédentes

par les aires des projections : le point G′ est donc bien le centre de
gravité du polygone A′B′C′D′E′F′.

Remarque. — Le principe précédent subsiste quand on projette parallèlement à une direction arbitraire.

177. — Corollaire I. *Les centres de gravité des aires de toutes les
sections planes d'un prisme sont situés sur une même droite parallèle
aux arêtes du prisme.*

178. — Corollaire II. *Le volume d'un tronc de prisme quelconque
est le produit de sa section droite par la distance des centres de gravité de ses bases.*

Ce théorème se démontre dans les éléments de géométrie pour le

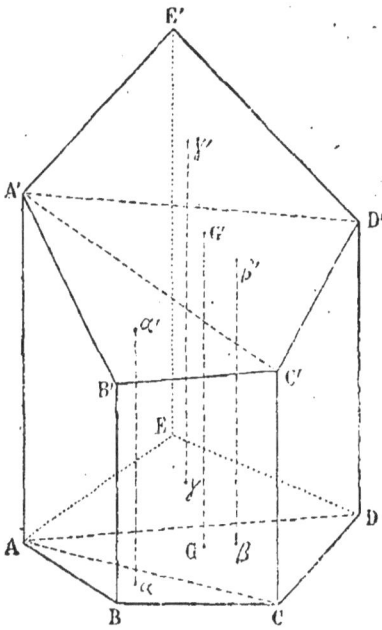

Fig. 81.

tronc de prisme triangulaire :
nous nous proposons ici de
l'étendre au tronc polygonal,
et il suffira de prouver cette
propriété pour le tronc de
prisme droit, car on peut toujours considérer un tronc de
prisme quelconque comme différence de deux troncs de
prisme droit ayant pour base
commune sa section droite.

Soit le tronc de prisme
ABCDE A′B′C′D′E′, dans lequel
le plan ABC est perpendiculaire
aux arêtes latérales (fig. 81),
et soient G, G′ les centres de
gravité des deux bases; le
droit GG′ est parallèle à AA′.

Nous décomposons ce solide
en troncs triangulaires par les
plans diagonaux AA′C, AA′D;

soient alors α, β, γ, α′, β′, γ′ les centres de gravité des triangles dans
lesquels les bases sont décomposées ; en désignant par V le volume
du tronc, on a :

$$V = ABC \times \alpha\alpha' + ACD \times \beta\beta' + ADE \times \gamma\gamma'.$$

Or, des forces parallèles, sollicitant les points α, β, γ, et proportionnelles aux aires des triangles, ont pour centre le point G ; donc,

en appliquant le théorème des moments par rapport au plan A'B'C'D', et projetant les points α, 6, γ parallèlement aux arêtes, nous avons la relation :

$$ABCD \times GG' = ABC \times \alpha\lambda' + ACD \times \mathcal{E}\delta' + ADE \times \gamma\gamma';$$

donc on a finalement :

$$V = ABCD \times GG';$$

ce qu'il fallait prouver.

179. — Corollaire III. *Le volume d'un tronc de prisme quel-conque est le produit de l'une de ses bases par la distance du centre de gravité de l'autre base au plan de la première.*

Car en représentant par S l'aire de la section droite, du tronc dont le plan fait l'angle ω avec le plan de celle des bases dont l'aire est B, et en désignant par G, G' les centres de gravité des bases B, B', on a :

$$V = S \times GG';$$

or, S étant la projection de B, on a aussi :

$$S = B \cos \omega,$$

d'où :

$$V = B \times GG' \cos \omega,$$

et il est évident que (GG' cos ω) est la distance du point G' au plan de la base B.

? IV. — CENTRES DE GRAVITÉ DES VOLUMES.

180. — Centre de gravité du prisme triangulaire.

Le centre de gravité d'un prisme triangulaire se confond avec le centre de gravité de la section parallèle aux bases et à égale distance de ces plans.

Soit, en effet, le prisme triangulaire ABC A'B'C' (fig. 82); nous faisons passer un plan par l'arête CC' et le milieu D de AB : il coupe la face AA'BB' suivant la parallèle DD' aux arêtes, et les bases suivant les médianes CD, C'D'; ce plan est diamétral pour les portions de droites parallèles à AB et comprises dans le prisme : donc il contient le centre de gravité; il en sera de même pour le plan passant par AA′ et par le milieu E de BC : donc le centre de gravité est situé sur la droite II′ qui joint les centres de gravité des bases.

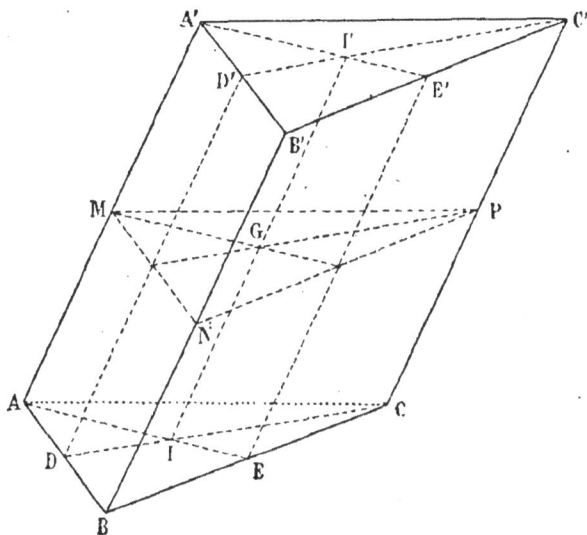

Fig. 82.

Le plan MNP, parallèle aux bases et mené par le milieu M de AA′, est diamétral pour les cordes parallèles à AA′; donc le centre de gravité est à l'intersection G de II′ avec MNP; G est donc le centre de gravité du triangle MNP.

181. — Corollaire I. Le centre de gravité du prisme triangulaire est au milieu de la droite qui joint les centres de gravité des bases.

182. — Corollaire II. Le centre de gravité du prisme triangulaire est le centre des moyennes distances des six sommets.

183. — Centre de gravité du prisme polygonal.

Le centre de gravité d'un prisme polygonal se confond avec le centre de gravité de la section parallèle aux bases menée à égale distance de ces plans.

Décomposons, en effet, le prisme ABCDE A′B′C′D′E′ (fig. 83) en prismes triangulaires par les plans diagonaux qui contiennent AA′, et considérons la section MNPQR du prisme par le plan parallèle aux bases et passant par le milieu M de AA′ : les centres de gravité des prismes triangulaires coïncident avec les centres de gravité α, β, γ, des triangles dans lesquels la section est décomposée; la question revient donc à trouver le centre des forces parallèles sollicitant les points α, β, γ, et proportionnelles aux volumes des prismes, c'est-à-dire aux aires de ces triangles.

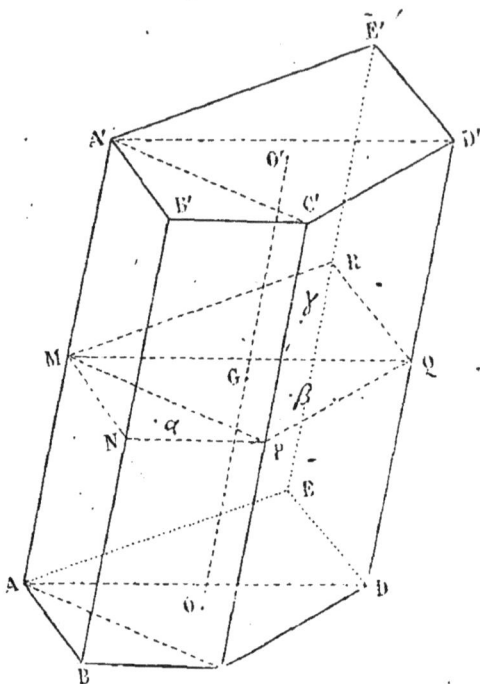

Fig. 85.

Il en faut conclure que le centre cherché est le centre de gravité du polygone MNPQR; c'est ce qu'il fallait prouver.

184. — Corollaire I. *Le centre de gravité d'un prisme quelconque est le milieu de la droite qui joint les centres de gravité de ses bases.*

185. — Corollaire II. *Le centre de gravité d'un cylindre est le milieu de la droite qui joint les centres de gravité de ses bases.*

Car le cylindre est la limite du prisme inscrit dont le nombre des côtés de la base croît sans limite, chacun de ces côtés tendant vers zéro.

186. — Centre de gravité du tétraèdre.

Le centre de gravité d'un tétraèdre est situé sur la droite qui joint chaque sommet au centre de gravité de la face opposée, aux trois quarts de cette ligne à partir du sommet.

Soit le tétraèdre ABCD (fig. 84) : le plan qui passe par AD et le

milieu E de l'arête opposée est diamétral pour les cordes parallèles à BC ; donc il contient le centre de gravité du solide ; il en
est de même du plan qui passe par AB et le milieu F de DC : donc
le centre de gravité est situé sur l'intersection AI de ces plans,
c'est-à-dire sur la droite qui joint le sommet A au centre de gravité I
de la face BCD.

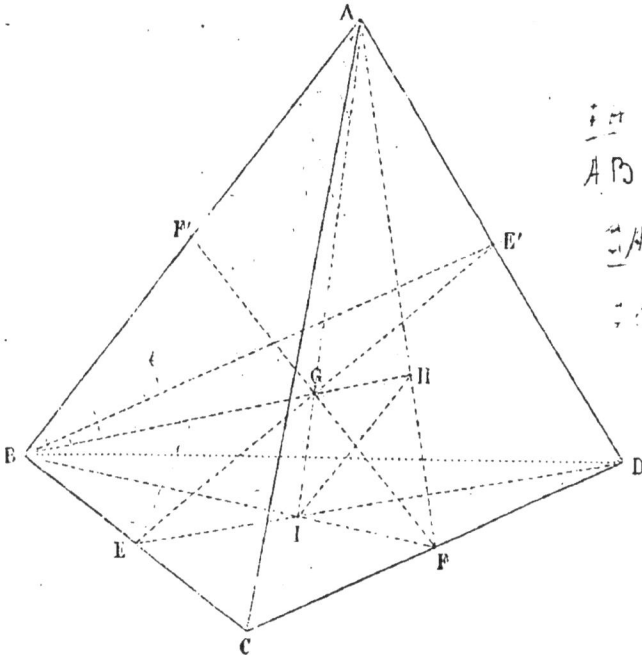

. Fig. 84. .

Pour la même raison ce point appartient à la droite BH qui passe
par le sommet B et le centre de gravité H de la face ACD : le centre
de gravité cherché est donc au point G de concours des lignes AI
et BH.

Cherchons le rapport dans lequel G partage AI : nous remarquons, à cet effet, que HI est parallèle à AB et en vaut le tiers,
puisque FH vaut le tiers de FA et FI le tiers de FB : il en résulte
que IG est le tiers de GA, ou le quart de IA ; ce qu'il fallait prouver.

187. — Corollaire I. *Si par chaque arête d'un tétraèdre et le*
milieu de l'arête opposée on fait passer un plan, on obtient six plans
qui ont un point commun.

Car chacun de ces plans contient le centre de gravité du solide.

188. — **Corollaire II.** *Si l'on joint chaque sommet d'un tétraèdre au centre de gravité de la face opposée, on obtient quatre droites qui ont un point commun, et ce point partage chacune de ces droites dans le rapport de 1 à 3.*

Car chacune de ces droites contient le centre de gravité du solide.

189. — **Corollaire III.** *Le centre de gravité d'un tétraèdre est le centre des moyennes distances de ses quatre sommets.*

Car le point I (fig. 84) est le centre des moyennes distances des points B, C, D : donc le centre des quatre points est sur IA, au quart de cette ligne à partir de I.

190. — **Corollaire IV.** *Si l'on joint les milieux des arêtes opposées d'un tétraèdre, on obtient trois droites passant par un même point qui est le milieu de chacune d'elles.*

Car chacune de ces droites passe par le centre des moyennes distances des quatre sommets, et se trouve partagée par ce point en deux parties égales.

191. — **Corollaire V.** *Le centre de gravité du tétraèdre se confond avec le centre de gravité de la section par un plan parallèle à l'une des faces mené au quart de la distance de cette face au sommet opposé.*

Car les plans diamétraux ADE, ABF (fig. 84) coupent toute section parallèle à BCD suivant des médianes, et par suite le centre de gravité de cette section est sur la droite AI : le point G est donc le centre de gravité de la section passant par ce point et parallèle à BCD; ce qu'il fallait prouver.

192. — **Centre de gravité de la pyramide polygonale.**

Le centre de gravité de la pyramide est situé sur la droite qui joint le sommet au centre de gravité de la base, au quart de cette ligne à partir de la base.

Soit la pyramide polygonale SABCDE (fig. 85), que nous décomposons en tétraèdres par les plans SAC, SAD; coupons la figure par le plan parallèle à la base et mené par le point A' situé au quart de AS : les centres de gravité des tétraèdres précédents seront les centres de gravité α, β, γ des triangles A'B'C', A'C'D', A'D'E' (191).

Nous avons donc à trouver le centre des forces parallèles sollicitant les points α, β, γ, et dont les intensités sont proportionnelles aux volumes de ces tétraèdres, c'est-à-dire proportionnelles aux

bases, et aussi aux aires des triangles A'B'C', A'C'D', A'D'E'. Il en faut
conclure que le centre de ces forces est précisément le centre de gravité G' du polygone de section.

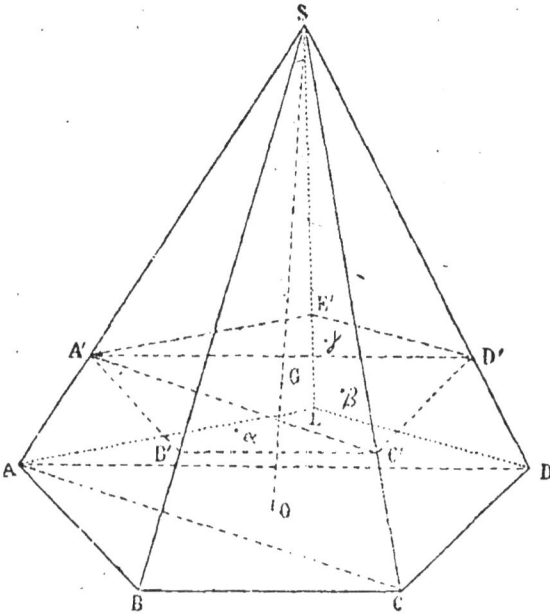

Fig. 85.

Or, les sections de la pyramide par des plans parallèles sont des
polygones homothétiques par rapport au point S, les centres de
gravité de ces sections qui sont des points homologues, sont donc
situés sur SG : donc G est situé au quart à partir de O' de la droite
qui joint S au centre de gravité O de la base. C'est ce qu'il fallait
prouver.

193. — REMARQUE. — Sachant trouver le centre de gravité d'une
pyramide, on peut trouver le centre de gravité d'un polyèdre quelconque qui est toujours décomposable en pyramides.

194. — *Corollaire.* *Le centre de gravité d'un cône est situé sur
la droite qui joint le sommet au centre de gravité de la base, au
quart de cette ligne à partir de la base.*

Car le cône est la limite de la pyramide inscrite dont le nombre
des côtés de la base croît sans limite, chacun des côtés de cette
base tendant vers zéro.

195. — *Centre de gravité du tronc de pyramide à bases parallèles.

Le centre de gravité d'un tronc de pyramide à bases parallèles est situé sur la droite qui joint les centres de gravité des bases, et partage cette ligne dans le rapport:

$$\frac{\alpha^2 + 2\alpha + 3}{3\alpha^2 + 2\alpha + 1},$$

α *représentant le rapport de similitude des deux bases.*

Il est d'abord évident que ce point est situé sur la droite qui joint les centres de gravité des bases, car cette droite passe par le sommet de la pyramide tronquée, et le tronc est la différence de deux pyramides dont les centres de gravité sont sur cette droite.

En second lieu, pour obtenir le rapport des segments de OO′ (fig. 86)

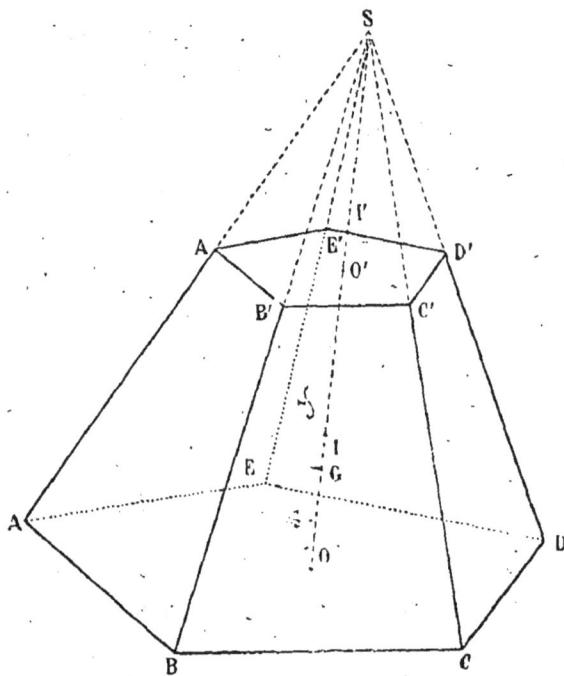

Fig. 86.

déterminés par le point G, nous considérons la pyramide totale SABCDE comme formée du tronc et de la pyramide SA′B′C′D′E′ : soient I et I′ les centres de gravité des pyramides, soient h et h′ les hauteurs, B et B′ les bases de ces solides.

Nous pourrons évaluer le rapport de GO à GO′ en appliquant successivement le théorème des moments par rapport aux· plans des· bases : les distances du point G· à ces bases étant x et x', on a· :

$$\left(\frac{Bh}{3} - \frac{B'h'}{3}\right) x + \frac{B'h'}{3} \left(\frac{h'}{4} + h - h'\right) = \frac{Bh}{3} \times \frac{h}{4},$$

$$\left(\frac{Bh}{3} - \frac{B'h'}{3}\right) y - \frac{B'h'}{3} \times \frac{h'}{4} = \frac{Bh}{3} \times \left(\frac{3h}{4} - h'\right).$$

Ces deux équations se réduisent à :

$$\left(\frac{Bh}{3} - \frac{B'h'}{3}\right) x = \frac{Bh}{3} \times \frac{h}{4} - \frac{B'h'}{3} \left(\frac{4h - 3h'}{4}\right),$$

$$\left(\frac{Bh}{3} - \frac{B'h'}{3}\right) y = \frac{Bh}{3} \left(\frac{3h - 4h'}{4}\right) + \frac{B'h'}{3} \times \frac{h'}{4}.$$

En divisant membre à membre, nous obtenons donc :

$$\frac{x}{y} = \frac{Bh^2 - B'h'(4h - 3h')}{Bh(3h - 4h') + B'h'^2}. \tag{1}$$

Or, si nous représentons par α le rapport de similitude de la base ABCDE à l'autre, nous savons que l'on a :

$$\frac{h}{h'} = \alpha \qquad \text{et} \qquad \frac{B}{B'} = \alpha^2, \tag{2}$$

En remplaçant dans (1) B et h par les valeurs déduites de (2), et divisant haut et bas par $B'h'^2$, on obtient aisément la proportion :

$$\frac{x}{y} = \frac{\alpha^4 - 4\alpha + 3}{3\alpha^4 - 4\alpha^3 + 1}.$$

Les deux termes du second membre sont divisibles par $(\alpha - 1)$, car ils s'annulent quand on remplace α par l'unité; en détruisant ce facteur commun, on obtient :

$$\frac{x}{y} = \frac{\alpha^3 + \alpha^2 + \alpha - 3}{3\alpha^3 - \alpha^2 - \alpha - 1};$$

les deux termes admettant encore le facteur commun $(\alpha - 1)$, après sa suppression il vient finalement :

$$\frac{x}{y} = \frac{\alpha^2 + 2\alpha + 3}{3\alpha^2 + 2\alpha + 1}.$$

C'est le résultat qu'il fallait trouver.

196. — *Corollaire.* Le centre de gravité du tronc de cône à bases parallèles est situé sur la droite qui joint les centres de gravité des bases, et partage cette droite dans le rapport :

$$\frac{R^2 + 2RR' + 3R'^2}{3R^2 + 2RR' + R'^2},$$

en représentant par R et R' les rayons des bases.

197. — *Centre de gravité du secteur sphérique à une base.* Le centre de gravité du secteur sphérique à une base est situé sur le rayon qui passe par le pôle de la zone qui lui sert de base; et si l'on représente par H la hauteur de cette zone, et par R le rayon de la sphère, la distance de ce point au centre est :

$$\frac{3}{8}\,(2R - H).$$

Soit (fig. 87) le secteur sphérique engendré par la révolution du

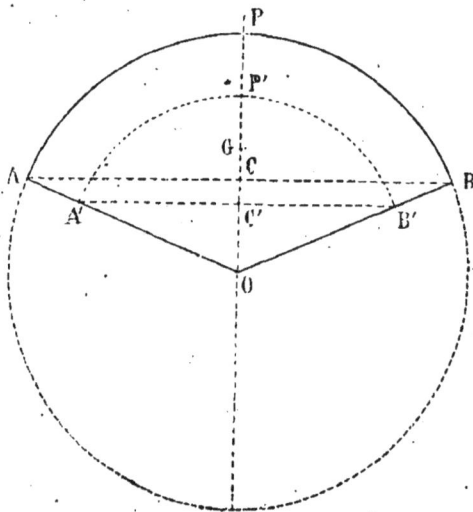

Fig. 87.

secteur circulaire OAP autour de OP : d'abord la droite OP, étant un axe de symétrie pour le solide, contient le centre de gravité.

En second lieu, nous admettons que le volume du secteur est la limite vers laquelle tend la somme de pyramides dont le sommet est en O, et dont les plans des bases sont tangents à la zone APB, lorsque le nombre de ces pyramides croît sans limite, l'aire de chacune de ces bases tendant vers zéro.

Dans ces conditions, les centres de gravité de ces pyramides tendent à se placer sur la zone A'P'B' concentrique à la première, et dont le rayon est les trois quarts de OA. On en conclut que le centre de gravité du système de ces pyramides a pour position limite le centre de gravité de la calotte sphérique A'P'B'.

Donc le centre de gravité du secteur sphérique est au milieu G de la hauteur P'C' de cette calotte sphérique. On a, par suite :

$$OG = OP' - \frac{P'C'}{2},$$

ou :

$$OG = \frac{3}{4}R - \frac{1}{2} \times \frac{3}{4}H.$$

Ce qui conduit à la formule énoncée :

$$OG = \frac{3}{8}(2R - H).$$

198. — *Corollaire.* Le centre de gravité d'un hémisphère est à une distance du centre égale aux trois huitièmes du rayon.

199. — *Centre de gravité du segment sphérique à une base.* Le centre de gravité du segment sphérique à une base est situé sur le rayon perpendiculaire à sa base, et à une distance du centre égale à :

$$\frac{3}{4} \times \frac{(2R - H)^2}{3R - H},$$

en représentant par R et H le rayon de la sphère et la hauteur du segment.

Prenons, en effet, pour plan de la figure 88 le plan d'un grand cercle perpendiculaire à la base du segment, et soit OP le diamètre perpendiculaire à AB : cette ligne étant un axe de symétrie, contient le centre de gravité G.

Pour trouver la distance OG, nous considérons le secteur sphérique à une base OAB dont le centre de gravité I est connu, et nous le décomposons dans le segment APB et le cône OAB dont le centre de gravité est K.

En appliquant le théorème des moments par rapport au plan perpendiculaire au point O de OP, nous avons l'équation :

$$\text{vol. seg}^t \times \text{OG} = \text{vol. sect}^r \times \text{OI} - \text{vol. cône} \times \text{OK},$$

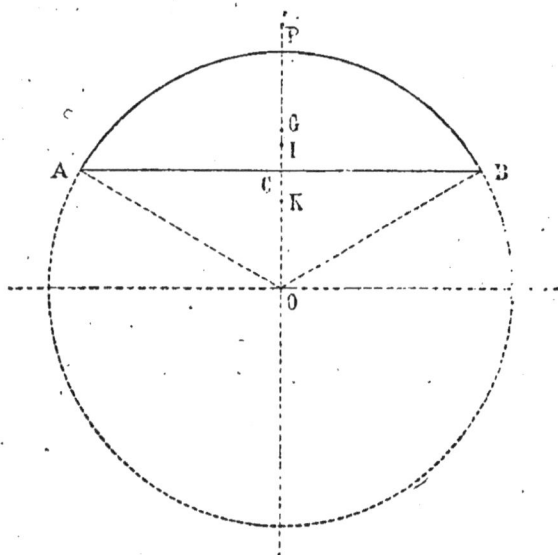

Fig. 88.

en remplaçant ces volumes par les expressions connues :

$$\left(\frac{1}{6}\pi\,\text{H}^3 + \frac{1}{2}\pi\,\overline{\text{AC}^2}\times\text{H}\right)\text{OG} = \frac{2}{3}\pi\,\text{R}^2\,\text{H}\times\frac{3}{8}(2\text{R}-\text{H}) - \frac{1}{3}\pi\overline{\text{AC}^2}\times(\text{R}-\text{H})\times\frac{3}{4}(\text{R}-\text{H}).$$

Or on a :

$$\overline{\text{AC}^2} = \text{H}\times(2\text{R}-\text{H});$$

en remplaçant, il vient :

$$\frac{4}{3}\,\text{H}^2(3\text{R}-\text{H})\times\text{OG} = \text{R}^2\text{H}\,(2\text{R}-\text{H}) - \text{H}\,(\text{R}-\text{H})^2\,(2\text{R}-\text{H});$$

d'où enfin :

$$\text{OG} = \frac{3}{4}\times\frac{(2\text{R}-\text{H})^2}{3\text{R}-\text{H}}.$$

REMARQUE. — La démonstration précédente suppose que le segment considéré n'est pas supérieur à une demi-sphère, mais il est facile de s'assurer que le résultat ne dépend pas de cette hypothèse.

200. — Corollaire. *Le centre de gravité du segment sphérique à une base est situé à une distance de cette base égale à :*

$$\frac{H}{4} \times \frac{4R - H}{3R - H}.$$

§ V. — THÉORÈMES DE GULDIN.

201. — *THÉORÈME I. *La surface engendrée par une ligne plane en tournant autour d'un axe situé dans son plan, a pour mesure le produit de la longueur de cette ligne par la circonférence que décrit son centre de gravité.*

1° — Nous remarquons d'abord que cet énoncé convient au cas où la génératrice est une portion de droite AB (fig. 89) tournant autour de l'axe XY situé dans son plan.

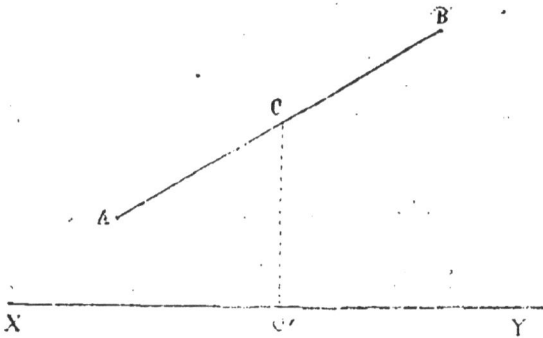

Fig. 89.

La géométrie élémentaire donne en effet pour l'expression de cette surface :

$$AB \times \text{circ. } CC',$$

et le point C, milieu de AB, est bien le centre de gravité de cette ligne.

2° — Considérons une ligne polygonale ABCDE (fig. 90) dont le centre de gravité est G.

La surface S engendrée par la révolution de cette ligne autour de l'axe XY est la somme des surfaces engendrées par ses côtés; on a donc :

$$(1) \quad S = AB \times 2\pi\, MM' + BC \times 2\pi\, NN' + \dots + DE \times 2\pi\, QQ'.$$

Or, en prenant les moments par rapport au plan passant par XY et perpendiculaire au plan de la figure, on a, L étant la longueur de la ligne polygonale :

$$(2) \quad L \times GG' = AB \times MM' + BC \times NN' + \dots + DE \times QQ';$$

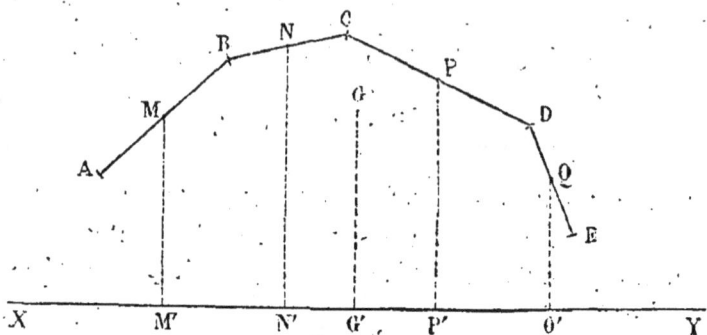

Fig. 90.

et en rapprochant cette égalité de (1), on obtient visiblement :

$$S = L \times 2\pi GG',$$

puisque le second membre de (1) se déduit du second membre de (2) en multipliant celui-ci par 2π.

3° — Soit enfin une ligne courbe AB (fig. 91) tournant autour de l'axe XY.

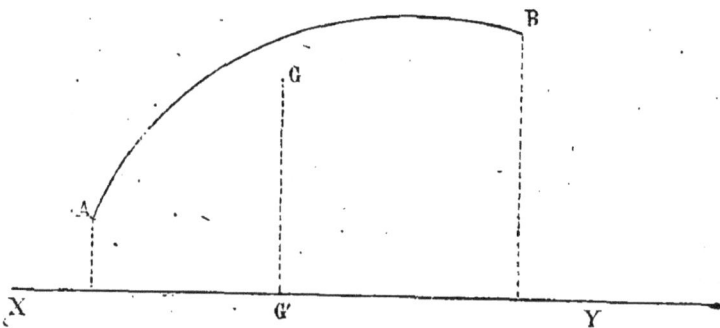

Fig. 91.

Nous rappelons qu'on appelle longueur L de la ligne AB la limite vers laquelle tend la longueur d'une ligne polygonale inscrite dans AB, lorsque le nombre des côtés croissant sans limite, chacun de ces côtés tend vers zéro.

Dès lors, le théorème étant vrai pour toute ligne polygonale inscrite, est encore vrai pour la ligne courbe.

Ainsi l'on a, dans tous les cas possibles :

$$S = L \times 2\pi\, GG'.$$

202. — *Corollaire.* *Si la ligne considérée exécute une fraction de révolution dont l'angle est* ω, *la surface engendrée aura pour expression :*

$$S = \frac{\omega}{360} \times L \times 2\pi\, GG'.$$

En effet, les aires engendrées par la même ligne tournant autour du même axe sont proportionnelles aux angles dont elle tourne : donc, en représentant par Σ la surface engendrée par une révolution complète, on a :

$$\frac{S}{\Sigma} = \frac{\omega}{360}.$$

d'où l'on déduit aisément la formule ci-dessus énoncée.

203. — *THÉORÈME II. Le volume engendré par une aire plane en tournant autour d'un axe situé dans son plan, est égal au produit de cette aire par la circonférence que décrit son centre de gravité.*

1° — Nous commençons par démontrer le théorème dans le cas très particulier où cette aire est un rectangle ABCD (fig. 92) dont nn côté est parallèle à l'axe de révolution XY.

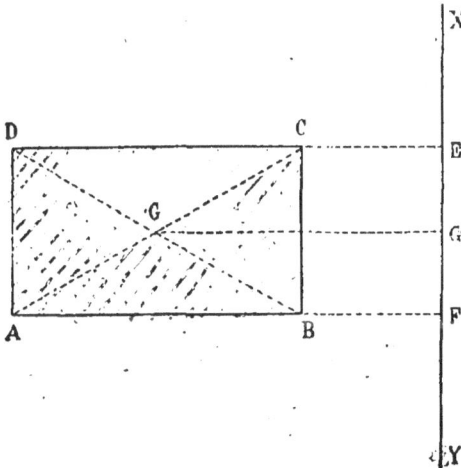

Fig. 92.

Le volume V, étant la différence de deux cylindres, a pour expression :

$$V = \pi \, \overline{AF}^2 \times AD - \pi \, \overline{BF}^2 \times AD,$$

ou :

$$V = \pi \, (AF + BF) \, (AF - BF) \times AD.$$

Or, le centre de gravité G de cette aire étant le point de concours des diagonales, on a :

$$2GG' = AF + BF ;$$

donc :

$$V = (AD \times AB) \times 2\pi \, GG'.$$

C'est ce qu'il fallait prouver.

2° — Soit, en général, une aire plane, limitée par une ligne quelconque MNPQ (fig. 93) tournant autour de l'axe XY situé dans son plan.

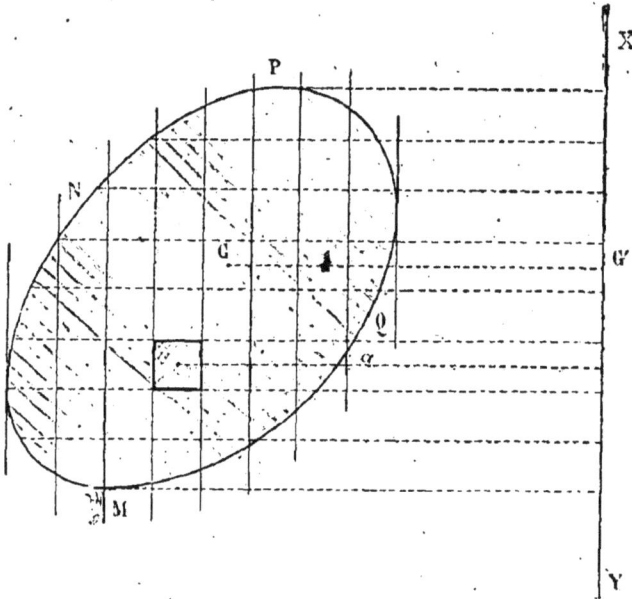

Fig. 93.

Nous considérons les rectangles inscrits dans cette aire, dont les côtés sont parallèles et perpendiculaires à XY, et nous admettons que l'aire est la limite vers laquelle tend la somme des aires de ces rectangles quand leur nombre croit sans limite, chacune d'elles tendant vers zéro.

Soit alors a l'aire de l'un quelconque de ces rectangles, et α la distance de son centre de gravité à XY : le volume engendré par cet élément sera :

$$a \times 2\pi\,\alpha,$$

et par suite, le volume engendré par l'aire MNPQ sera la limite vers laquelle tend la somme de tous les produits analogues; on a donc :

$$V = \lim \sum a \times 2\pi\alpha.$$

D'autre part, en appliquant le théorème des moments par rapport au plan passant par XY et perpendiculaire au plan de l'aire, et représentant par S la somme des aires des rectangles considérés, et par σ la distance du centre de gravité du système à XY, on a l'équation :

$$S\sigma = \sum a\alpha,$$

donc :

$$\lim S \times \lim \sigma = \lim \sum a\alpha.$$

Mais la limite de S est, comme nous l'avons admis, l'aire plane B que nous considérons, et la limite de σ est la distance $66'$ de son centre de gravité à l'axe : donc :

$$B \times 66' = \lim \sum a\alpha,$$

ou :

$$B \times 2\pi\,66' = \lim \sum a \times 2\pi\alpha,$$

et enfin :

$$V = B \times 2\pi\,66'.$$

Ce qu'il fallait prouver.

204. — **Corollaire.** *Lorsque l'aire plane n'exécute qu'une fraction de révolution d'angle ω, le volume engendré a pour expression :*

$$V = \frac{\omega}{360} \times B \times 2\pi\,66'.$$

Car les volumes engendrés par la même aire en tournant autour du même axe, sont proportionnels aux angles dont elle tourne.

205. — ' **Remarque.** — Les déux théorèmes qui précèdent rendent d'importants services : 1° ils permettent de trouver l'expression de la surface et du volume engendrés par une ligne ou une aire lorsque l'on connaît le centre de gravité de cette ligne ou de cette aire ; . 2° ils conduisent inversement à trouver le centre de gravité d'une ligne ou d'une aire plane, lorsque l'on connaît l'expression de la surface ou du volume engendré en la faisant tourner autour d'un axe.

206. — ' **Application I.** *La surface et le volume du tore ont pour expression :*

$$S = 4\pi^2 Ra, \qquad V = 2\pi^2 R^2 a,$$

en représentant par R *le rayon du cercle générateur et par* a *la distance de son centre à l'axe.*

On appelle TORE le solide engendré par la révolution d'une circonférence autour d'un axe situé dans son plan.

Or, le centre de la circonférence est à la fois le centre de gravité de la circonférence et celui du cercle ; si donc on représente par *a*

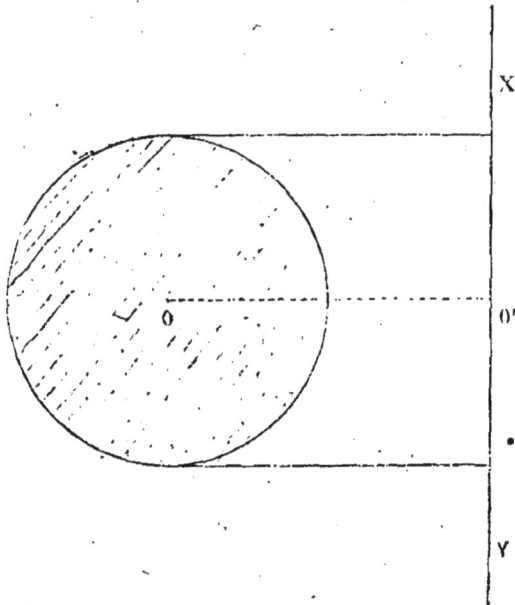

Fig. 94.

la distance OO' (fig. 94), on aura, d'après les théorèmes I et II :

$$S = 2\pi R \times 2\pi a = 4\pi^2 Ra,$$
$$V = \pi R^2 \times 2\pi a = 2\pi^2 R^2 a.$$

207. — *Corollaire.* *Si l'on fait tourner un segment circulaire autour de sa corde, la surface et le volume engendré ont pour expression :*

$$S = (aL + cR) \times 2\pi, \qquad V = (12a\lambda + c^3) \times \frac{\pi}{6},$$

en représentant par a la distance du centre à l'axe, par L la longueur de l'arc, par λ l'aire du segment et par c la corde.

Soit, en effet, le segment MPN (fig. 95) tournant autour de MN,

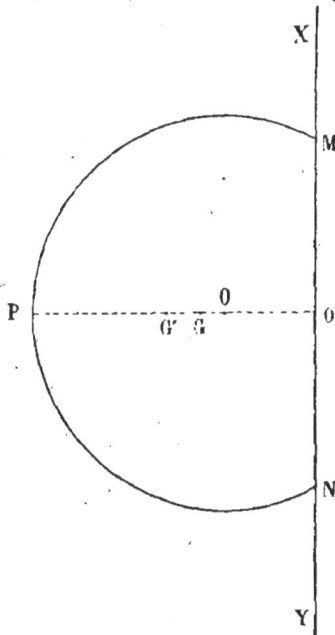

Fig. 95.

soient G et G′ les centres de gravité de l'arc et de l'aire, on a visiblement :

$$S = L \times 2\pi (a + OG), \qquad V = \lambda \times 2\pi (a + OG'),$$

et en remplaçant OG et OG′ par les valeurs connues :

$$OG = \frac{R \times c}{L}, \qquad OG' = \frac{c^3}{12\lambda}.$$

On obtient alors aisément les résultats indiqués.

208. — *Application II.* *Le volume engendré par un triangle tournant d'un axe situé dans son plan a pour mesure l'aire du triangle par la circonférence qui a pour rayon la moyenne arithmétique des distances de ses sommets à cet axe.*

En effet, le volume engendré par ABC (fig. 96) tournant autour

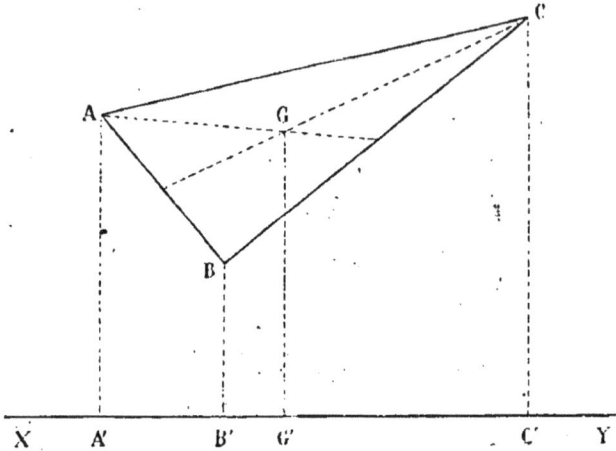

Fig. 96.

de XY a pour expression le produit de l'aire ABC par la circonférence que décrit le point G, centre de gravité de cette aire : or ce point G est le centre des moyennes distances des trois sommets A, B, C, donc :

$$GG' = \frac{AA' + BB' + CC'}{3},$$

d'où l'énoncé précédent.

209. — *Corollaire I.* *Le volume engendré par un triangle tournant autour d'un axe passant par un de ses sommets et situé dans son plan, a pour expression le produit de la surface que décrit le côté opposé au sommet fixe par le tiers de la hauteur correspondante.*

Car ce volume a pour expression (fig. 97) :

$$V = ABC \times \text{circonf } GG',$$

or GG' est les deux tiers de EE', et l'aire ABC est la moitié du produit de BC par AD ; donc :

$$V = \frac{1}{3} AD \times (BC \times \text{circf. } EE'),$$

et le facteur entre parenthèses est la surface décrite par le côté BC opposé au sommet fixe A.

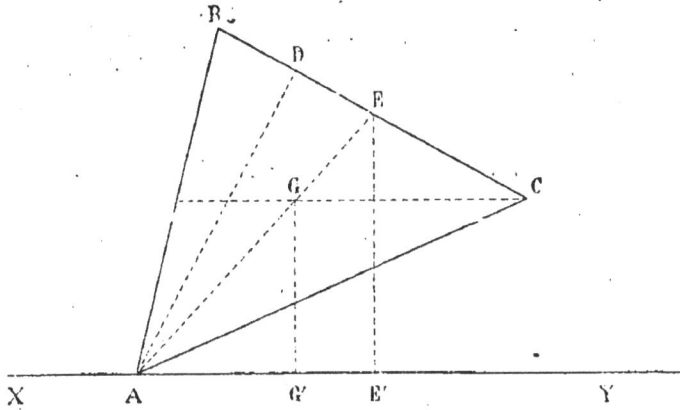

Fig. 97.

210. — Remarque. — Le maximum du volume engendré par le triangle ABC tournant autour de XY sera atteint quand cet axe sera perpendiculaire à la médiane AE.

211. — *Application III.* *Le centre de gravité de l'arc de cercle est sur le rayon qui passe par le milieu de l'arc à une distance du centre égale à la quatrième proportionnelle à l'arc, au rayon et à la corde.*

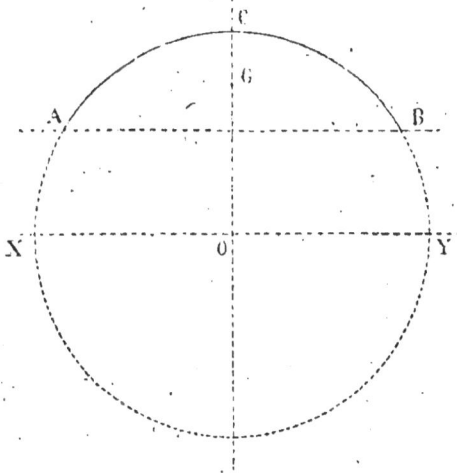

Fig. 98.

Soit, en effet, G le centre de gravité de l'arc ACB (fig. 98). Nous

faisons tourner cet arc autour du diamètre XY parallèle à sa corde :
la surface engendrée sera la zone de hauteur AB; on a donc :

$$2\pi R \times AB = \text{arc } AB \times 2\pi OG,$$

d'où :

$$OG = \frac{R \times AB}{\text{arc } AB}.$$

Ce qui vérifie un résultat obtenu par d'autres procédés (165).

212. — *Application IV. *Le centre de gravité du secteur circulaire est situé sur le rayon qui passe par le milieu de l'arc, et à une
distance du centre égale aux deux tiers de la quatrième proportionnelle à l'arc, au rayon et à la corde.*

Faisons tourner le secteur circulaire ABC (fig. 99) autour du

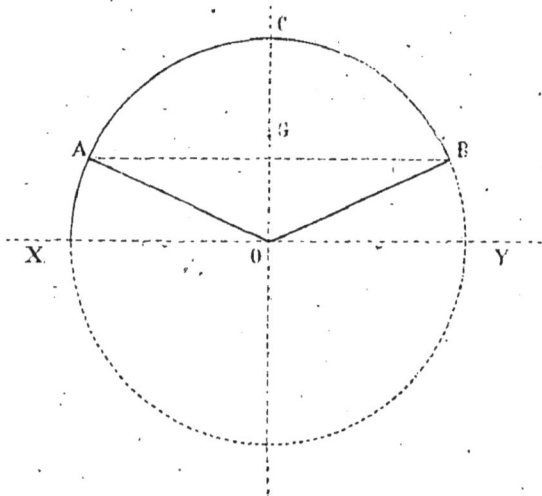

Fig. 99.

diamètre XY parallèle à AB : le volume engendré sera un secteur
sphérique que nous savons mesurer; si donc l'on représente par G
le centre de gravité cherché, on aura :

$$\text{zone } ACB \times \frac{1}{3} R = \text{sect}^r OAB \times 2\pi OG,$$

ou :

$$\frac{2}{3}\pi R^2 \times AB = \pi R \times \text{arc } ACB \times OG,$$

et par suite :

$$OG = \frac{2}{3} \frac{R \times AB}{\text{arc } ACB}.$$

CHAPITRE VI

1. — Étant donnée une corde AB d'une circonférence, on propose de construire une corde AC telle que la résultante des forces représentées en grandeur et direction par AB et AC soit maximum.

2. — Déterminer la résultante de quatre forces F_1, F_2, F_3, F_4, agissant sur un point matériel O, sachant que les intensités de ces forces sont respectivement égales à $1^k, 2^k, 3^k, 4^k$, et que les angles $F_1OF_3, F_2OF_4, F_1OF_2$ sont respectivement égaux à $90^0, 90^0$ et 60^0.

3. — On considère le cube ABCD A'B'C'D', et l'on applique au sommet A trois forces égales, l'une dirigée suivant la diagonale AC' du cube, la seconde dirigée suivant la diagonale AD' de la face AA'DD', et la direction de la troisième passant par le centre de la face BCB'C'. Déterminer la direction de la résultante.

4. — Étant donné un hexagone régulier ABCDEF, on propose de trouver la résultante des cinq forces sollicitant le point A et représentées en grandeur et direction par AB, AC, AD, AE, AF.

5. — Soient AB un diamètre d'une circonférence, et deux cordes CD, EF égales entre elles et perpendiculaires à AB : prouver que la résultante des forces représentées en grandeur et direction par AC, AD, AE, AF, ne dépend pas de la position des cordes CD et EF.

6. — On considère un triangle rectangle ABC, dont l'hypoténuse BC est partagée en n parties égales aux points D, E, F...; déterminer la résultante des forces représentées en grandeur et direction par les droites AB, AD, AE..., AC.

7. — Étant donné un trièdre trirectangle OXYZ, on applique en O des forces F_1, F_2, F_3 agissant suivant les arêtes OX, OY, OZ et ayant pour intensités 2, 4, 6; puis on applique au même point O les trois autres forces :

$F_4 = 1$, située dans le plan ZOX, et faisant des angles de 45° avec OX et OZ ;

$F_5 = 2$, située dans le plan XOY et faisant des angles de 120° et 30° avec OX et OY.

$F_6 = 6$, située dans le plan ZOY, et faisant des angles de 30° à 60° avec OY et OZ.

1° Calculer l'intensité et les cosinus directeurs de la résultante;

2° Calculer le moment de cette résultante par rapport à un axe parallèle à OZ, situé dans le plan XOZ, à une distance de 3 mètres de cette ligne.

8. — Si les moments d'une force par rapport à trois points sont nuls pour chacun d'eux, cette force est nulle, ou ces points sont en ligne droite.

9. — Si les projections d'une force sur trois droites sont nulles pour chacune d'elles, cette force est nulle, ou ces droites sont parallèles à un même plan.

10. — Si les projections d'une force sur deux plans sont nulles pour chacun d'eux, cette force est nulle, ou ces plans sont parallèles.

11. — La projection de la résultante d'un système de forces parallèles sur un plan est la résultante des forces projections.

12. — Lorsque la somme des moments des forces parallèles d'un système est nulle pour deux plans parallèles à leur direction commune, que peut-on dire de la résultante du système, en supposant successivement que les plans considérés aient une droite commune ou soient parallèles entre eux ?

13. — 1° Deux couples égaux étant situés dans le même plan, et tendant à produire des rotations de sens contraires, se font équilibre lorsque leurs bras de levier se coupent en parties égales.

2° Deux couples égaux situés dans le même plan ou dans des plans parallèles, et tendant à produire des rotations inverses, se font équilibre si leurs bras de levier sont parallèles.

Conclure de ces deux principes :

1° Que deux couples égaux de sens contraire se font toujours équilibre quand ils sont dans un même plan ou dans des plans parallèles;

COMBETTE. — Mécanique.   9

2° Que l'on ne change pas l'effet d'un couple sur un corps en le transportant d'une façon quelconque dans son plan ou dans un plan parallèle à celui-ci ;

3° On peut remplacer un couple par un couple de même moment agissant dans le plan du premier ou dans un plan parallèle.

14. — En traçant dans un carré les droites qui joignent les milieux de deux côtés consécutifs, on forme des triangles égaux, trouver le centre de gravité de la surface obtenue en supprimant un, deux ou trois de ces triangles.

15. — Dans un hexagone régulier ABCDEF dont le centre est O, on supprime le triangle AOB, ou les deux triangles AOB, BOC ; trouver le centre de gravité du reste de l'aire.

16. — Dans un parallélogramme ABCD dont le centre est O, on supprime l'aire AOB ; trouver le centre de gravité du reste de l'aire.

17. — Déterminer le centre de gravité du périmètre d'un demi-polygone régulier d'un nombre pair de côtés.

18. — Trouver le centre de gravité de la surface d'un cube dont l'une des faces est enlevée.

19. — Trouver le centre de gravité de l'aire formée par un triangle rectangle et les carrés construits extérieurement sur ses côtés.

20. — Soit I le centre du cercle circonscrit à un triangle ABC, pesant et homogène : calculer le rayon de la circonférence de centre I, qu'il faut découper dans le triangle pour que le centre de gravité de la partie restante soit le point de rencontre des hauteurs du triangle ABC.

21. — Un triangle pesant et homogène ABC, dont tous les éléments sont connus, est suspendu par le sommet A : calculer le poids qu'il faut appliquer au point B pour que le côté BC soit horizontal.

22. — On considère un tétraèdre ABCD, soit AE la diagonale du parallélogramme construit sur AB et AC, et soit AF la diagonale du parallélogramme construit sur AE et AD : prouver que AF passe par le centre de gravité G du tétraède et que la longueur AG est le quart de AF.

23. — Trois forces parallèles et de même sens sollicitent les

sommets A, B, C d'un triangle; calculer les distances du centre du
système aux trois côtés en supposant :

1° Que les intensités sont proportionnelles aux côtés opposés ;

2° Que les intensités sont inversement proportionnelles à ces
côtés.

24. — Deux sphères de rayon R et r, de poids P et p, sont liées
entre elles par une barre pesante cylindrique dont l'axe passe par
les centres : cette barre a pour longueur D et pèse π par mètre ;
déterminer la position du centre de gravité de ce système.

25. — Étant donné un carré ABCD, trouver un point M intérieur
à cette figure, tel que ce point soit le centre de gravité de la partie
du carré obtenu en supprimant le triangle AMB.

26. — Trouver le centre de gravité d'une sphère dans laquelle a
été pratiquée une cavité sphérique, connaissant les rayons R et r
des deux sphères et la distance D de leurs centres.

27. — Une coupe hémisphérique a une épaisseur constante égale
à α, et le rayon intérieur est r; calculer la distance du centre de
gravité au centre.

28. — On coupe un cube par le plan qui contient les milieux de
trois arêtes aboutissant à un même sommet, et l'on demande le centre
de gravité du volume restant.

29. — On considère le cylindre de révolution engendré par le
rectangle ABIK tournant autour de IK; on enlève le cône engendré
par AKF, dont la hauteur KF est le cinquième de KI, et l'on ajoute
le cône engendré par BIE, dont la hauteur EI est le tiers de IK.
Calculer le rapport des segments dans lesquels le centre de gravité
du solide partage EK.

30. — Si l'on considère un système de N points : $A_1 A_2 \ldots A_n$, dont
le centre des moyennes distances est O, et un point arbitraire M
de l'espace, la résultante des forces représentées en grandeur et
direction par $MA_1 MA_2 \ldots MA_n$ a pour direction MO, et pour intensité
$n \times MO$.

On en conclut le théorème suivant, dû à Leibnitz :

Si l'on applique au centre des moyennes distances d'un système
de points des forces représentées en grandeur et direction par les
distances de ce centre à tous les points, on a un système en équilibre
et réciproquement.

Par exemple, si les molécules égales d'un corps homogène sont
attirées vers le centre de gravité de ce corps par des forces proportionnelles à leurs distances à ce centre, toutes ces forces se feront
équilibre.

31. — La somme des carrés des distances mutuelles des n points
$A_1 A_2 \ldots A_n$ d'un système est égale au produit par n de la somme des
carrés des distances de ces points au centre O de leurs moyennes
distances.

32. — Trouver les positions d'équilibre d'un point matériel M,
assujetti à rester sur une sphère donnée O, et sollicité par des forces
émanant de deux points donnés A et B, et proportionnelles aux distances MA, MB.

33. — Trouver la position d'équilibre d'un point matériel attiré
par les sommets d'un triangle donné, les forces attractives ayant des
intensités données.

34. — Étant donné une ellipse, ou une parabole, en grandeur et
position, construire les positions d'équilibre d'un point matériel
pesant assujetti à rester sur la courbe.

35. — Deux points A et B, étant situés sur une même horizontale
à une distance AB égale à $2a$, un cordon de longueur a est attaché en
A, et porte à son autre extrémité un anneau dans lequel passe un
deuxième cordon dont une extrémité est fixée en B, tandis que l'autre
est sollicitée par un poids donné. On propose de déterminer la position d'équilibre de ce système.

36. — Un point matériel pesant 2P, assujetti à se déplacer sur la
surface interne d'un hémisphère limité à un cercle horizontal, est
fixé à l'extrémité d'un cordon qui s'appuie sur le bord de l'hémisphère et dont l'autre extrémité est sollicitée par un poids P; déterminer la position d'équilibre du point matériel.

37. — Un point matériel pesant A est fixé à l'extrémité d'un cordon
fixé lui-même au point O; une force horizontale tient le point en
équilibre lorsque l'angle que fait OA avec la verticale est α : calculer l'intensité de cette force.

38. — Une barre rigide AB de poids 2P, libre de se mouvoir autour
du point A, est reliée à un point fixe C par un cordon qui est sollicité à l'autre extrémité par un poids égal à P; on suppose la direction AC verticale et les longueurs AB et AC égales entre elles : déterminer la position d'équilibre.

LIVRE II

ÉQUILIBRE DES FORCES APPLIQUÉES A UN CORPS SOLIDE
MACHINES SIMPLES

CHAPITRE PREMIER

RÉDUCTION DES FORCES APPLIQUÉES A UN CORPS SOLIDE

214. — THÉORÈME I. *Les forces qui sollicitent un corps solide peuvent toujours être réduites à trois forces dont les directions passent par trois points arbitraires de ce corps.*

Soient, en effet, la force F et trois points A, B, C (fig. 100) non en

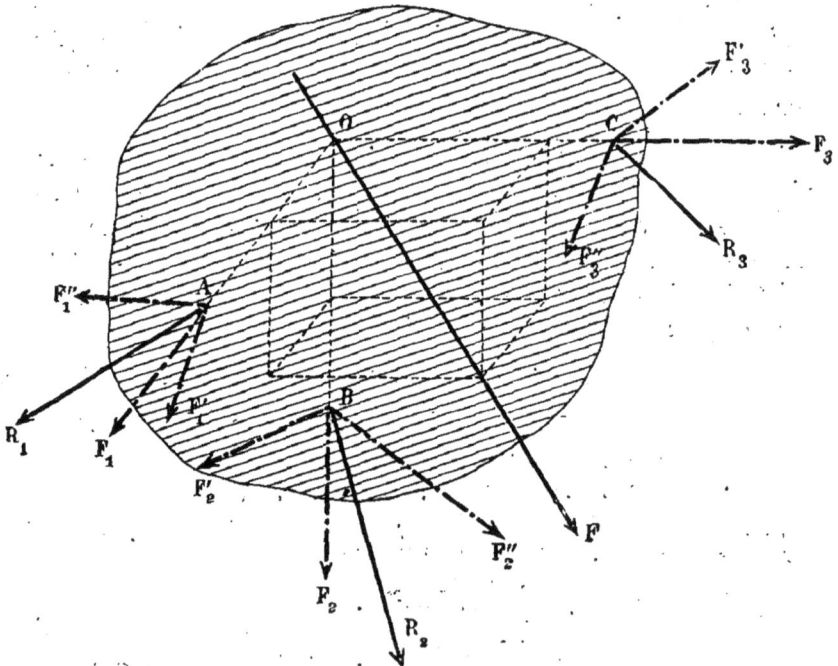

Fig. 100.

ligne droite, mais arbitraires, du corps solide : si la force F n'est pas dans le plan de ces trois points, nous pourrons toujours prendre un point O sur la direction de cette force, de sorte que les droites OA, OB, OC forment un trièdre, et nous savons (58) que l'on pourra toujours décomposer la force F suivant les trois directions ainsi déterminées. Dans le cas où la force F serait dans le plan ABC, nous avons vu (58) que la décomposition était possible d'une infinité de manières.

Donc nous pourrons remplacer toute force F par trois forces dont les directions passeront par les points arbitraires A, B, C ; on peut donc supposer les composantes appliquées en ces points : soit F_1, F_2, F_3 ces composantes : une seconde force F' donnera de même les composantes F'_1, F'_2, F'_3 appliquées respectivement aux points A, B, C, et ainsi de suite.

Or, les forces F_1, F'_1, F''_1, ... agissant sur le point A, admettent une résultante R_1 ; de même, les forces F_2, F'_2, F''_2, ..., admettent une résultante R_2 et les forces F_3, F'_3, F''_3, ..., qui sollicitent le point C, peuvent être remplacées par une force unique R_3.

Le système des forces qui sollicitent le corps peut donc être réduit à trois forces dont les directions passent respectivement par les points arbitraires A, B, C.

*215. — Corollaire I. *La somme des projections sur un axe arbitraire des trois forces* R_1, R_2, R_3, *auxquelles on peut réduire un système de forces, est égale à la somme des projections de toutes ces forces sur cet axe.*

Nous rappelons, en effet, que la projection sur un axe de la résultante de forces concourantes égale la somme des projections de toutes les composantes sur cet axe (66) ; comme d'ailleurs on n'altère pas la projection d'une force sur un axe en déplaçant le point d'application de cette force sur sa direction, on a, pour un axe quelconque :

$$\left. \begin{array}{l} \text{pr. } F = \text{pr. } F_1 + \text{pr. } F_2 + \text{pr. } F_3 \\ \text{pr. } F' = \text{pr. } F'_1 + \text{pr. } F'_2 + \text{pr. } F'_3 \\ \text{pr. } F'' = \text{pr. } F''_1 + \text{pr. } F''_2 + \text{pr. } F''_3 \\ \cdot \quad \cdot \quad \cdot \quad \cdot \quad \cdot \quad \cdot \quad \cdot \quad \cdot \end{array} \right\} \quad (1)$$

D'ailleurs on a, pour la même raison :

$$\left. \begin{array}{l} \sum \text{pr. } F_1 = \text{pr. } R_1 \\ \sum \text{pr. } F_2 = \text{pr. } R_2 \\ \sum \text{pr. } F_3 = \text{pr. } R_3 \end{array} \right\} \quad (2)$$

En ajoutant membre à membre les équations (1) et (2), on obtient, après réductions évidentes :

$$\sum \text{pr. } F = \text{pr. } R_1 + \text{pr. } R_2 + \text{pr. } R_3.$$

C'est ce qu'il fallait prouver.

216. — Corollaire II. *La somme des moments par rapport à un axe arbitraire des forces* R_1, R_2, R_3, *auxquelles on peut réduire un système de forces, est égale à la somme des moments de toutes ces forces par rapport à cet axe.*

Nous savons, en effet, que le moment par rapport à un axe de la résultante de forces concourantes égale la somme des moments des composantes par rapport à cet axe (128) ; comme d'ailleurs on n'altère pas le moment d'une force par rapport à un axe en déplaçant le point d'application de cette force sur sa direction, on a, pour un axe quelconque :

$$m^t F = m^t F_1 + m^t F_2 + m^t F_3$$
$$m^t F' = m^t F'_1 + m^t F'_2 + m^t F'_3$$
$$m^t F'' = m^t F''_1 + m^t F''_2 + m^t F''_3$$

. . . .

$$\sum m^t F_1 = m^t R_1$$
$$\sum m^t F_2 = m^t R_2$$
$$\sum m^t F_3 = m^t R_3$$

et en ajoutant membre à membre ces équations, on obtient, après réductions évidentes :

$$\sum m^t F = m^t R_1 + m^t R_2 + m^t R_3.$$

C'est ce qu'il fallait prouver.

217. — THÉORÈME II. *Les forces qui sollicitent un corps solide peuvent toujours être réduites à deux forces, la direction de l'une de ces forces passant par un point arbitraire de ce corps.*

Soit, en effet, A le point arbitraire du corps (fig. 104) : nous prenons arbitrairement deux autres points B, C, et nous savons, théorème I, que le système des forces qui sollicitent le corps solide peut être remplacé par trois forces R_1, R_2, R_3 appliquées aux points A, B, C.

Les plans déterminés par le point A et chacune des forces R_2 et R_3 ayant un point commun ont au moins une droite commune : soit XY.

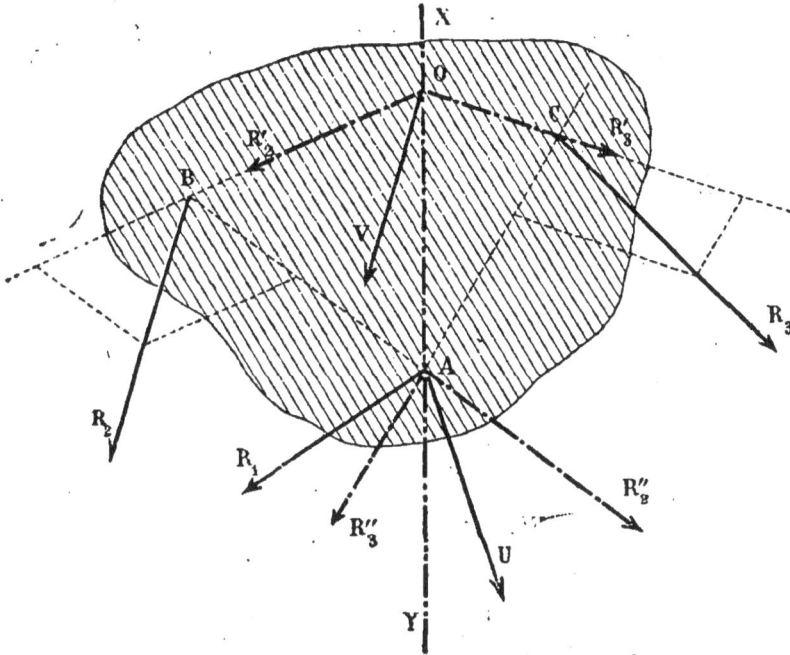

Fig. 101.

Prenons un point O arbitraire de XY appartenant au corps, nous pourrons décomposer la force R_2 en deux forces dirigées suivant OB et BA, car le plan de ces droites contient R_2; de même nous décomposerons R_3 en deux forces dirigées suivant OC et CA. Enfin nous transportons en O les composantes suivantes OB et OC : soit R'_2 et R'_3; puis nous portons en A les points d'application des forces dirigées suivant CA et BA; soit R''_2 et R''_3.

Les forces R_1, R''_2 et R''_3 étant concourantes en A, admettent une résultante, soit U; de même les forces R'_2 et R'_3 peuvent être remplacées par une force unique : soit V.

Le système proposé peut donc être remplacé par les forces U et V, dont l'une, la force U, passe par le point A absolument arbitraire. C'est ce qu'il fallait prouver.

218. — **Remarque.** Il est évident que la réduction à deux forces est indéterminée ; elle peut se faire d'une infinité de manières. D'abord le point A (fig. 101) est arbitraire : en le supposant donné, les points B et C sont encore arbitraires : en supposant ces points déterminés, le point O pris sur XY est indéterminé.

219. — **Corollaire I.** *La somme des projections sur un axe arbitraire des forces U et V, auxquelles on peut réduire un système de forces, est égale à la somme des projections de toutes ces forces sur cet axe.*

Nous avons, en effet (fig. 101), d'après le principe (66) déjà rappelé :

$$\begin{cases} \text{pr. } U = \text{pr. } R_1 + \text{pr. } R_2'' + \text{pr. } R_3''. \\ \text{pr. } V = \text{pr. } R_2' + \text{pr. } R_3' \\ \text{pr. } R_2' + \text{pr. } R_2'' \qquad = \text{pr. } R_2 \\ \text{pr. } R_3' + \text{pr. } R_3'' \qquad = \text{pr. } R_3 \\ \text{pr. } R_1 + \text{pr. } R_2 + \text{pr. } R_3 = \sum \text{pr. } F. \end{cases}$$

En ajoutant ces cinq équations membre à membre, et réduisant les termes semblables :

$$\text{pr. } U + \text{pr. } V = \sum \text{pr. } F.$$

220. — **Corollaire II.** *La somme des moments par rapport à un axe arbitraire des forces U et V auxquelles on peut réduire un système de forces, est égale à la somme des moments de ces forces par rapport à cet axe.*

Car on a, en vertu du principe (128), par rapport à un axe quelconque :

$$\begin{cases} m^t U = m^t R_1 + m^t R_2'' + m^t R_3'' \\ m^t V = m^t R_2' + m^t R_3' \\ m^t R_2' + m^t R_2'' \qquad = m^t R_2 \\ m^t R_3' + m^t R_3'' \qquad = m^t R_3 \\ m^t R_1 + m^t R_2 + m^t R_3 = \sum m^t F. \end{cases}$$

d'où, en ajoutant membre à membre, et réduisant les termes semblables :

$$m^i U + m^i V = \sum m^i F.$$

Ce qu'il fallait prouver.

*PROPRIÉTÉS DE LA RÉDUCTION A DEUX FORCES

*221. — Propriété I. *En désignant par* AB *et* CD *les droites qui représentent en grandeur et en direction deux forces* U, V *auxquelles on peut réduire un système de forces, le tétraèdre qui a pour sommets les quatre points* A, B, C, D, *a un volume constant pour le même système de forces.*

Nous savons, en effet (128), que le moment de la force AB, par exemple, par rapport à la droite qui passe par deux points M, N est égal à :

$$\frac{6 \, MN, AB}{MN},$$

en représentant par MN, AB une quantité algébrique qui a pour valeur absolue le volume du tétraèdre ayant pour arêtes opposées MN et AB, et qui est positive ou négative suivant que le moment de AB est positif ou négatif; la somme des moments par rapport à MN des forces AB et CD sera donc :

$$\frac{6}{MN} \times (MN, AB + MN, CD).$$

Par suite, en représentant par A'B' et C'D' deux autres forces U'V' auxquelles le même système peut être réduit, nous aurons, d'après le corollaire II (215) :

$$MN, AB + MN, CD = MN, A'B' + MN, C'D'.$$

Appliquons cette relation en faisant coïncider M et N d'abord avec A et B, puis avec C, D, puis avec A', B' et enfin avec C', D'; nous aurons les quatre égalités :

$$AB, CD = AB, A'B' + AB, C'D',$$

$$CD, AB = CD, A'B' + CD, C'D',$$

$$A'B', AB + A'B', CD = A'B', C'D',$$

$$C'D', AB + C'D', CD = C'D', A'B'.$$

En ajoutant membre à membre, et remarquant que l'on a :

$$AB, A'B' = A'B', AB, \qquad AB, C'D' = C'D', AB,$$
$$A'B', CD = CD, A'B', \qquad C'D', CD = CD, C'D',$$

il reste :

$$AB, CD = A'B', C'D'.$$

Ce qu'il fallait prouver.

* **222. — Propriété II.** *En désignant par* U *et* V *deux forces auxquelles un système* P *peut être réduit, et par* U' *et* V' *deux autres forces pouvant également remplacer ce système, si deux des quatre forces* U, V, U' V' *sont concourantes ou parallèles, les deux autres sont aussi concourantes ou parallèles, et le point de concours de ces deux forces est dans le plan des deux autres.*

1º — Supposons les deux forces U et V concourantes : ces forces admettent donc une résultante R qui peut remplacer le système P; donc les deux forces U' et V' admettent aussi la résultante R et sont par suite dans un même plan; par suite les forces U' et V' sont concourantes ou parallèles; dans le premier cas, le point de concours étant sur R est dans le plan des forces U et V; dans le deuxième cas, U' et V' sont parallèles à R; le point de concours des forces U, V est donc dans le plan des forces U', V'.

2º — Supposons les forces U et U' concourantes : en appliquant aux corps des forces égales et directement opposées à U et V, que nous désignons par —U et —V, il y aura équilibre : c'est-à-dire que les quatre forces —U, —V, U', V' sont en équilibre ; or les forces —U et U' sont concourantes, puisque U rencontre U'; donc elles admettent une résultante, soit R ; les forces R, —V et V' sont donc en équilibre, c'est-à-dire que —V et V' admettent une résultante égale et directement opposée à R. Nous en concluons que —V et V' sont dans un même plan qui, contenant R, contient le point commun à U et U'.

* **223. — Propriété III.** *Si dans la réduction d'un système à deux forces* U *et* V, *on impose à la force* U *la condition de passer par un point donné* 0, *la force* V *n'est pas déterminée, mais toutes les forces telles que* V *sont alors situées dans un même plan qui contient le point* 0, *et réciproquement.*

1º — Soient, en effet, U, V et U' V', deux réductions du même système, les forces U, U' étant assujetties à passer par le point 0

(fig. 102); nous savons d'après la propriété II que les forces V et V'
sont dans un même plan qui contient le point O.

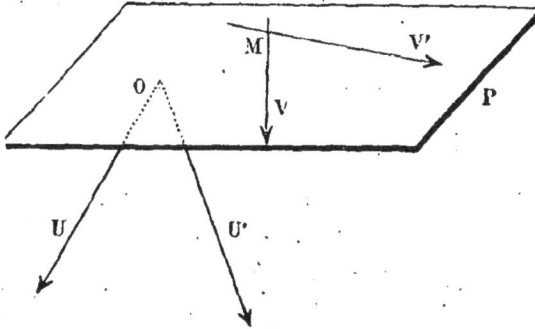

Fig. 102.

D'ailleurs ce plan est déterminé, car il contient le point O et la
force V.

2° — *Réciproquement, si nous imposons à la force V l'obligation de
se trouver dans un plan donné P, la force U ne sera pas déterminée, mais
toutes les forces telles que U passeront par un même point O qui appartient au plan P.*

Soit U, V et U', V', deux réductions du même système; les forces V
et V' étant situées dans un plan donné P (fig. 102). Les forces U
et V' étant dans un même plan, il en est de même des forces U
et U': Supposons-les concourantes en O; ce point sera situé dans le
plan P (propriété II). Ce point est donc déterminé comme intersection du plan P donné avec la force U.

Si les forces U et U' étaient parallèles entre elles, elles seraient
parallèles au plan P, et toutes les forces telles que U seraient parallèles entre elles.

224. — THÉORÈME III. *Les forces qui sollicitent un corps solide
libre peuvent toujours être réduites à une force passant par un point
donné et à un couple.*

Nous savons, en effet, que l'on peut réduire toutes les forces à
deux, U et V, dont l'une passe par un point arbitraire A (fig. 103).
Appliquons au point A deux forces V' et V'' égales et parallèles à V,
mais de sens opposés entre elles. Il est clair que les forces U et V''
admettent une résultante R, et que les forces V et V' forment un
couple. C'est la réduction énoncée.

*220. — Corollaire I. *Dans la réduction d'un système à une force et un couple, la projection de la force unique sur un axe arbitraire est égale à la somme des projections sur cet axe de toutes les forces du système.*

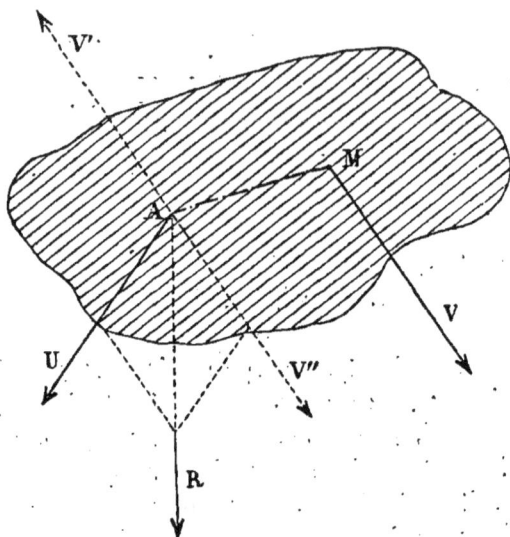

Fig. 103.

Nous savons, en effet, que les projections de V et V" étant égales, on a :

$$\text{pr. } R = \text{pr. } U + \text{pr. } V,$$

d'ailleurs (214) :

$$\text{pr. } U + \text{pr. } V = \sum \text{pr. } F,$$

donc :

$$\text{pr. } R = \sum \text{pr. } F.$$

*225. — Corollaire II. *Dans la réduction d'un système à une force et un couple, la force unique est constante en intensité et en direction.*

Car il n'y a qu'une seule force qui, passant par un point donné, ait des projections données sur trois axes rectangulaires ; et la force unique a des projections déterminées sur trois axes quelconques, d'après le corollaire I (220).

Cette force unique passant par le point donné A est précisément la résultante du système qu'on obtiendrait en transportant en A, parallèlement à elles-mêmes, toutes les forces du système primitif.

CHAPITRE II

ÉQUILIBRE D'UN CORPS SOLIDE

§ I. — CONDITIONS GÉNÉRALES DE L'ÉQUILIBRE D'UN CORPS SOLIDE LIBRE

226. — En considérant un corps solide libre sollicité par des forces arbitraires, nous savons que l'on peut toujours réduire ces forces à deux U, V, dont l'une passe par un point arbitraire. Il faut donc et il suffit que les forces U et V se fassent équilibre pour que le corps soit en équilibre. Par suite, *la condition nécessaire et suffisante est que les forces U et V soient égales et directement opposées.*

Pour exprimer analytiquement cette condition, on emploie généralement trois axes rectangulaires ; on peut alors énoncer le théorème suivant :

227. — **THÉORÈME IV.** *Les conditions nécessaires et suffisantes pour qu'un corps solide libre soit en équilibre sous l'action d'un système de forces, sont :*

1° *Que la somme des projections des forces sur trois axes rectangulaires soit nulle pour chacun d'eux ;*

2° *Que la somme des moments des forces par rapport à trois axes rectangulaires soit nulle pour chacun de ces axes.*

228. — **Les conditions sont nécessaires.** En effet, toutes les forces peuvent être réduites à deux forces U et V, qui sont en équilibre et, par suite, égales et directement opposées. Donc, la somme des projections des forces U et V sur un axe quelconque est nulle, et il en est par suite de même de toutes les forces du système, puisque l'on a (219) :

$$\text{pr.}\, U + \text{pr.}\, V = \sum \text{pr.}\, F.$$

De même, les moments des forces U et V par rapport à un axe quelconque sont égaux et de signes contraires ; leur somme est donc nulle, et aussi la somme des moments de toutes les forces du système (220) :

Donc les conditions sont nécessaires.

229. — Les conditions sont suffisantes. 1° — Nous allons prouver d'abord que les premières conditions expriment que les forces U et V, auxquelles on peut réduire le système, sont d'égale intensité, ont même direction mais des sens opposés, en un mot que ces forces sont en équilibre ou forment un couple.

Soit, en effet, λ, μ, ν et λ', μ', ν' les angles que font les forces U et V avec les axes rectangulaires dont il est question dans l'énoncé. Les projections de ces forces sur les axes seront :

$$U \cos \lambda, \qquad U \cos \mu, \qquad U \cos \nu,$$
$$V \cos \lambda', \qquad V \cos \mu', \qquad V \cos \nu'.$$

On a donc d'après (219) :

$$\left.\begin{array}{l} U \cos \lambda = - V \cos \lambda' \\ U \cos \mu = - V \cos \mu' \\ U \cos \nu = - V \cos \nu' \end{array}\right\} \qquad (1)$$

En élevant au carré les deux membres des équations (1) et ajoutant membre à membre, on obtient (73) :

$$U^2 = V^2,$$

et comme U et V sont des valeurs absolues, les forces sont d'égale intensité. En remplaçant dans (1), il vient :

$$\left.\begin{array}{l} \cos \lambda = - \cos \lambda' \\ \cos \mu = - \cos \mu' \\ \cos \nu = - \cos \nu' \end{array}\right\} \qquad (2)$$

Donc (72) ces forces ayant des cosinus directeurs égaux et de signes contraires sont parallèles et de sens contraires.

230. — 2° — En second lieu, nous allons montrer que les secondes conditions énoncées expriment que les forces U et V ont un point commun, d'où il faudra conclure qu'elles ne forment pas un couple, qu'elles sont en équilibre, et qu'il en est de même du système de forces considéré.

En effet, pouvant faire passer la force U par un point arbitrairement choisi, nous en profitons pour la faire passer par le point O, commun aux trois axes dont parle l'énoncé; son moment sera donc nul pour chacun de cès axes (127). Par suite, il en sera de même des moments de V, puisque l'on a :

$$m^i \, U + m^i \, V = \sum m^i \, F \, .$$

Nous en concluons que la force V passe par le point O, puisqu'il faut qu'elle soit dans un même plan avec chacun des axes (127).

REMARQUE. — Nous avons supposé dans le théorème précédent que les axes sont les trois arêtes d'un trièdre trirectangle, mais cette condition, commode pour les calculs, n'est pas nécessaire : il suffit que ces axes forment un trièdre.

231. — EXPRESSION ANALYTIQUE DES CONDITIONS D'ÉQUILIBRE.

Comme il a déjà été dit, une force est complètement déterminée par son intensité F, par les angles α, β, γ, qu'elle fait avec trois axes rectangulaires (fig. 104), et par les coordonnées x, y, z d'un point de sa direction.

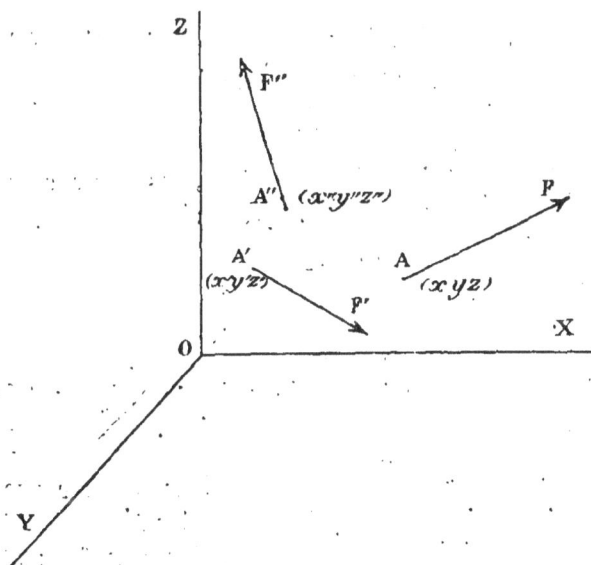

Fig. 104.

Par suite, les premières conditions, par lesquelles la somme des projections des forces sur trois axes rectangulaires est nulle pour chacun de ces axes, conduisent aux trois équations :

$$(1) \quad \begin{cases} F \cos \alpha + F' \cos \alpha' + F'' \cos \alpha'' + \ldots = 0 \\ F \cos \beta + F' \cos \beta' + F'' \cos \beta'' + \ldots = 0 \\ F \cos \gamma + F' \cos \gamma' + F'' \cos \gamma'' + \ldots = 0. \end{cases}$$

Nous venons de voir (229) que ces équations expriment que le système des forces considérées se réduit à deux forces U et V égales, parallèles, mais de sens contraires.

De même, les secondes conditions, par lesquelles la somme des moments des forces par rapport aux trois axes rectangulaires est nulle pour chacun de ces axes, conduisent aux trois équations :

$$(2) \quad \begin{cases} (Zy - Yz) + (Z'y' - Y'z') + (Z''y'' - Y''z'') + \ldots = 0 \\ (Xz - Zx) + (X'z' - Z'x') + (X''z'' - Z''x'') + \ldots = 0 \\ (Yx - Xy) + (Y'x' - X'y') + (Y''x'' - X''y'') + \ldots = 0, \end{cases}$$

en représentant, pour abréger, par X, Y, Z les projections de la force F sur les trois axes.

Ces trois équations expriment (230) que les deux forces U et V auxquelles on peut toujours réduire le système des forces données, passent par un même point.

Donc, en résumé, il faut et il suffit, pour que les forces qui sollicitent un corps solide libre soient en équilibre, qu'elles satisfassent aux six équations :

$$\sum X = 0, \qquad \sum Y = 0, \qquad \sum Z = 0,$$
$$L = 0, \qquad M = 0, \qquad N = 0.$$

en représentant par L, M, N les sommes des moments par rapport aux axes OX, OY, OZ.

232. — Cas où les forces sont dans un même plan. Dans cette hypothèse particulière, les six équations d'équilibre se réduisent à trois. Prenons, en effet, deux axes rectangulaires OX, OY dans le plan des forces, et l'axe OZ perpendiculaire à ce plan. Les projections des forces sur OZ sont nulles et les moments de ces forces par rapport à OX et à OY sont nuls. Il reste donc les trois équations :

$$\sum X = 0, \qquad \sum Y = 0,$$
$$N = 0.$$

Autrement dit, *il faut et il suffit pour l'équilibre d'un système de forces situées dans un même plan, que la somme des projections des forces sur deux axes rectangulaires de ce plan soit nulle pour chacun de ces axes et que la somme des moments de ces forces par rapport à un point du plan soit nulle.*

D'ailleurs les deux axes peuvent faire entre eux un angle quelconque, il suffit qu'il ne soient pas parallèles.

233. — Cas où les forces sont parallèles. Prenons alors OZ parallèle à la direction commune des forces, et les deux axes OX, OY perpendiculaires à OZ et perpendiculaires entre eux. Il est évident que les projections des forces sur OX et OY sont nulles, et que les moments par rapport à OZ sont nuls. Il reste donc trois équations, qui sont :

$$\sum Z = 0,$$
$$L = 0, \qquad M = 0.$$

Or, les forces étant parallèles à OZ, les moments par rapport à OX sont les moments par rapport au plan ZOX, et de même les moments par rapport à OY sont les moments par rapport au plan ZOY. Il en résulte l'énoncé suivant :

Pour qu'un système de forces parallèles soit en équilibre, il faut et il suffit que la somme algébrique des forces soit nulle, et que la somme des moments des forces par rapport à deux plans qui se coupent, parallèles à leur direction commune, soit nulle pour chacun de ces plans.

*CHAPITRE III

CONDITION POUR QU'UN SYSTÈME DE FORCES ADMETTE UNE RÉSULTANTE

234. — **Condition pour qu'un système de forces admette une résultante.**

Le théorème II nous conduit visiblement à la condition nécessaire et suffisante pour l'existence d'une résultante : c'est que les forces U et V soient dans un même plan et n'y forment pas un couple. Cette condition se transforme d'ailleurs comme il suit :

235. — **THÉORÈME V.** *Pour qu'un système de forces sollicitant un corps solide libre admette une résultante, il faut et il suffit qu'elles satisfassent à la relation :*

$$ LX + MY + NZ = 0, $$

en désignant par X, Y, Z les sommes des projections de ces forces sur trois axes rectangulaires, et par L, M, N les sommes des moments de ces forces par rapport aux mêmes axes.

Cherchons, en effet, à quelle condition une force R, faisant avec les axes rectangulaires les angles λ, μ, ν, et passant par un point dont les coordonnées sont $x_1 y_1 z_1$ sera résultante des forces considérées.

Il faut et il suffit que la force égale et directement opposée à R tienne le système en équilibre. Exprimons donc qu'il y a équilibre entre les forces proposées et la force d'intensité R, passant par le points $x_1 y_1 z_1$ et faisant avec les axes les angles :

$$ 180 - \lambda, \quad 180 - \mu, \quad 180 - \nu. $$

Nous représentons, pour abréger, par X_1, Y_1, Z_1 les projections

de la résultante sur les axes. Les équations d'équilibre donnent
alors :

(1)
$$\begin{cases} X - X_1 = 0 \\ Y - Y_1 = 0 \\ Z - Z_1 = 0, \end{cases}$$

(2)
$$\begin{cases} L - (Z_1 y_1 - Y_1 z_1) = 0 \\ M - (X_1 z_1 - Z_1 x_1) = 0 \\ N - (Y_1 x_1 - X_1 y_1) = 0. \end{cases}$$

Or, nous pouvons toujours satisfaire aux équations (1). Elles déterminent l'intensité de R, et les angles λ, μ, ν, comme il a été
dit (79).

Mais il n'en est plus de même des équations (2). Multiplions, en
effet, la première de ces équations par X_1, la deuxième par Y_1, et la
troisième par Z_1 ; nous obtenons, en ajoutant membre à membre :

$$LX_1 + MY_1 + NZ_1 = 0 ;$$

les autres termes disparaissant par réduction ; on a donc à cause
de (1) : $X_1 = X$

(3) $$LX + MY + NZ = 0.$$

Or, il est évident que s'il existe des valeurs des inconnues $x_1 y_1 z_1$
qui vérifient le système (2), ces valeurs devront aussi satisfaire à
l'équation (3), et comme cette équation est indépendante de ces inconnues, il faut qu'elle soit vérifiée par les données de la question
pour que le problème soit possible.

Réciproquement, l'équation (3) étant satisfaite *a priori*, les équations (2) se réduisent à deux équations distinctes, et ne permettent
de déterminer que deux des quantités $x_1 y_1 z_1$ en fonction de la troisième. Ceci correspond bien à ce que nous savons sur l'indétermination du point d'application d'une force, qui est un point quelconque
de sa direction.

REMARQUE. — On démontre que la condition trouvée ci-dessus exprime que le le couple obtenu dans la réduction qui fait l'objet du
Théorème III n'existe pas ou a un moment nul.

236. — Éléments de la résultante. En supposant la condition
précédente remplie, il est facile de calculer les éléments de la résultante.

Des équations (1) on tire:

$$R \cos \lambda = X,$$
$$R \cos \mu = Y,$$
$$R \cos \nu = Z,$$

d'où:

$$R = \sqrt{X^2 + Y^2 + Z^2},$$
$$\cos \lambda = \frac{R}{X},$$
$$\cos \mu = \frac{Y}{R}.$$
$$\cos \nu = \frac{Z}{R}.$$

Enfin, deux des équations (2) peuvent s'écrire:

$$Zy_1 - Yz_1 = L,$$
$$Xz_1 - Zx_1 = M.$$

En se donnant arbitrairement une valeur pour z_1, ces équations feront connaître x_1 et y_1 et la question sera complètement résolue.

*CHAPITRE IV

ÉQUILIBRE D'UN CORPS SOLIDE QUI N'EST PAS LIBRE

237. — CAS OU LE CORPS SOLIDE A UN POINT FIXE.

Il faut et il suffit, pour l'équilibre d'un corps solide qui a un point fixe, que la somme des moments des forces qui le sollicitent, par rapport à trois axes passant par le point fixe, soit nulle pour chacun de ces axes.

1° — *La condition est nécessaire.* — Réduisons, en effet, les forces qui sollicitent le corps à deux, U et V, dont l'une, U, passe par le point fixe O : d'après l'axiome II, l'équilibre exige que la force V passe aussi par le point O ; par suite, les moments des forces U et V sont nuls pour tout axe qui passe par le point O ; donc il en est de même pour la somme des moments de toutes les forces qui sollicitent le corps solide.

2° — *La condition est suffisante.* — Car, après avoir réduit toutes les forces à deux, dont l'une, U, passe par le point O, le moment de cette force étant nul par rapport à tout axe qui passe par O, la somme des moments des forces du système égale le moment de V ; donc V a un moment nul par rapport à chacun des axes ; cette force se trouve donc à la fois dans un même plan avec chacun des axes considérés, c'est-à-dire que sa direction passe par le point O : donc il y a équilibre, et la condition est suffisante.

238. — Pression sur le point fixe. La condition d'équilibre précédente revient à dire que les forces qui sollicitent le corps ont une résultante qui passe par le point fixe O. La *pression* exercée par le corps sur le point O est précisément cette résultante, qui est égale et contraire à la *réaction* du point O, c'est-à-dire à la force qu'il faudrait appliquer au corps solide pour remplacer la fixité de ce point O.

En représentant par R cette pression, et par λ, μ, ν, les angles qu'elle fait avec les axes supposés rectangulaires, nous obtiendrons l'équilibre des forces proposées, en appliquant au point O une force égale et contraire à R ; par suite nous avons les trois équations :

$$X - R \cos \lambda = 0,$$
$$Y - R \cos \mu = 0,$$
$$Z - R \cos \nu = 0,$$

d'où nous tirons successivement :

$$R = \sqrt{X^2 + Y^2 + Z^2},$$

et :

$$\cos \lambda = \frac{X}{R},$$

$$\cos \mu = \frac{Y}{R},$$

$$\cos \nu = \frac{Z}{R}.$$

Ce qui détermine complètement la pression sur le point fixe.

239. — CAS OU LE CORPS SOLIDE A UN AXE FIXE.

Cela veut dire que le corps solide ne peut que tourner autour d'une droite :

Il faut et il suffit, pour l'équilibre d'un corps solide qui a un axe fixe, que la somme des moments des forces qui le sollicitent par rapport à cet axe soit nulle.

1° — *La condition est nécessaire.* — Réduisons, en effet, les forces qui sollicitent le corps à deux, U et V, dont l'une, U, passe par un point de l'axe fixe : d'après l'axiome II, il faut, pour l'équilibre, que la force V soit dans un même plan avec l'axe, et par suite que son moment par rapport à cet axe soit nul ; les forces U et V ayant alors des moments nuls par rapport à l'axe fixe, la somme des moments de toutes les forces du système par rapport à cet axe est aussi nulle.

2° — *La condition est suffisante.* — Car, après avoir réduit les forces à deux U, V, dont l'une rencontre l'axe, le moment de la force V par rapport à cet axe sera égal à la somme des moments des forces du système, et sera par suite nul ; donc la force V est dans un même plan avec l'axe fixe, et par suite le corps est en équilibre.

240. — Remarque I. Si l'on supposait que le corps puisse seulement glisser le long d'un axe fixe, on aurait l'équilibre en exprimant que *la somme des projections des forces sur cet axe est nulle.*

241. — Remarque II. Enfin, si un corps solide peut à la fois
tourner autour d'un axe fixe, et glisser le long de cet axe, il faut et
il suffit, pour l'équilibre, que *la somme des projections des forces
sur cet axe soit nulle, ainsi que la somme des moments de ces forces
par rapport à cet axe.*

242. — CAS OU LE CORPS SOLIDE S'APPUIE SUR UN PLAN PARFAITEMENT POLI.

*La condition nécessaire et suffisante pour qu'un corps solide
s'appuyant sur un plan parfaitement poli soit en équilibre, est que
les forces qui le sollicitent admettent une résultante, que cette force
soit normale au plan et qu'elle le rencontre à l'intérieur du polygone
convexe que forment les points d'appui.*

Nous remarquons, en effet, qu'un plan parfaitement poli ne s'oppose au mouvement d'un point placé sur sa surface que dans la
direction normale à cette surface ; c'est-à-dire que la réaction du
plan est en chaque point d'appui une force perpendiculaire à sa
surface.

Par suite, nous pouvons remplacer l'action d'un plan sur un corps,
assujetti à s'appuyer sur ce plan, par un système de forces nor-
males au plan sollicitant les points d'appui. Or, ces forces de réaction,
parallèles et de même sens, admettent une résultante R qui leur
est parallèle, par suite normale au plan, et qui passe par un point
du plan situé à l'intérieur du polygone convexe que forment les
points d'appui.

Donc, si le corps est en équilibre, il faut que les forces qui le
sollicitent admettent une résultante égale et contraire à R, c'est-à-
dire normale au plan et rencontrant ce plan à l'intérieur du polygone convexe formé par les points d'appui.

D'ailleurs la condition énoncée est évidemment suffisante.

243. — Remarque. Pour déterminer les pressions exercées par
le corps en équilibre sur le plan, on sera conduit à décomposer
la résultante des forces appliquées à ce corps en forces parallèles
sollicitant ces points d'appui : cette question a été traitée aux nu-
méros 115 et 116.

244. — APPLICATION I. *Quelle force F est capable de maintenir
en équilibre une porte dont la ligne des gonds fait un angle θ avec la
verticale, le plan de cette porte faisant un angle α avec le plan vertical qui contient la ligne des gonds? On suppose la force F perpendiculaire au plan de cette porte, à une distance a de la ligne des*

gonds, et le centre de gravité situé à une distance b de cette même ligne.

Il est commode, pour se représenter la figure, de prendre deux plans de projection : le plan vertical (fig. 105) contient la ligne des

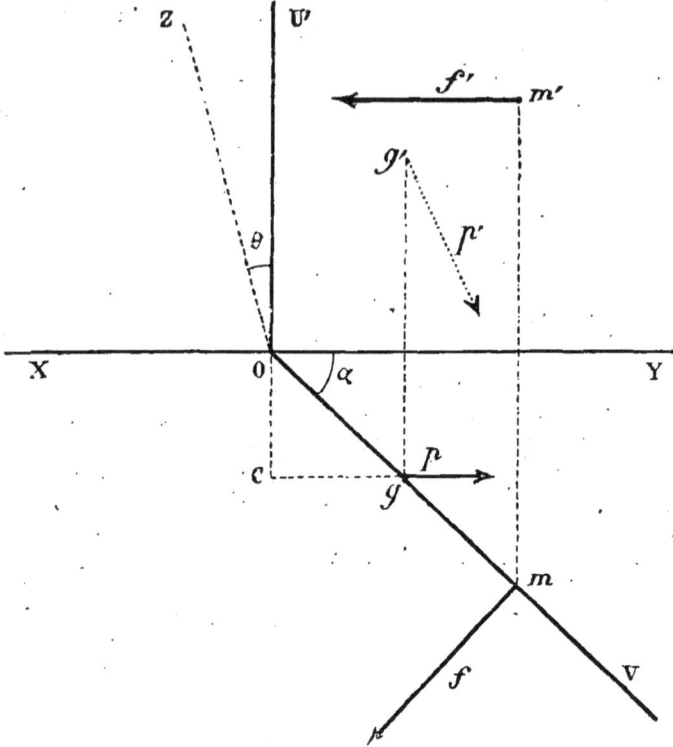

Fig. 105.

gonds OU′ et la verticale OZ ; le plan horizontal perpendiculaire sur OU′ donne la trace OV pour le plan de la porte, de sorte que l'angle α est égal à VOY.

Soit gg' le centre de gravité de la porte et mm' le point d'application de la force F ; on a :

$$Og = b \quad \text{et} \quad Om = a.$$

Les projections du poids P seront l'une, p', parallèle à OZ et égale à P, l'autre, p, parallèle à XY : les projections de la force F sont perpendiculaires aux traces du plan de la porte, et $f = F$.

Le corps solide ayant un axe fixe OZ, et ne pouvant que tourner autour de cet axe, il faut et il suffit pour l'équilibre (239) que la somme des moments des forces F et P par rapport à OZ soit nulle ; cela revient donc à exprimer que la somme des moments des forces f et p par rapport au point 0 est nulle :

$$p \times 0c - f \times 0m = 0;$$

or :

$$p = P \sin \theta \qquad 0c = 0g \sin \alpha;$$

d'où, en remplaçant :

$$Pb \sin \alpha \sin \theta - Fa = 0,$$

et par suite :

$$F = P \times \frac{b}{a} \sin \alpha \sin \theta.$$

Telle est la valeur cherchée de la force F.

245. — APPLICATION II. *Une barre pesante* AB, *de longueur* 2a (fig. 106), *repose sur deux plans inclinés parfaitement polis : trouver l'angle que fait* AB *avec le plan horizontal au moment de l'équilibre.*

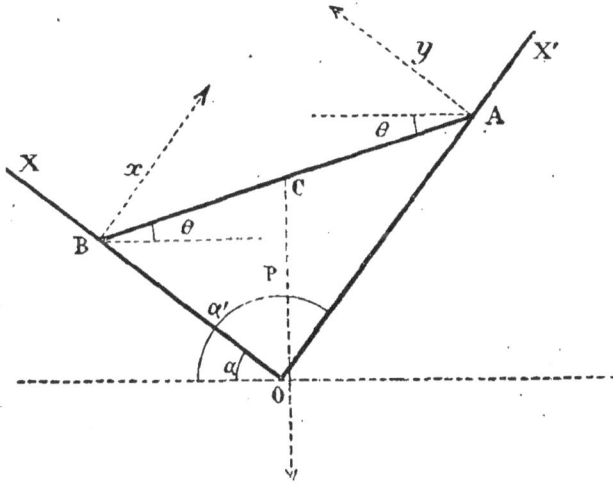

Fig. 106.

Les plans étant supposés parfaitement polis, les réactions aux points A et B sont perpendiculaires à ces plans ; or, la tige AB devant être en équilibre sous l'action de trois forces, il faut d'abord que ces forces soient dans un même plan (ce qui équivaut à trois équations) ; d'ailleurs ce plan est vertical et perpendiculaire à la fois aux deux plans inclinés, donc il faut que l'intersection de ces plans soit horizontale, et que la barre soit dans un plan perpendiculaire à cette intersection. Prenons ce plan pour plan de la figure, et soit OX, OX' les traces des plans donnés, qui font avec l'horizon les angles α et α'.

Les forces étant dans un même plan, il faut et il suffit (252) pour l'équilibre que les sommes des projections de ces forces sur OX et sur OY soient nulles, et que la somme des moments par rapport au point B soit nulle. Ces conditions nécessaires et suffisantes conduisent aux équations suivantes :

Projection sur OX :

$$y \sin (\alpha' - \alpha) - P \sin \alpha = 0.$$

Projection sur OX' :

$$x \sin (\alpha' - \alpha) - P \sin \alpha' = 0.$$

Moments par rapport au point B :

$$P a \cos \theta + 2 a y \cos (\theta + \alpha') = 0.$$

En remplaçant y par sa valeur dans cette dernière équation, on obtient :

$$\cos \theta \sin (\alpha' - \alpha) + 2 \sin \alpha \cos (\theta + \alpha') = 0,$$

équation qui nous fait connaître l'angle θ ; en développant on obtient :

$$\sin (\alpha' - \alpha) \cos \theta + 2 \sin \alpha \cos \alpha' \cos \theta - 2 \sin \alpha \sin \alpha' \sin \theta = 0 ;$$

d'où :

$$\operatorname{tg} \theta = \frac{\sin (\alpha' + \alpha)}{2 \sin \alpha \sin \alpha'}.$$

C'est l'inconnue qu'il fallait calculer.

246. — APPLICATION III. *Une lame pesante ayant la forme d'un triangle rectangle isocèle ABC (fig. 107) est située dans un plan vertical, et s'appuie par ses côtés égaux sur deux chevilles fixes D, E. Déterminer, dans la position d'équilibre, l'angle θ que fait l'hypoténuse avec le plan horizontal.*

Pour déterminer la position des points D, E, nous menons la verticale DY et l'horizontale EX dans le plan de la figure ; nous désignons OD par a et OE par b; enfin, soit $2c$ l'hypoténuse du triangle ABC.

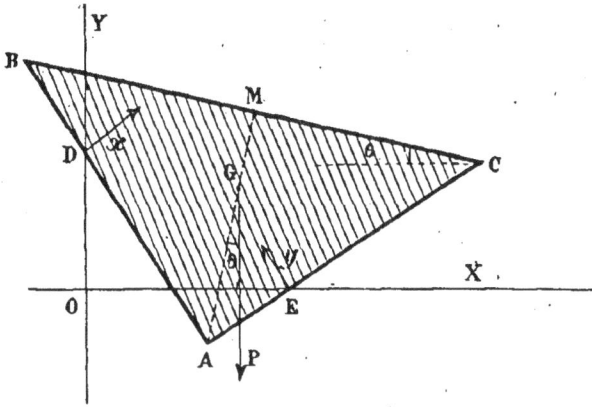

Fig. 107.

Le triangle est sollicité par trois forces : 1° son poids, qui passe par le point G situé aux deux tiers de AM; 2° la réaction x au point D qui est perpendiculaire à AB ; 3° la réaction y au point E qui est perpendiculaire sur AC. Ces forces étant dans le même plan, il faut et il suffit pour l'équilibre (232) que la somme des projections de ces forces sur AB soit nulle, ainsi que la somme des projections sur AC, et que la somme des moments par rapport au point A soit nulle.

La somme des projections sur AC étant nulle, on a :

$$x - P \sin (45 - \theta) = 0 ; \qquad (1)$$

de même on obtient, en projetant sur AB :

$$y - P \cos (45 - \theta) = 0. \qquad (2)$$

Enfin, la somme des moments par rapport au point A donne :

$$AD \times x - AE \times y + \frac{2c}{3} P \sin \theta = 0 \qquad (3)$$

Il nous reste à évaluer les longueurs AD, AE, et pour cela nous projetons successivement sur AB et sur AC le contour DOE, ce qui donne les deux relations :

$$AD = b \sin (45 - \theta) + a \cos (45 - \theta), \qquad (4)$$
$$AE = b \cos (45 - \theta) - a \sin (45 - \theta) ; \qquad (5)$$

des équations (4) et (5) nous déduisons, en multipliant (4) par x, et (5) par y :

$$AD \times x = P \left[b \sin^2 (45 - \theta) + a \sin (45 - \theta) \cos (45 - \theta) \right],$$

$$AE \times y = P \left[b \cos^2 (45 - \theta) - a \sin (45 - \theta) \cos (45 - \theta) \right],$$

d'où :

$$AD \times x - AE \times y = - P \left[b \cos (90 - 2\theta) + a \sin (90 - 2\theta) \right].$$

En remplaçant dans (3), nous obtenons :

$$\frac{2c}{3} \sin \theta = b \sin 2\theta + a \cos 2\theta, \tag{6}$$

c'est l'équation que doit vérifier l'angle inconnu θ.

Pour simplifier la résolution, nous supposons que les points D, E sont dans le même plan horizontal : il suffit de faire $a = o$ dans l'équation (6); elle devient :

$$\left(\frac{c}{3} - b \cos \theta \right) \sin \theta = 0.$$

Ce qui donne les deux solutions :

$$\theta' = 0$$

$$\theta'' = \operatorname{arc} \cos \frac{c}{3b}.$$

La première solution correspond au cas où l'hypoténuse du triangle est horizontale.

Pour construire la position du triangle correspondant à la deuxième

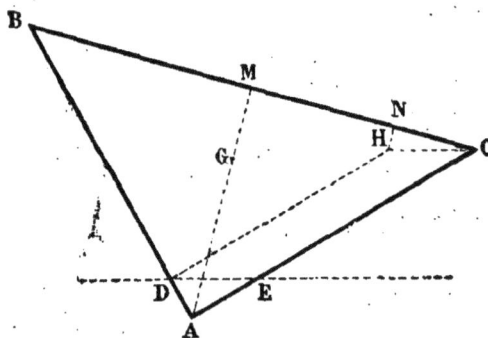

Fig. 108.

solution, nous prenons $CN = \dfrac{CM}{3}$ (fig. 108), nous traçons NH perpen-

diculaire sur BC, et enfin $CH = b$: il suffit de mener HD parallèle
à CA, et DE parallèle à HC.

La condition d'existence de cette seconde solution est :

$$\frac{\sqrt{2}}{2} \leqslant \frac{c}{3b} \leqslant 1.$$

Il faut donc et il suffit que le rapport $\frac{c}{b}$ ne soit ni plus grand

que 3, ni inférieur à $\frac{3}{\sqrt{2}}$.

CHAPITRE V

LEVIER — BALANCES

247. — On appelle en général MACHINES des appareils destinés à faire équilibre à des forces appelées *résistances* au moyen d'autres forces appelées *puissances*, celles-ci n'étant pas directement opposées aux premières.

A cet effet, les machines sont composées de pièces, ou *organes*, qui réagissent les unes sur les autres et se gênent mutuellement dans leur mouvement.

Une machine est dite *simple* lorsqu'elle se compose d'un seul corps solide : ce corps n'est pas libre, il présente soit un point fixe, soit un axe fixe, ou enfin ne peut que glisser sur un plan fixe : suivant ces cas, la machine s'appelle LEVIER, TREUIL OU PLAN INCLINÉ.

Les organes d'une machine *composée* sont des machines simples.

Nous allons appliquer les principes généraux démontrés à l'étude de l'équilibre des machines simples et de leurs variétés usuelles.

§ I. — ÉQUILIBRE DU LEVIER.

248. — Le levier étant un corps solide qui a un point fixe, *il faut et il suffit pour l'équilibre que les forces qui sollicitent cette machine admettent une résultante et que cette force passe par le point fixe : la pression sur le point fixe est cette résultante.*

249. — Nous considérons en particulier le cas simple où le levier est sollicité par deux forces, la puissance P et la résistance Q. Alors ces forces devant admettre une résultante, *doivent être dans le même plan* (33) ; puis cette résultante devant passer par le point fixe O, *il faut que le plan des forces* P, Q *contienne ce point, et que de plus la somme algébrique des moments des forces* P *et* Q *par rapport au* *point* O *soit nulle;* autrement dit, *il faut que ces forces soient en raison inverse de leurs bras de levier, et qu'elles tendent à faire tourner le levier en sens contraire;* ces conditions sont d'ailleurs suffisantes.

Ainsi (fig. 109), en abaissant les perpendiculaires OA, OB sur les

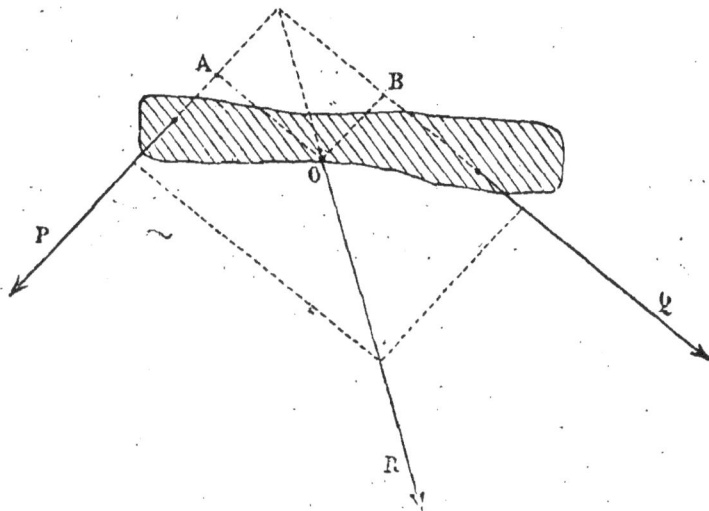

Fig. 109.

forces P et Q qui sollicitent le levier dont O est le point fixe, il faut et il suffit que l'on ait :

$$P \times OA = Q \times OB,$$

si les forces P et Q sont dans un même plan contenant le point O, et si ces forces tendent à faire tourner leurs bras de levier en sens inverse.

250. — Si nous représentons par α l'angle que font entre elles les directions des forces, la résultante R de ces forces aura pour expression :

$$R = \sqrt{P^2 + Q^2 + 2PQ \cos \alpha};$$

et cette formule donne aussi la *charge du point fixe.*

251. — DIVERS GENRES DE LEVIER. En réduisant le levier à une barre rigide AB, pouvant tourner autour du point C, et supposant les forces parallèles entre elles, on est conduit à distinguer trois genres de leviers.

1º — On dit qu'un levier est du *premier genre* (fig. 110) lorsque les points d'application de la puissance et de la résistance A, B sont de part et d'autre du point fixe C ; dans ce cas, on peut à volonté

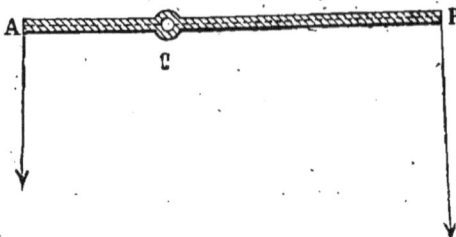

Fig. 110.

donner *l'avantage* à la puissance ou à la résistance, c'est-à-dire équilibrer la résistance avec une puissance plus petite ou plus grande que cette résistance.

Les *balances ordinaire et romaine* sont des leviers du premier genre, ainsi que les *balanciers* des machines à vapeur du système *Watt :* on emploie aussi des leviers de ce genre pour soulever les pierres ou les fardeaux (fig. 111); on les appelle des *pinces à talon.*

Fig. 111.

2º — Un levier est dit du *second genre* lorsque le point d'appli-

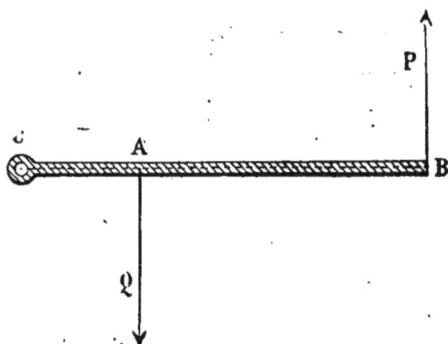

Fig. 112.

cation de la résistance est situé entre le point d'application de la puissance et le point fixe.

Il est évident que, dans cette disposition, le bras de levier CB de la puissance (fig. 112) étant plus grand que celui de la résistance, l'avantage est toujours à la puissance.

La *brouette* est un levier du second genre ; le point d'appui est sur l'axe de la roue ; les *pompes* sont généralement actionnées par des leviers du second genre ; l'*aviron* est un levier du second genre, car le point d'appui est au contact de l'aviron et de l'eau.

3° — Enfin le levier du *troisième genre* est celui dans lequel le point d'application de la puissance est placé entre le point d'appui et le point d'application de la résistance.

Il est visible que dans ce cas la résistance a toujours l'avantage (fig. 113).

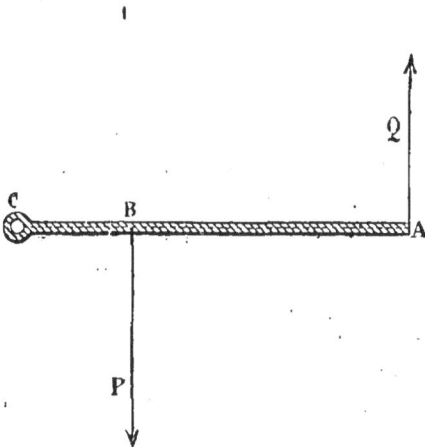
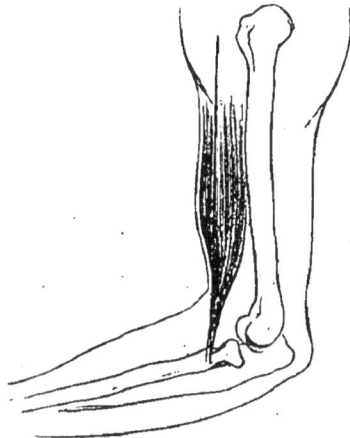

Fig. 113.   Fig. 114.

Les *pédales* sont généralement des leviers du troisième genre ; ces leviers servent à utiliser la force de pesanteur qui agit verticalement de haut en bas pour vaincre une résistance dirigée verticalement de bas en haut.

On trouve fréquemment dans l'organisme des leviers du troisième genre. Les os sont les barres rigides, les articulations sont les points d'appui, et les muscles, par leur contraction, produisent les puissances. Ainsi le *radius* est un levier du troisième genre actionné par le *biceps* (fig. 114).

§ II. — BALANCE ORDINAIRE.

252. — La *balance ordinaire* est un levier du premier genre formé
d'une barre rigide, appelée *fléau*,
qui porte trois *couteaux*, ou
prismes d'acier trempé, disposés
comme l'indique la figure 116 :
le couteau O repose sur un plan
de substance très dure, *acier
trempé* ou *agate;* les couteaux A
et B, tournés en sens inverse du
premier, sont destinés à supporter
les plateaux de la balance à l'aide

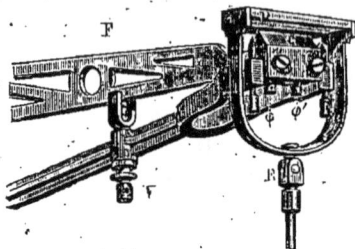

Fig. 115.

de crochets : le mode de suspension de ces crochets ou étriers est
indiqué sur la figure 115.

253. — **JUSTESSE.** *On dit qu'une balance est* JUSTE *lorsque les
plateaux étant chargés de poids égaux, et le fléau étant horizontal,
il y a équilibre stable.*

Cherchons les conditions d'établissement de la balance propres à
satisfaire à cette définition. Soient (fig. 116) les poids égaux P appli-

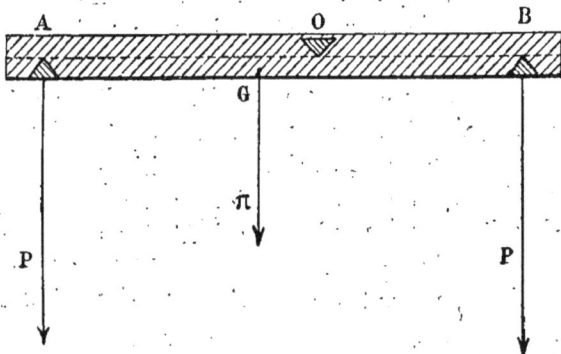

Fig. 116.

qués aux points A et B supposés en ligne droite avec le point O,
soit G le centre de gravité du fléau et π le poids de ce levier. Il
faut et il suffit, pour l'équilibre du levier, que les forces qui le
sollicitent ayent une résultante, et que cette force passe par le
point O. Or, déjà les trois forces parallèles et de même sens appli-

quées au fléau admettent une résultante; en second lieu, pour qu'elle passe par le point O, il faut et il suffit que son moment par rapport à ce point soit nul, c'est-à-dire que la somme des moments dés composantes par rapport au point O soit nulle. Pour exprimer ces moments, nous tiendrons compte de ce que le fléau est horizontal, en prenant pour bras de levier des forces les longueurs OA, OC, OB, puisque ces forces sont verticales; nous obtenons ainsi :

$$P \times OA + \pi \times OC - P \times OB = 0.$$

Et cette relation doit exister, quelle que soit l'intensité de P; par suite, nous ordonnons le polynôme par rapport à P et nous exprimons qu'il est *identiquement nul*, en écrivant que les coefficients des puissances de P sont tous nuls :

$$P \times (OA - OB) + \pi \times OC = 0.$$

On en conclut donc :

$$OA = OB, \qquad OC = 0.$$

Donc déjà il faut que les deux bras du fléau soient égaux, et que, le fléau étant horizontal, la verticale du point de suspension passe par le centre de gravité.

A ces conditions, il y aura équilibre lorsque les plateaux seront également chargés, le fléau étant horizontal; mais il faut encore que cet équilibre soit stable.

Nous allons montrer que cette dernière condition exige que le centre de gravité du fléau soit situé au-dessous du point de suspension. Supposons, en effet (fig. 117), les conditions précédentes remplies, et le point G au-dessus du point O; inclinons le fléau d'un angle aussi petit qu'on le voudra, et soit A′ B′ la position nouvelle : G vient G′, et alors les deux forces égales sollicitant A′ et B′ admettant une résultante passant par O, il reste la seule force π pouvant produire un effet sur le fléau; or cette force se décompose en deux autres dirigées l'une suivant G′O, et l'autre suivant la perpendiculaire à cette droite; la première de ces composantes a pour seul effet d'appuyer le fléau sur le point O, tandis que la seconde tend à augmenter l'inclinaison que nous avons donnée au fléau : donc il y a instabilité dans l'équilibre si G est au-dessus de O.

Au contraire, plaçons G au-dessous de O (fig. 118); les considérations précédentes nous conduisent à dire que la force π aura pour effet de diminuer l'angle d'écart du fléau, c'est-à-dire de ramener celui-ci dans la position initiale : donc l'équilibre est stable.

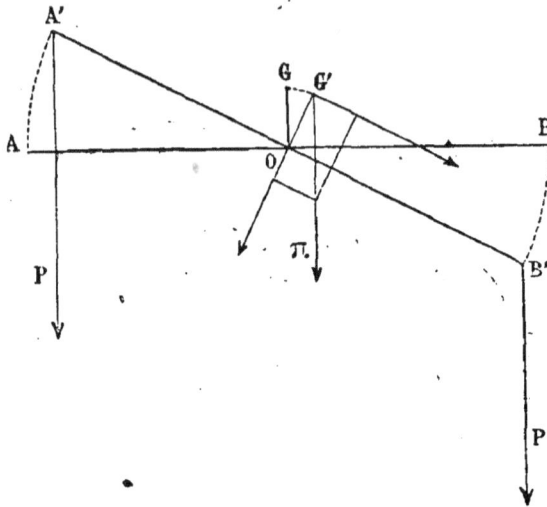

Fig. 117.

Dans le cas limite où G coïnciderait avec le point O, il est visible que l'équilibre aurait lieu pour toute position du fléau.

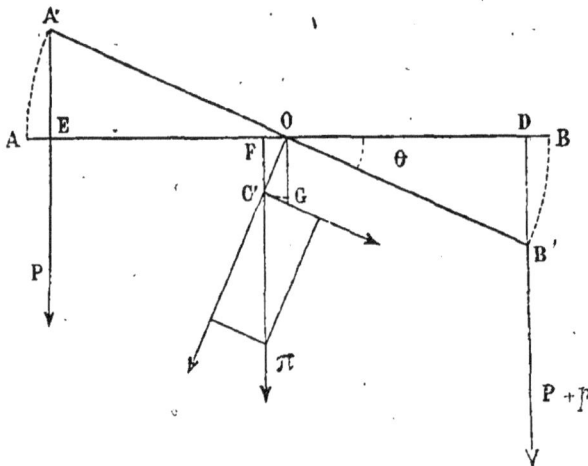

Fig. 118.

253 *bis*. — **Conséquence.** Il résulte des conditions que nous venons de trouver qu'*une balance ainsi construite a la propriété de prendre une position d'équilibre stable sous l'action de poids inégaux placés dans les plateaux, le fléau faisant un certain angle avec l'horizon.*

Soit, en effet, θ l'angle variable que fait le fléau A′B′ avec l'horizontale AB (fig. 118), lorsque les plateaux sont chargés des poids P et P + p. Il y aura une position d'équilibre si nous pouvons déterminer une valeur de θ telle que la somme des moments des forces par rapport au point O soit nulle, c'est-à-dire telle que l'on ait la relation :

$$(P + p) \times OD - \pi \times OF - P \times OE = 0,$$

ou :

$$p \times OD = \pi \times OF,$$

ou enfin :

$$p \times l \cos θ = \pi \times d \sin θ, \qquad (1)$$

en représentant par l et d les longueurs OA = OB et OG. Il suffira donc de prendre l'angle θ déterminé par l'équation :

$$tg \, θ = \frac{pl}{\pi d},$$

ce qui est toujours possible.

D'ailleurs cela est visible *a priori* par la comparaison des moments variables des forces p et π, dont l'un va toujours en décroissant jusqu'à zéro quand θ augmente, tandis que l'autre va constamment en croissant à partir de zéro.

254. — SENSIBILITÉ. On conçoit que la balance permettra d'effectuer une pesée avec une approximation d'autant plus grande qu'elle trébuchera d'un angle plus grand pour un excès de charge donné, c'est-à-dire que l'angle θ, dont nous venons de calculer la tangente, sera plus grand pour une valeur donnée de p.

On exprime ce fait en disant que *la balance est d'autant plus* SENSIBLE *que l'angle* θ *qui correspond à une valeur donnée p est plus grand*.

De la valeur trouvée :

$$tg \, θ = \frac{pl}{\pi d},$$

nous concluons que tg θ, et par suite θ, aura une valeur d'autant plus grande que l sera plus grand, π et d plus petits. Par suite :

La sensibilité d'une balance croît lorsqu'on augmente la longueur du fléau, que l'on diminue le poids de ce levier, et que l'on rapproche son centre de gravité du point de suspension.

Les deux premières conditions paraissent contradictoires, car si l'on augmente la longueur du fléau, on augmente aussi son poids ; on arrive dans la pratique à concilier ces deux conditions en évidant le fléau sans nuire toutefois à sa solidité, ainsi qu'on le voit figure 119.

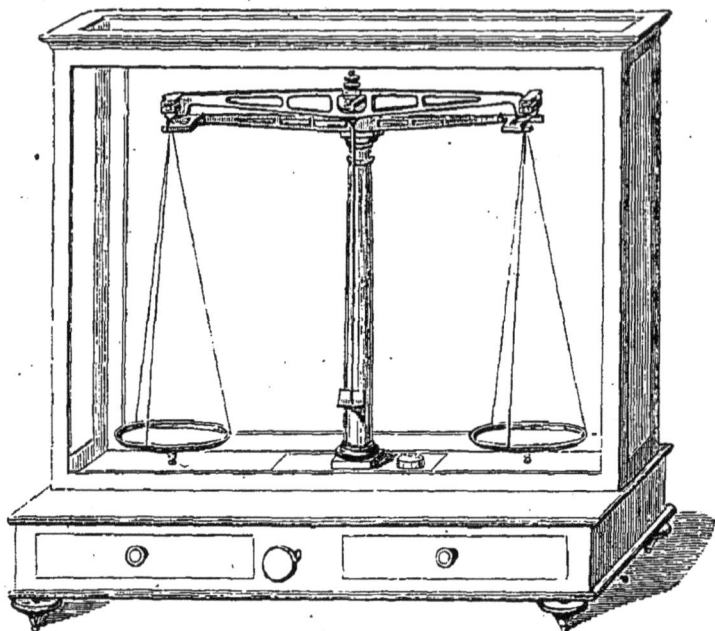

Fig. 119.

Quant au centre de gravité, il faut le placer le plus près possible du point O, mais sans le faire coïncider avec ce point, car alors $tg\theta$ serait infini, c'est-à-dire que pour le moindre excès de charge le fléau se placerait verticalement.

Enfin, une balance étant donnée, il y a intérêt à pouvoir faire varier sa sensibilité ; en effet, lorsque le centre de gravité est très voisin du point O, la balance exécute des oscillations très lentes et d'une grande amplitude avant d'atteindre une position d'équilibre, ce qui résulte de la faible valeur maximum que peut atteindre le moment de la force π : si donc on a intérêt avec cette balance à effectuer à un certain instant des pesées rapides, il y aura avantage à diminuer sa sensibilité. On y parvient en employant un écrou, de métal très dense, mobile sur une tige taraudée fixée perpendiculairement au fléau au-dessus du couteau d'appui : on comprend aisément qu'en faisant descendre ou monter cet écrou on écarte ou l'on approche le centre de gravité du point O.

255. — Nous avons supposé dans ce qui précède que les trois points A, O, B étaient en ligne droite ; or, dans la pratique, il arrive certainement que l'élasticité du fléau ne permet pas de satisfaire d'une façon permanente à cette hypothèse : il y a donc lieu de voir comment se modifient les résultats précédents.

Soit le fléau AOB (fig. 120) dont les deux parties OA, OB d'égale longueur font un même angle α avec l'horizon ; soit A'OB' la position

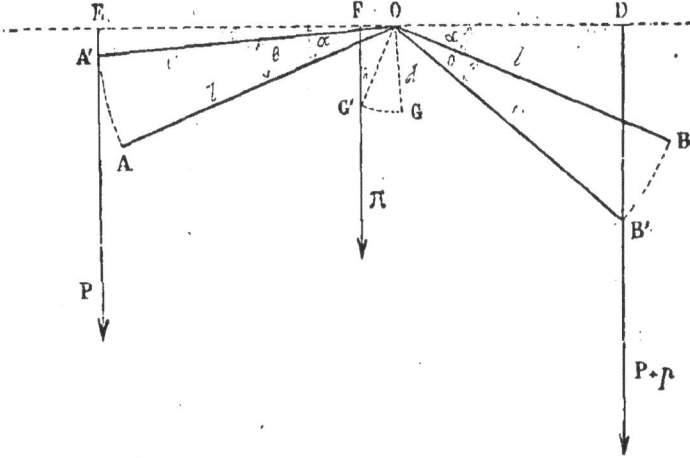

Fig. 120.

d'équilibre de ce fléau quand les plateaux sont chargés des poids P et P + p ; en désignant par θ l'angle dont l'appareil a tourné, l'équilibre conduit à l'équation :

$$(P + p) \times OD - \pi \times OF - P \times OE = 0 ;$$

ou, en désignant OA = OB par l, et OG par d :

$$(P + p)\, l \cos(\alpha + \theta) - \pi d \sin \theta - Pl \cos(\alpha - \theta) = 0,$$

équation de laquelle nous voulons tirer θ ; nous effectuerons donc les calculs propres à dégager l'angle θ :

$$\left. \begin{array}{l} (P + p)\, l \cos \alpha \\ \quad - Pl \cos \alpha \end{array} \right| \cos \theta - \left. \begin{array}{l} (P + p)\, l \sin \alpha \\ \quad - \pi d \\ \quad - Pl \sin \alpha \end{array} \right| \sin \theta \right\} = 0,$$

ce qui donne visiblement :

$$\operatorname{tg} \theta = \frac{pl \cos \alpha}{(2P + p)\, l \sin \alpha + \pi d}.$$

Il faut tout d'abord remarquer que *dans l'hypothèse actuelle la sensibilité dépend de la charge commune* P, contrairement à ce qui arrivait lorsque les points A, O, B étaient en ligne droite : la sensibilité est donc d'autant plus petite que la charge commune est plus grande.

En second lieu, cette formule nous montre que, toutes choses égales d'ailleurs, l'angle θ ira en diminuant quand α croîtra, car le numérateur décroîtra et le dénominateur croîtra.

Enfin, on augmentera la sensibilité en allongeant les bras du fléau, en diminuant son poids, et en rapprochant le centre de gravité du point de suspension.

256. — Remarque I. En prévision du désavantage que produit la flexion du fléau, le constructeur place généralement les points A et B un peu au-dessus de l'horizontale du point O.

257. — Remarque II. Pour effectuer les pesées il est inutile d'attendre la position d'équilibre, il suffit de constater que la tige verticale qui fait corps avec le fléau exécute des oscillations d'égale amplitude de part et d'autre du zéro.

258. — Remarque III. On adapte généralement *un trébuchet* aux balances précises (fig. 119) pour empêcher les couteaux de s'émousser lorsque l'appareil est au repos ; ces trébuchets se manœuvrent soit à l'aide de crémaillères, soit avec une pédale.

259. — DOUBLE PESÉE. Pour les pesées très précises, telles qu'en exigent les expériences de physique ou de chimie, on ne suppose pas l'égalité des bras du fléau, et l'on opère par une méthode due à *Borda*, appelée *double pesée*.

On place le corps à peser dans le plateau A et l'on équilibre avec de la tarre dans le plateau B, puis on retire le corps et on le remplace dans le plateau A par des poids marqués ; au moment de l'équilibre il est visible que l'on a le poids du corps.

On peut encore opérer comme il suit, mais nous nous hâtons de dire que c'est peu pratique : on place le corps dans le plateau A, l'on équilibre par des poids marqués placés dans le plateau B, soit *p* le poids trouvé ; on recommence en plaçant le corps dans le plateau B, soit *p'* le nouveau poids trouvé ; désignons par *l* et *l'* les bras de levier OA et OB et par X le poids cherché, les deux équilibres nous conduisent aux équations :

$$X \times l = p \times l',$$
$$p' \times l = X \times l',$$

d'où :

$$X = \sqrt{pp'}.$$

Le poids cherché est donc la moyenne proportionnelle entre les poids trouvés p et p'.

§ III. — ROMAINE.

260. — La *romaine* (fig. 121) est un levier à bras inégaux qui porte un couteau en A permettant de le suspendre à un point fixe par l'intermédiaire d'un crochet C, terminé par un étrier ; les

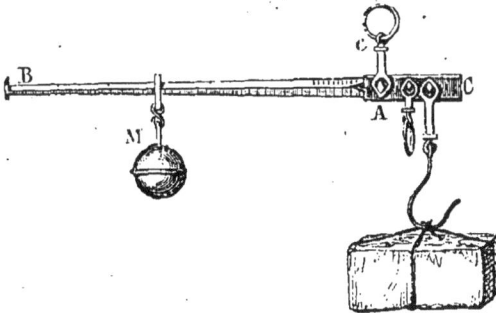

Fig. 121.

corps à peser se suspendent à un crochet de même forme que le précédent qui agit sur un deuxième couteau placé sur le bras le plus court ; l'autre bras est sollicité par un poids constant qui se déplace le long de la tige à l'aide d'un crochet ou d'un curseur.

261. — **Équilibre de la romaine.** Soit P le poids suspendu en B (fig. 122), G le centre de gravité du levier et M le point d'ap-

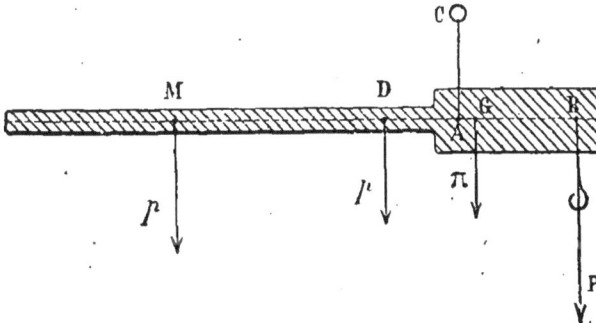

Fig. 122.

plication du poids p ; supposons qu'il y ait équilibre, la ligne MAB étant horizontale, la résultante des trois forces, P π, p doit passer par le point A, et par suite la somme des moments de ces forces par rapport à ce point doit être nulle; on aura donc :

$$P \times AB + \pi \times AG - p \times AM = 0; \qquad (1)$$

d'autre part, retirons le corps suspendu en B et plaçons le poids p en un point D tel que la ligne DAB soit encore horizontale; nous aurons de même :

$$\pi \times AG - p \times AD = 0. \qquad (2)$$

En retranchant (2) de (1), il vient :

$$P \times AB = p \times (AM - AD),$$

d'où :

$$P = \frac{p}{AB} \times DM. \qquad (3)$$

Nous en concluons que le poids suspendu en B doit être proportionnel à la distance du point D à la position occupée par le poids p pour produire l'équilibre.

262. — Graduation. Il en résulte une graduation fort simple de cette machine. On détermine a priori le point D, où il faut placer le curseur pour maintenir le fléau horizontal, puis on suspend en B un poids connu, par exemple, 50 grammes; on place le poids p de manière à rétablir l'horizontalité de AB, soit M; on partage alors DM en 50 parties égales et l'on prolonge cette division aussi loin que le permet la longueur du grand bras. Dans ces conditions, si, pour amener AB à être horizontal lorsqu'on a suspendu un corps en B, il faut placer le curseur à la division 34, par exemple, on en conclut que le corps pèse 34 grammes; en effet, la relation (3) donne :

$$\frac{X}{34} = \frac{50^{gr}}{50},$$

donc :

$$X = 34^{gr}.$$

263. — Remarque I. Pour apprécier le moment où le fléau est horizontal, on a fixé perpendiculairement à sa tige une aiguille qui doit à ce moment venir passer par un repère tracé sur le montant de l'anneau.

264. — Remarque II. Les dimensions de l'appareil étant néces-

·sairement assez limitées, on ne peut apprécier des poids très différents, par suite de l'impossibilité de donner au poids p un bras de
levier très grand. On dispose alors un deuxième point d'appui plus
rapproché du point B que le précédent (fig. 121). On retourne
l'appareil, la nouvelle graduation se trouve alors sur l'autre face du
grand bras. On conçoit aisément que de cette façon on diminue le
bras de levier du corps que l'on veut peser, ce qui revient à augmenter le bras de levier du curseur.

265. — Remarque III. L'avantage de cette balance est de ne pas
exiger l'emploi de poids marqués. D'ailleurs elle n'est pas susceptible d'une grande sensibilité.

§ IV. — BASCULE DU COMMERCE.

266. — *La bascule du commerce,* due à Quintenz, est destinée à
peser des corps dont les dimensions et le poids ne permettent pas
l'usage de la balance ordinaire ; elle se compose principalement
d'un levier du second genre, ayant la forme d'une fourche, qui est
relié à un levier du premier genre.

Nous représentons, dans la figure 123, l'élévation de la machine
théorique et la projection horizontale du système des deux leviers :

Le premier levier, qui a pour axe de symétrie ac, a pour axe fixe la
ligne $a_1 a_2$: deux couteaux projetés en a_1 et a_2 font corps avec le
socle de la machine ; le tablier sur lequel repose le corps à peser
s'appuie sur ce levier par les couteaux b_1, b_2, et enfin une tige verticale articulée en cc' et dd' relie ce premier levier au deuxième.
Celui-ci a pour point fixe le point oo', supporte en ff' un plateau destiné à recevoir les poids marqués, et porte en ee' une tige $ek, e'k'$,
sur laquelle s'appuie une jambe de force qui fait corps avec le tablier, et qui achève de le mettre en rapport avec le système des
leviers. Enfin la machine est construite de sorte que l'on ait la
proportion :

$$\frac{ab}{ac} = \frac{oe}{od}. \qquad (1)$$

Cela posé, soient gg' le centre de gravité du corps à peser et P son
poids que nous décomposons en trois forces parallèles et de même
sens appliquées en k, b_1 et b_2.

Soient P', P''_1 et P''_2 ces composantes dont la somme est P.

P' peut être considérée comme appliquée en ee'.

. Puis nous remplaçons P''_1 qui sollicite le point b_1 par une force verticale x appliquée en cc' et par suite en dd'. Cette force est telle que l'on a :

$$\frac{x}{P''_1} = \frac{mb_1}{mc} = \frac{ab}{ac}.$$

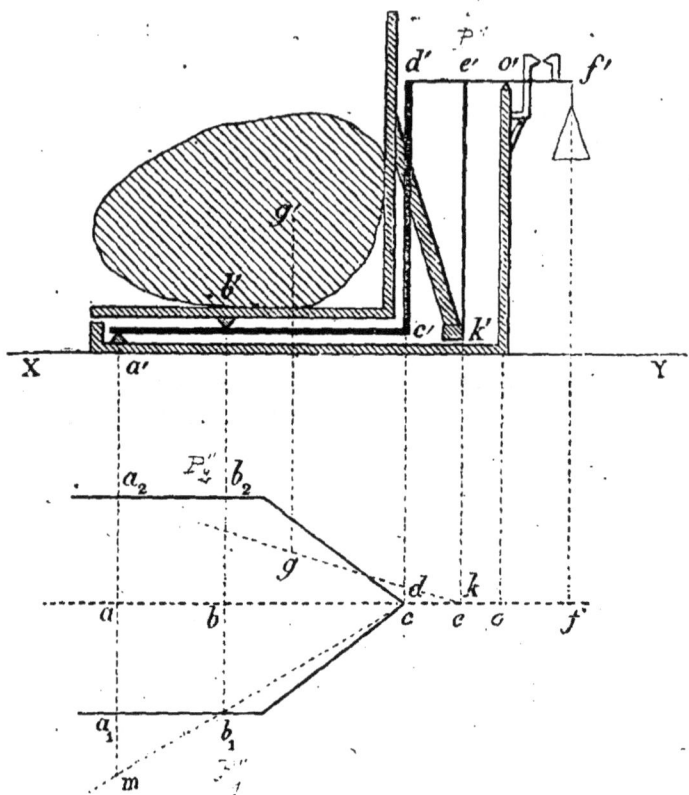

Fig. 125.

D'ailleurs cette force appliquée en dd' peut être remplacée par une force verticale y appliquée en ee', telle que :

$$\frac{y}{x} = \frac{od}{oe};$$

par suite :

$$\frac{x}{P''_1} \times \frac{y}{x} = \frac{ab}{ac} \times \frac{od}{oe},$$

et, en vertu de la relation supposée (1) :

$$y = P''_1.$$

De même, nous prouverons que la force P''_2, qui sollicite le point b_2, peut être transportée en ee'.

En résumé, la machine est sollicitée uniquement par les forces P', P'''_1, P''_2 appliquées en ee', c'est-à-dire par la force P ; tout se passe comme si le corps placé sur le tablier était suspendu en ee'.

Si donc on établit l'horizontalité du fléau dof par des poids marqués Q, placés dans le plateau, on aura la relation :

$$\frac{P}{Q} = \frac{of}{oe}.$$

Par suite, si l'on connaît le rapport des longueurs of et oe, on aura aisément le poids P inconnu.

En général ce rapport est 10 ou 100, de sorte qu'il suffit de multiplier par 10 ou par 100 le poids placé dans le plateau pour obtenir l'inconnue P.

267. — Nous représentons cet appareil en relief dans la figure 124.

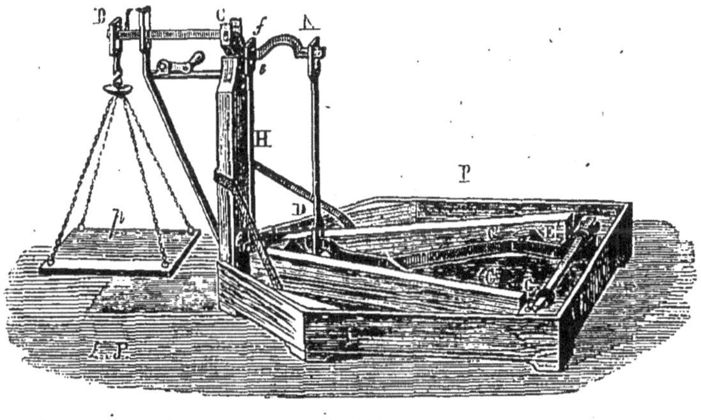

Fig. 124.

On a enlevé le tablier pour montrer la disposition des leviers dont nous venons de voir le fonctionnement.

On remarquera une manette placée au-dessous du levier CB et qui étant relevée lorsque la bascule ne fonctionne pas, fait reposer le tablier sur le socle de l'appareil de manière à épargner les arêtes vives des couteaux.

§ V. — BASCULE ROMAINE, PONTS A BASCULE.

268. — BASCULE ROMAINE (système Béranger).

Cet appareil, représenté en relief figure 125, diffère de la bascule du commerce par le système des leviers, qui permet d'apprécier des poids très considérables; une *romaine* adaptée à cet appareil permet

Fig. 125.

d'arriver très rapidement à la mesure de ces poids. Nous représentons (fig. 126) les deux projections des leviers en les réduisant à la partie théoriquement nécessaire.

Deux leviers du second genre ayant pour axes fixes, l'un $a_1 a_2$, l'autre $b_1 b_2$, supportent le tablier $r's'$: les points d'appui sont au nombre de quatre : $c_1 c_2$, $d_1 d_2$; enfin ces deux leviers sont réunis aux points e, f par une bride qui les oblige à prendre un mouvement commun; au moyen d'une barre eh, fixée au levier $eb_1 b_2$, les deux leviers sont reliés à une tige verticale $h'k'$, qui est accrochée à un levier du premier genre $k' m'$ dont le point fixe est en oo'; c'est le long de la tige $o'm'$ que se déplace un curseur formant romaine, et d'ailleurs un plateau accroché en m' permet aussi d'obtenir une plus grande puissance.

En plaçant un corps pesant sur le tablier, la bride ef tend à s'abaisser, il en résulte une traction de haut en bas, au point kk' du levier $k'm'$, et l'on produit l'horizontalité de ce levier par le déplacement du curseur ou par des poids marqués placés dans le plateau.

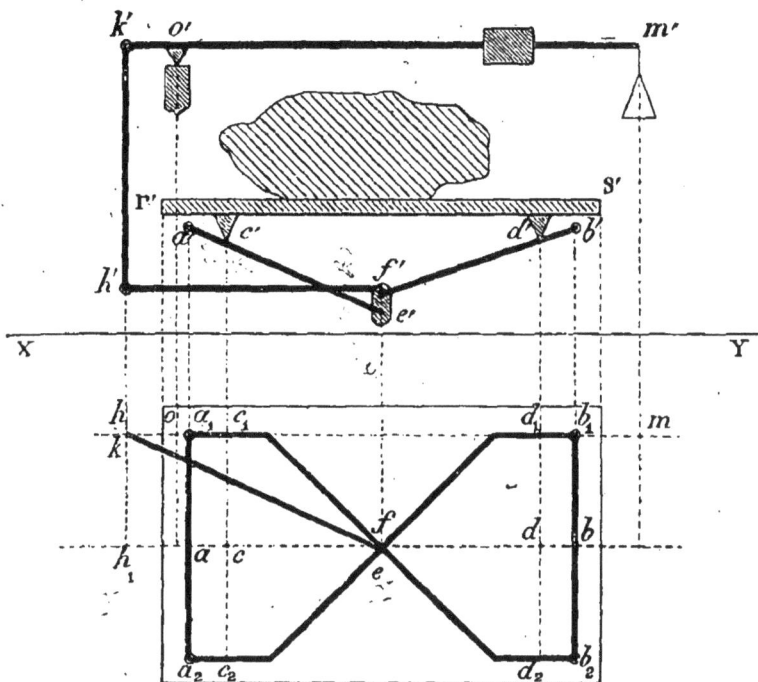

Fig. 126.

269. — Cherchons la relation entre la puissance et la résistance au moment de l'équilibre.

Le poids Q du corps placé sur le tablier se décompose en quatre forces verticales q_1, q_2, q_3, q_4, sollicitant les points d_1, d_2, c_1, c_2 de l'axe :

$$Q = q_1 + q_2 + q_3 + q_4.$$

Nous pouvons remplacer la force q_1 par une force verticale x_1 agissant en e; elle sera telle que les moments par rapport à $b_1 b_2$ soient égaux :

$$\frac{x_1}{q_1} = \frac{bd}{be};$$

il en sera de même des trois autres, et nous aurons en ee' une force verticale ayant pour intensité :

$$X = (q_1 + q_2 + q_3 + q_4) \times \frac{bd}{be},$$

ou :

$$X = Q \times \frac{bd}{be}.$$

Nous remplaçons cette force par la force verticale y agissant en hh' et par suite en kk' ; elle sera telle que l'on ait :

$$Y \times hb_1 = X \times be,$$

d'où :

$$Y = Q \times \frac{bd}{hb_1};$$

Soit P la puissance agissant en mm', la condition d'équilibre sera finalement :

$$P \times om = Q \times \frac{bd}{hb_1} \times oh,$$

d'où :

$$P = Q \times \frac{bd}{hb_1} \times \frac{oh}{om}.$$

Il est dès lors aisé de voir que la machine pouvant être construite de sorte que les rapports

$$\frac{bd}{hb_1} \qquad \text{et} \qquad \frac{oh}{om}$$

aient des valeurs très petites, on fera équilibre à un poids considérable placé sur le tablier au moyen de poids marqués aussi faibles que l'on voudra.

270. — Il faut remarquer dans la romaine adaptée à la bascule de la figure 125, un système commode pour évaluer rapidement les fractions de 10 kilogrammes.

Cette romaine se compose de trois tiges parallèles, dont l'une intermédiaire est terminée par une pointe ; sur cette tige sont marquées les dizaines de kilogrammes : le curseur qui se déplace sur la tige inférieure indique ces dizaines au moment de l'équilibre, tandis qu'un autre curseur plus petit se déplaçant sur la tige supérieure indique les kilogrammes. Ainsi l'équilibre s'obtient par le déplacement des deux curseurs.

On emploie depuis peu de temps dans les gares de chemins de fer des bascules automatiques à cadran, inventées par M. A. Dujour. Dans ces appareils qui réalisent un progrès très important, la charge en kilogrammes du tablier est indiquée par la position d'une aiguille mobile sur un cadran fixe divisé en parties égales.

271. — **PONTS A BASCULE.** Le système adopté pour peser les wagons, les charrettes et les bestiaux est analogue au précédent.

L'appareil (fig. 127) se compose de deux leviers du second genre, dont les axes fixes sont $a_1 b_1$, $a_2 b_2$, sur lesquels s'appuie le pont à l'aide de quatre couteaux c_1, c_2, d_1, d_2 : ces leviers sont liés l'un à l'autre par une bride $e_1 e_2$ qui les oblige à un mouvement commun. Cette bride repose elle-même sur un levier hk dont le point fixe est en hh' ; ce second levier agit au moyen d'une tringle $k'i'$ sur le levier $i'm'$, dont le point fixe est oo' ; la tige $o'm'$ de ce levier est sollicitée en m' par des poids marqués placés sur un plateau.

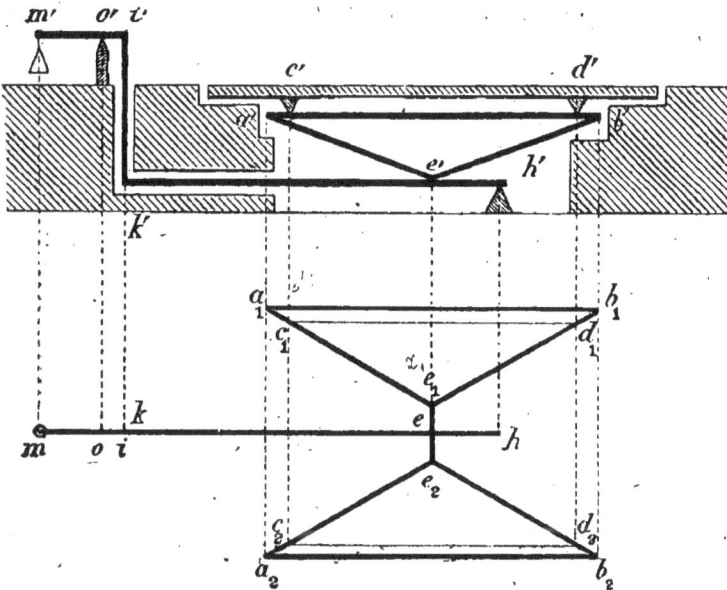

Fig. 127.

La charge que supporte le pont agit de façon à abaisser la bride $e_1 e_2$; par suite le point kk' du second levier tend à descendre, et il est suivi dans ce mouvement par le point ii' du levier $i'm'$; on amène alors l'horizontalité du fléau $i'm'$ par des poids marqués agissant en m'.

272. — Cherchons actuellement la relation entre le poids Q du wagon et la puissance P agissant en m'.

Le poids Q se décompose en quatre forces verticales sollicitant les poids $c_1 d_1 c_2 d_2$: soit $q_1 q_2 q_3 q_4$; la force q_1, qui sollicite le point c_1, peut être remplacée par une force verticale x_1 appliquée en e_1, telle que l'on ait :

$$\frac{x_1}{q_1} = \frac{a_1 c_1}{a_1 e_1},$$

Les deux forces q_1 et q_2, appliquées en $c_1 d_1$, sont donc remplacées par la force verticale :

$$(q_1 + q_2) \times \frac{a_1 c_1}{a_1 e_1}$$

tirant sur le point e_1 : de même, les deux forces q_3 et q_4 seront remplacées par la force verticale

$$(q_3 + q_4) \frac{a_2 c_2}{a_2 e_2}$$

appliquée en e_2 ; ces deux forces peuvent être remplacées par leur somme agissant en ee', c'est-à-dire :

$$Q \times \frac{a_1 c_1}{a_1 e_1},$$

parce que les leviers sont égaux.

Cette force se remplace par une force verticale y appliquée en kk' ou ii', telle que l'on ait :

$$y \times kh = Q \times \frac{a_1 c_1}{a_1 e_1} \times eh,$$

et, la puissance devant faire équilibre à la force y, on a finalement l'équation d'équilibre :

$$P \times o'm' = y \times o'i',$$

d'où :

$$P = Q \times \frac{a_1 c_1}{a_1 e_1} \times \frac{eh}{kh} \times \frac{o'c'}{o'm'}.$$

Comme le constructeur de l'appareil donne la valeur de ces trois rapports, on peut évaluer Q connaissant P.

Nous donnons (fig. 128) le modèle le plus récent de la romaine adaptée aux ponts à bascule. On remarquera leur disposition analogue à celle que nous avons déjà indiquée pour les bascules Béranger. Toutefois, la tige horizontale intermédiaire est graduée en mètres et fractions décimales, et les deux curseurs peuvent parcourir toute la longueur du mètre, en sorte que la lecture du poids se fait avec une grande facilité.

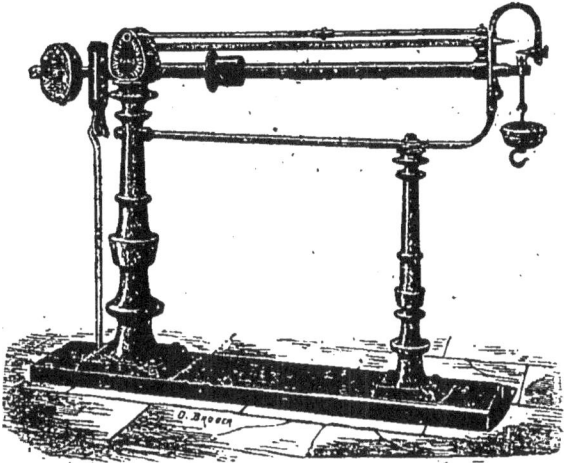

Fig. 128.

§ VI. — * BALANCES DE ROBERVAL ET DE BÉRANGER.

273. — BALANCE DE ROBERVAL. Le but de cette balance est de remplacer les plateaux de la balance ordinaire suspendus au-dessous du fléau par des plateaux placés au-dessus. A cet effet (fig. 129), deux leviers égaux AB, A_1B_1 peuvent osciller autour de leurs points milieux O, O_1 qui sont fixes, et leurs extrémités AA_1 et BB_1 sont reliées par des brides qui les rendent solidaires; lorsque le levier AOB s'incline, les points A et B décrivent des circonférences, mais AA_1 et BB_1 restent parallèles à la verticale OO_1, en sorte que les plateaux fixés perpendiculairement aux brides AA_1 et BB_1 restent horizontaux. Nous allons prouver que l'action du poids d'un corps placé en C sur l'un des plateaux est remplacée par une force verticale égale à ce poids appliquée en A, et cela quelle que soit la position du corps pesant sur le plateau.

En effet, soit C le point où la verticale du point G rencontre le plateau horizontal; nous décomposons le poids Q en deux forces CE, CF dirigées suivant CA_1 et AC : ces forces agissent directement sur les . points A_1 et A en A_1S et AM; nous décomposons de nouveau chacune de ces forces en deux : A_1P et A_1R, puis AN et AL : il est visible que les composantes A_1P et AN sont détruites par la fixité des points O_1

et O ; il reste donc les forces verticales A_1R et AL de sens contraire :
or, si nous menons FI parallèle à OA, les triangles FCl et FDI seront
respectivement égaux aux triangles AML et A_1RS, car ces triangles

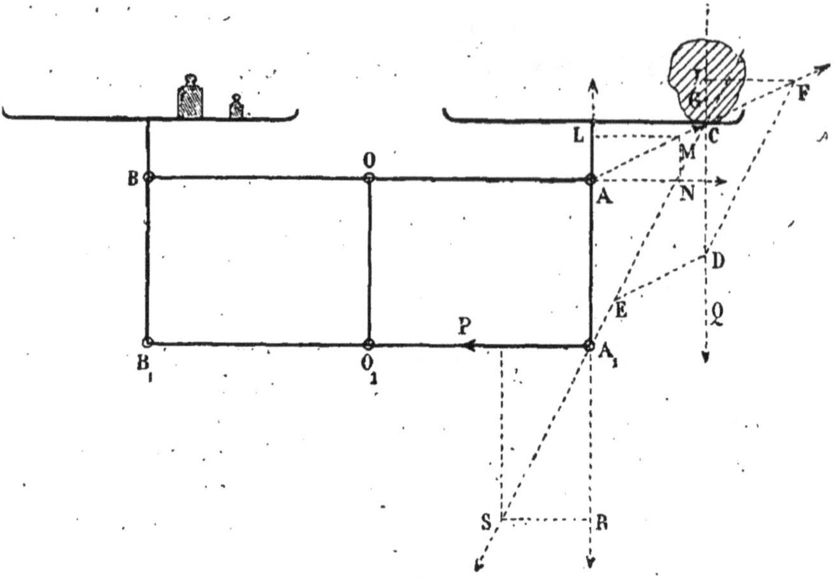

Fig. 129.

sont semblables et les hypoténuses sont égales entre elles deux à
deux ; donc :

$$A_1R - AL = DI - CI = CD = Q.$$

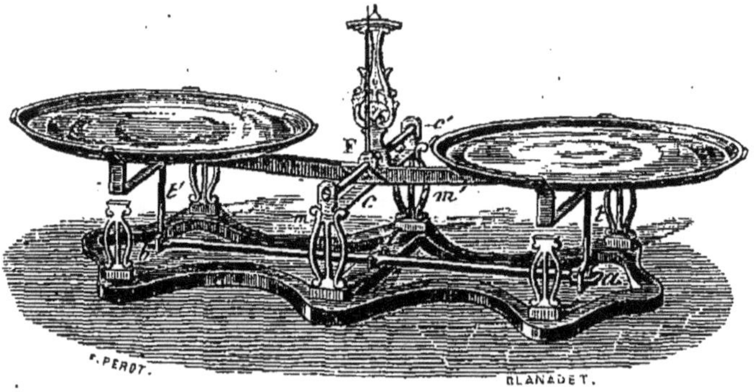

Fig. 130.

Tout se passe donc comme si le corps était suspendu au point A.
Par suite, en établissant l'horizontalité de AB avec des poids marqués
placés dans l'autre plateau, on aura la mesure du poids du corps.

Nous ferons remarquer que cet instrument est très défectueux dans la pratique : le principe dont il dépend est exact, mais il suppose des assemblages de leviers qui ne sont pas réalisables avec une précision suffisante : il en résulte que l'usage de cette balance nous semble devoir être supprimé.

Nous donnons dans la figure 130 une des formes usitées de cette balance.

274. — BALANCE DE BÉRANGER. Cet instrument est bien supérieur à la balance de Roberval, à laquelle il emprunte d'ailleurs la propriété principale, en même temps qu'il rappelle la bascule du système Quintenz.

Cette balance (fig. 131, 132) se compose d'un rectangle $a' k'$, $a_1 a_2 k_1 k_2$ invariable qui peut osciller autour de sa ligne médiane $o_1 o_2$ qui est horizontale : en $a_1 a_2$ sont articulées deux tiges qui mettent ce levier en rapport avec une fourche $b_1 c b_2$: c'est sur cette pièce qu'on a fixé le plateau m' au moyen d'un support bifurqué $h_1 h_2$; le sommet cc' de cette fourche est relié par une bride $c' d'$ à un levier $id\ i' d'$, mobile autour du point ii', et ce levier est relié au fléau rectangulaire par une fourche à laquelle il est articulé en ee', et qui s'appuie sur le fléau en $f_1 f_2$. L'appareil est symétrique par rapport au plan vertical qui passe par $o_1 o_2$.

Il est d'abord important de voir que la fourche $b_1 c b_2$ reste horizontale pendant l'oscillation du fléau ; cela résulte de la proportion :

$$\frac{id}{ie} = \frac{o_1 a_1}{o_1 f_1} \qquad (1)$$

que le constructeur doit établir entre les pièces de l'appareil. Supposons alors que le fléau trébuche à gauche, le point A s'abaissant verticalement de la hauteur h, chacun des points $B_1 B_2$ s'abaissera de la même hauteur ; mais chacun des points $F_1 F_2$ s'abaisse de la quantité :

$$h \times \frac{o'f'}{o'a'},$$

Il en est donc de même du point E ; par suite de la fixité du point I, le point D, ou le point C, s'abaissera de :

$$h \times \frac{o'f'}{o'a'} \times \frac{i'd'}{i'e'}.$$

laquelle quantité est égale à h, puisque les deux autres facteurs sont inverses l'un de l'autre d'après (1).

Donc le plan de la fourche restera horizontal pendant le mouvement d'oscillation du fléau.

Supposons alors un corps de poids Q posé sur le plateau M : la force verticale Q pourra être décomposée en trois forces verticales $Q' Q''_1 Q''_2$ appliquées aux points $C_1 B_1 B_2$: les forces Q''_1 et Q''_2 agissant directement aux points $A_1 A_2$ du fléau, occupons-nous de la composante Q' : nous l'appliquons en D, elle peut alors être remplacée par une force verticale x sollicitant le point E, de sorte que l'on ait :

$$x \times ie := Q' \times id,$$

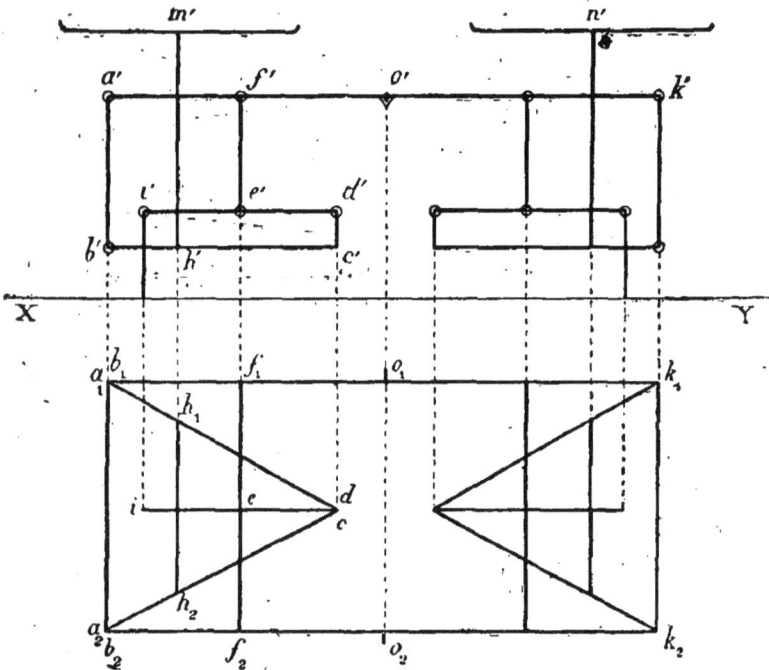

Fig. 131.

Cette force x peut alors être décomposée en deux forces verticales et égales x_1 et x_2, appliquées au fléau en F_1 et F_2 ; on aura donc :

$$x_1 \times ie = \frac{Q'}{2} \times id, \qquad (2)$$

Or, la force x_1 sollicitant le fléau en F_1, peut être remplacée par une force verticale y_1 appliquée en A_1, et telle que l'on ait :

$$y_1 \times o_1 a_1 = x_1 \times o_1 f_1, \qquad (3)$$

et alors, en multipliant membre à membre (2) et (3), on obtient :

$$y_1 = \frac{Q'}{2},$$

à cause de la relation (1). De même, la composante x_2 se remplace par une force égale à $\frac{Q'}{2}$ et appliquée en A_2 :

En résumé, l'appareil est sollicité par les forces Q''_1 et $\frac{Q'}{2}$ appliquées en A_1, et par les forces Q''_2 et $\frac{Q'}{2}$ appliquées en A_2.

Fig. 152.

Or, la somme de ces quatre forces est précisément Q, et elles agissent sur le fléau comme une force égale à ce poids appliquée en un point de $A_1 A_2$.

Pour la même raison, quelle que soit la partie du plateau N où l'on place les poids marqués, ceux-ci agiront comme s'ils sollicitaient un point de $K_1 K_2$, et par suite l'horizontalité du rectangle $A_1 K_1 A_2 K_2$ se produira quand des poids égaux seront placés dans les plateaux et réciproquement.

Nous donnons (fig. 152) le modèle usité de la balance Béranger.

CHAPITRE VI

POULIES

§ I. — POULIE FIXE.

275. — La POULIE FIXE représentée figure 133 est un cylindre dont la hauteur est une fraction du rayon ; elle est mobile autour de son axe de figure, et cet axe est supporté par une pièce métallique appelée *chape*, laquelle est suspendue à un support fixe ; enfin la surface latérale du cylindre est creusée en *forme de gorge* sur laquelle s'enroule une corde ; c'est aux extrémités de cette corde que sont appliquées la puissance et la résistance.

276. — Nous réduisons cette machine à un cercle (fig. 134) mobile dans son plan autour de son centre, et la corde à une ligne mathématique.

Soit P la puissance et Q la résistance : on peut les supposer appliquées aux points A et B, tangentiellement à la poulie ; la machine est alors un levier dont O est le point fixe : or les bras de levier des deux forces sont égaux, donc il faut et il suffit que ces forces soient égales.

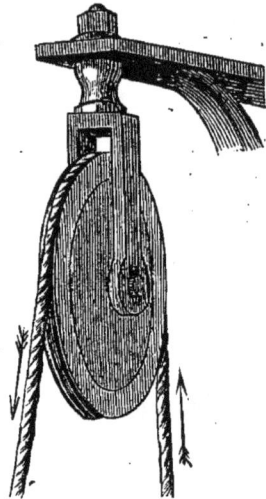

Fig. 133.

On voit que cette machine peut servir uniquement à transformer la direction dans laquelle agit la puissance ; ainsi, nous pouvons exercer facilement une traction de haut en bas par notre poids, et l'emploi de la poulie fixe nous permettra d'élever un fardeau.

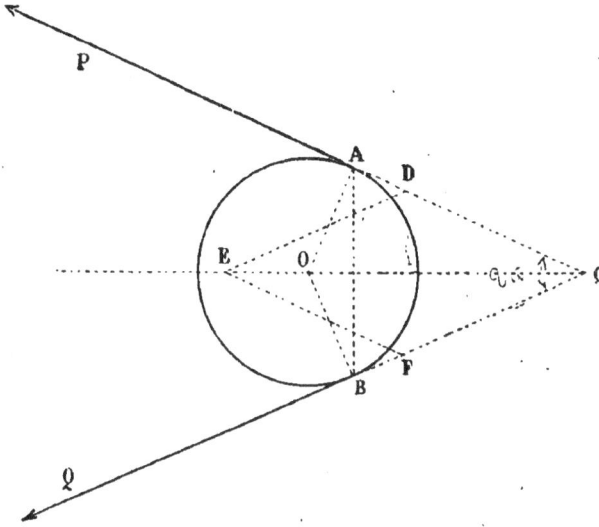

Fig. 134.

277. — Charge du point fixe. La poulie s'appuyant sur le point O, la charge de ce point est la résultante des deux forces P et Q. Prenons $CD = P$, et menons DE parallèle à CB : CE est la résultante de ces forces et, par suite, c'est aussi la charge du point O.

Les triangles CDE, OAB, qui ont leurs côtés respectivement perpendiculaires, nous donnent :

$$\frac{CE}{CD} = \frac{AB}{OA}.$$

Ce qu'on énonce en disant :

La charge de l'axe d'une poulie fixe est à la résistance comme la sous-tendante de l'arc embrassé par la corde est au rayon de la poulie.

D'ailleurs, si l'on désigne par 2α l'angle que font entre eux les deux brins de corde, on a :

$$CE = 2Q.\cos \alpha.$$

C'est la valeur numérique de la charge de l'axe de la poulie.

§ II. — POULIE MOBILE.

278. — Dans la ʀᴏᴜʟɪᴇ ᴍᴏʙɪʟᴇ (fig. 135) la résistance âgit sur la chape et par suite au centre de la poulie ; la corde a *un point fixe*, et la puissance s'exerce à l'autre extrémité.

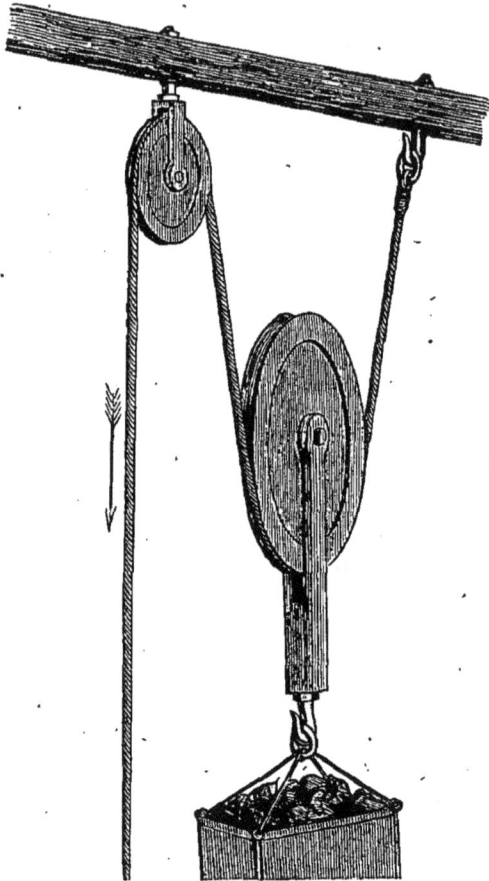

Fig. 135.

Soit C (fig. 136) le point fixe du cordon ; nous pouvons toujours imaginer une force N dirigée suivant AC, et remplaçant sur la corde l'action du point C. Dès lors, la poulie est un corps entièrement libre, et sollicité par les trois forces P, Q, N ; il faut donc et il suffit pour l'équilibre que la force Q soit égale et contraire à la résultante des forces P, N.

Donc déjà la direction de la résistance doit contenir le point E de concours des brins de corde AC, BD ; et la résultante des forces P et N devant être dirigée suivant EO bissectrice de leur angle, ces forces sont égales.

Ainsi, nous arrivons à dire que la force de réaction N que nous avons introduite pour remplacer la fixité du point C a même intensité que la puissance.

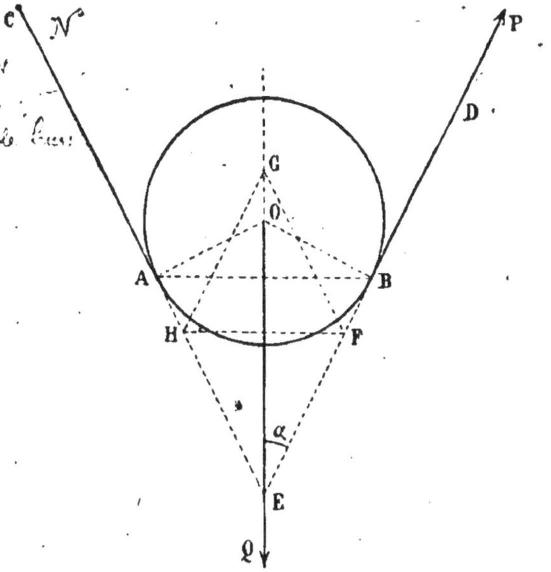

la Résulte de P et N doit passer en E point de Concours de leur di ....

Fig. 136.

Composons les deux forces P et N, et soit EG leur résultante ; la condition finale sera donc, pour l'équilibre, que EG soit de même intensité que la force Q. Ce résultat conduit à l'énoncé suivant :

Il faut et il suffit, pour l'équilibre de la poulie mobile, que la puissance soit à la résistance comme le rayon de la poulie est à la soustendante de l'arc embrassé par la corde.

On obtient, en effet, par la similitude des triangles AOB, EFG :

$$\frac{EF}{EG} = \frac{OB}{AB}.$$

279. — En second lieu, si nous représentons par α l'angle que le brin de corde fait avec la direction de la résistance, nous avons visiblement :

$$EG = 2EF \times \cos \alpha ;$$

d'où la nouvelle forme de la condition d'équilibre :

$$Q = 2P \cos \alpha,$$

ou :

$$P = Q \times \frac{1}{2 \cos \alpha}.$$

Il en faut conclure que la puissance sera plus petite ou plus grande que la résistance, suivant que $(2 \cos \alpha)$ sera supérieur ou inférieur à l'unité, et que le *minimum* de la puissance correspond au cas où $(2 \cos \alpha)$ est maximum. Or,

$$\cos 60^0 = \frac{1}{2} ;$$

donc :

$\alpha = 0 \quad P = \frac{Q}{2}$ minimum de la puissance,

$\alpha < 60 \quad P < Q$ la puissance a toujours l'avantage,

$\alpha = 60 \quad P = Q$

$\alpha > 60 \quad P > Q$ la résistance a toujours l'avantage,

$\alpha = 90 \quad P = \infty$ impossibilité.

Ainsi *le minimum de la puissance est atteint quand les brins de corde sont parallèles à la résistance,* c'est généralement ainsi que l'on emploie la poulie mobile (fig. 137).

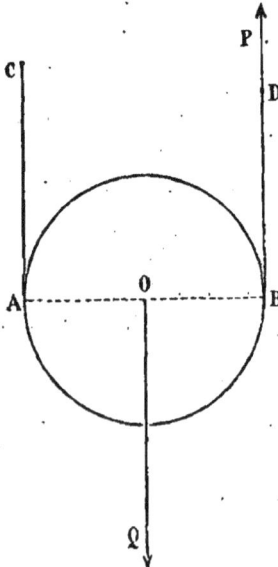

Fig. 137.

Enfin, si l'on veut tenir le cordon CD horizontal, par exemple, la

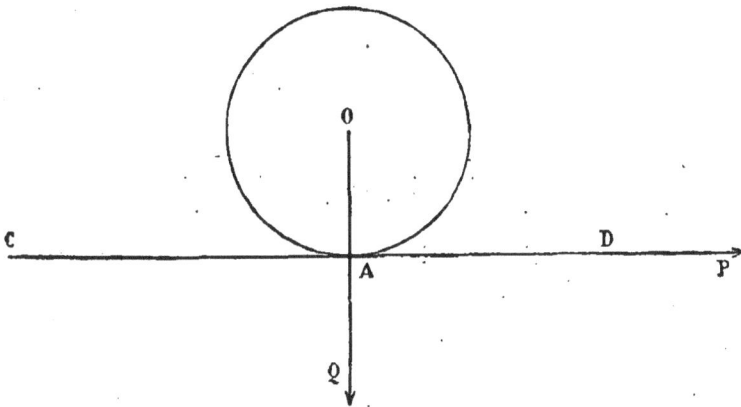

Fig. 138.

résistance étant verticale, il y a impossibilité (fig. 138); il faut une
puissance infinie.

§ III. — SYSTÈMES DE POULIES.

280. — Une première disposition quelquefois employée est
figurée ici (fig. 159) : le poids Q à élever, par exemple, est suspendu
à la chape d'une première poulie mobile O, dont la corde est fixée
en A, l'autre extrémité étant accrochée à la chape d'une seconde
poulie mobile O′; de même, le cordon de cette seconde poulie est
fixé en A′, et l'autre extrémité est accrochée à la chape d'une troisième poulie mobile O″, et ainsi de suite; enfin la corde de la dernière poulie mobile passe sur une poulie fixe B, et c'est à l'extrémité C de cette corde que l'on fait agir la puissance P.

Les brins de corde étant supposés parallèles pour les poulies
mobiles, et le nombre de ces poulies étant n, nous voyons que la
résistance appliquée à la poulie O′ est $\frac{Q}{2}$; de même la résistance relative à la poulie O″ est $\frac{1}{2} \times \frac{Q}{2}$, et par conséquent, la résistance qui
sollicite la $n^{\text{ième}}$ poulie mobile est :

$$\frac{Q}{2^{n-1}}.$$

Donc l'équilibre entre cette force et la puissance P, qui agit sur la corde de cette poulie, a lieu quand on a :

$$P = \frac{1}{2} \frac{Q}{2^{n-1}},$$

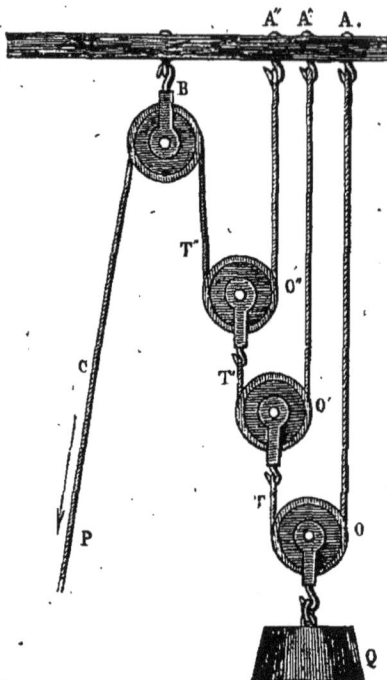

Fig. 139.

ou :

$$P = \frac{Q}{2^n}.$$

281. — MOUFLE. On appelle ainsi un assemblage de plusieurs poulies dans une même chape : le plus souvent les poulies sont de même rayon et sont montées sur un même axe (fig. 140) qui fait corps avec la chape.

D'autre fois, les poulies inégales ont des axes différents, mais ces axes font partie de la même chape (fig. 141).

Lorsque les poulies sont ainsi assemblées, on dit qu'elles sont *mouflées*.

282. — PALAN. On appelle PALAN un système de deux moufles l'une fixe, et l'autre mobile, qui sont reliées par une corde passant alternativement sur une poulie de chaque moufle.

Dans chacune de ces dispositions (fig. 140 et 141), nous supposons les cordes parallèles ; alors la chape de la moufle mobile est

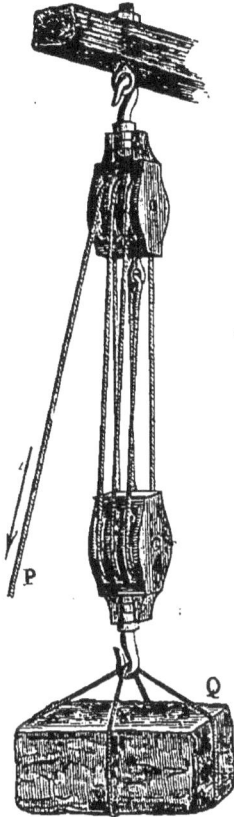

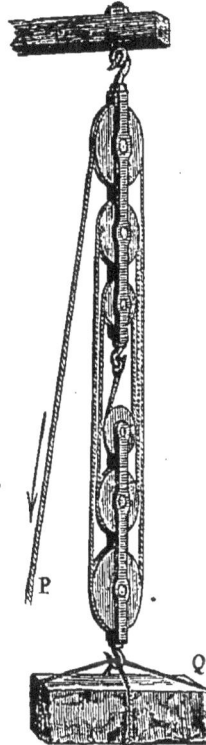

Fig. 140.   Fig. 141.

sollicitée par autant de forces égales à 2P qu'il y a de poulies : si donc le nombre des poulies d'une des moufles est n, l'équilibre sera atteint quand on aura :

$$Q = 2n\,P,$$

d'où :

$$P = \frac{Q}{2n}.$$

Si l'on représente par n' le nombre des brins de corde entre les deux moufles, on aura :

$$P = \frac{Q}{n'}.$$

283. — `POULIES DIFFÉRENTIELLES. On emploie aussi quel-
quefois une disposition représentée (fig. 142), dans
laquelle on trouve deux poulies fixes centrées sur le
même axe, mais de rayons différents, et une poulie
mobile reliée à celles-ci par une chaine qui s'enroule
sur l'une des premières poulies pendant qu'elle se
déroule sur l'autre ; nous laissons au lecteur le soin
de prouver qu'en supposant les brins de corde parallèles, et représentant par R, r les rayons des
poulies fixes, P et Q la puissance et la résistance,
la relation d'équilibre est :

$$P = \frac{Q(R - r)}{2R}.$$

Fig. 142.

Ce qui permet de donner un grand avantage à la
puissance, en diminuant la différence (R — r), sans pour cela nuire
à la solidité de la machine.

CHAPITRE VII

TREUIL

§ I. — ÉQUILIBRE DU TREUIL.

284. — Le TREUIL ou TOUR (fig. 143) est une machine simple composée d'un corps solide qui ne peut que tourner autour d'une droite : on lui donne la forme d'un cylindre ou ARBRE qui peut tourner autour de son axe de figure : une corde fixée en l'un des points de

Fig. 143.

l'arbre s'enroule sur ce cylindre, l'autre extrémité est sollicitée par la résistance. Une pièce appelée MANIVELLE est fixée à l'arbre perpendiculairement à son axe : c'est à l'extrémité de cette barre et normalement à sa direction qu'agit la puissance.

285. — **Condition d'équilibre du treuil.** Il faut et il suffit, d'après la condition générale d'équilibre d'un corps solide qui ne peut que tourner autour d'un axe, que la somme des moments des forces par rapport à l'axe soit nulle.

Nous sommes ainsi conduit à projeter la figure sur un plan perpendiculaire à l'axe : soit O (fig. 144) la projection de l'axe, le cercle OA représente la projection de l'arbre, OB celle de la mani-velle, dont l'extrémité décrit la circonférence figurée en pointillé ;

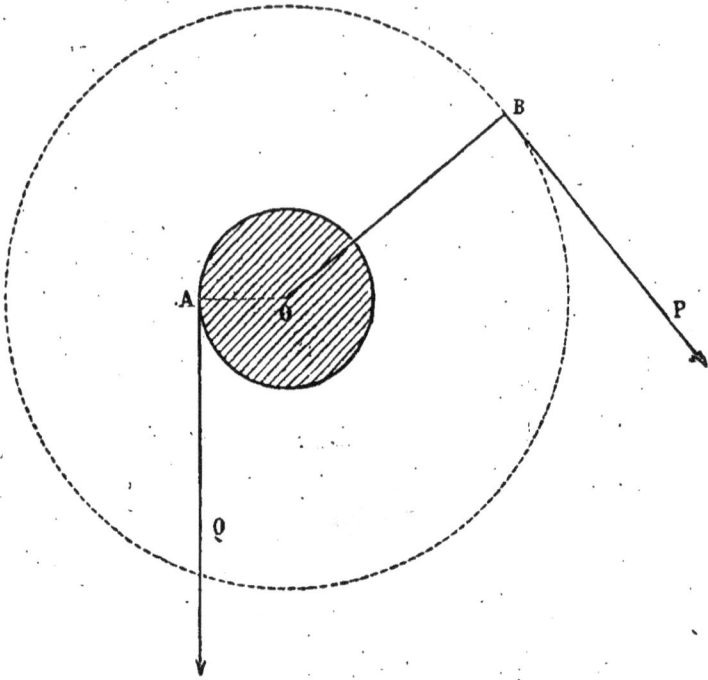

Fig. 144.

les moments des forces devant être égaux et de signes contraires, on a :

$$P \times R = Q \times r. \qquad \mathrm{ou} \quad \frac{P}{Q} = \frac{r}{R}$$

L'équilibre du treuil exige donc que la puissance soit à la résistance comme le rayon de l'arbre est à la longueur de la manivelle.

On voit ainsi que pour équilibrer une résistance donnée, on pourra utiliser une puissance beaucoup moindre : il suffira de prendre les rayons r et R dans un rapport très faible. Toutefois il faut que l'arbre puisse résister à la force Q, et que la circonférence décrite par le point B ne soit pas trop grande.

286. — Pressions supportées par l'axe du treuil. Soit B (fig. 145) le point d'action, à un moment quelconque, de la puissance. Nous menons par l'axe MN un plan perpendiculaire à la direction de la résistance, qui coupe en OA le cercle suivant lequel la corde est enroulée, et qui détermine le rayon $\overset{\smile}{OC}$ dans le cercle que décrit l'extrémité de la manivelle.

Appliquons au point C supposé lié invariablement au treuil deux forces P′, P″ parallèles à Q, de sens contraire et égales à P.

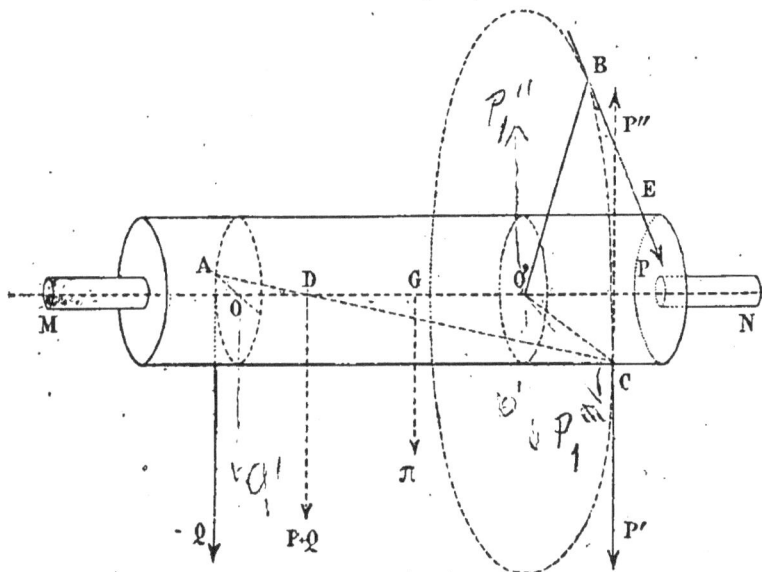

Fig. 145.

Il est clair que nous ne changeons pas ainsi l'état du système ; mais alors les forces P et P″ admettent une résultante qui, étant dirigée suivant la bissectrice de l'angle que forment les directions de ces forces égales, rencontre l'axe en 0.

D'autre part, les forces P′ et Q admettent une résultante qui passe par le point D où MN est rencontrée par AC, parce que l'on a, dans les triangles semblables OAD, O′CD :

$$\frac{DA}{DC} = \frac{r}{R},$$

et par suite de la condition d'équilibre :

$$\frac{DA}{DC} = \frac{P}{Q}.$$

D'ailleurs, comme on a aussi :

$$\frac{DO}{DO'} = \frac{DA}{DC} = \frac{P}{Q},$$

tout se passe comme si les deux forces Q et P′ étaient appliquées aux points O et O'. de l'axe; il reste à tenir compte de la résultante O'E des forces P et P'' : celle-ci, que l'on peut appliquer en O', se décompose de nouveau en deux forces P_1 et P''_1, égales et parallèles à P et P'' : donc la force P''_1 détruit la force P' agissant en O', et il reste en ce point la force P_1.

En résumé, pour calculer les pressions supportées par l'axe du treuil, nous pouvons considérer la puissance et la résistance comme transportées parallèlement à elles-mêmes, l'une en O', l'autre en O. On décomposera alors chacune de ces forces en deux autres parallèles et de même sens agissant en M et N, et l'on composera en chacun de ces points les deux forces concourantes qui le sollicitent.

Enfin, si l'on veut tenir compte du poids de la machine elle-même, on décomposera de même le poids π, sollicitant le point G en deux forces agissant en M et N.

287. — Nous allons examiner quelques dispositions particulières données au treuil.

§ II. — TREUIL DES CARRIERS.

288. — Pour amener à la surface du sol les produits des car-

Fig. 146.

rières, on utilise souvent le poids de l'homme ; à cet effet, on centre

sur l'axe de l'arbre d'un treuil une grande roue dont la circonférence est munie de chevilles (fig. 146) : le manœuvre monte le long
de cette sorte d'échelle, et son poids équilibre à tout instant le poids
des corps que l'on veut amener au niveau du sol.

289. — Condition d'équilibre. L'équilibre peut se déduire aisément des résultats trouvés : en effet, le manœuvre étant en B
(fig. 147), son poids P se décompose en deux forces P' et P″, l'une

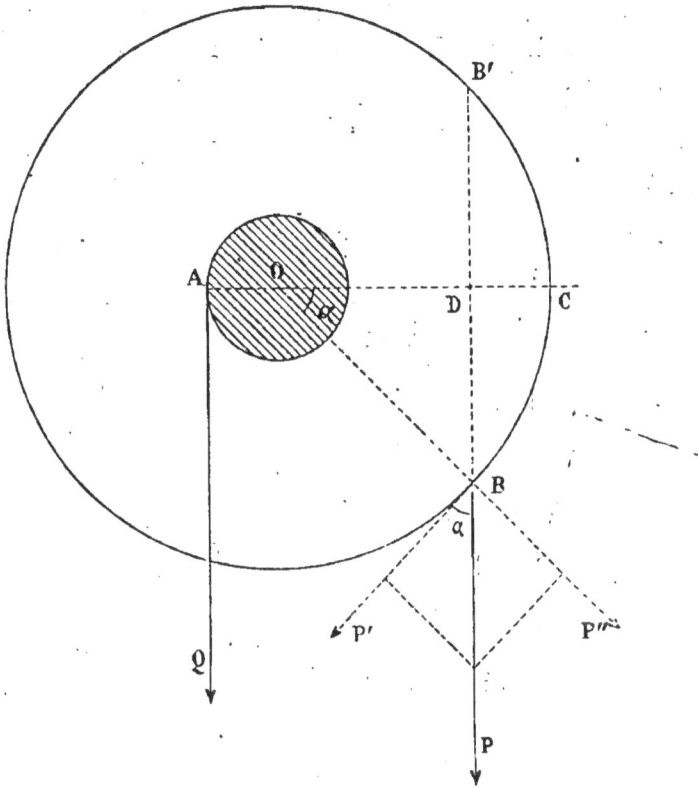

Fig. 147.

tangente, et l'autre normale à la roue ; il est clair que P″ n'a aucun
effet sur le mouvement possible du système, et qu'il reste la force
P′ = P cos α ; nous rentrons dans les conditions déjà étudiées, qui
donnent :

$$PR \cos \alpha = Qr,$$

d'où :

$$P = Q \times \frac{r.}{R \cos \alpha}.$$

D'ailleurs on peut encore dire qu'il faut et il suffit pour l'équilibre que les deux forces P et Q aient des moments égaux et de signes contraires par rapport à l'axe, ce qui donne :

$$P \times OD = Q \times OA.$$

Or, $OD = R \cos \alpha$; donc nous retrouvons :

$$PR \cos \alpha = Qr.$$

Mais il ne pourra y avoir équilibre que si l'angle α existe, c'est-à-dire si l'on a :

$$Qr < PR$$

ou :

$$Q < P \times \frac{R}{r}.$$

Dans l'hypothèse contraire, le fardeau à élever est trop lourd.

290. — Stabilité de l'équilibre. Nous venons de voir qu'il y a équilibre si les forces satisfont à la relation :

$$P \times OD = Q \times OA ;$$

Or il y a deux points B et B′ de la roue qui satisfont à cette condition, et ces points sont symétriques par rapport à OC.

Si nous supposons que le manœuvre soit en B′, il est clair que tendant toujours à monter, le moment de son poids va décroître : comme d'ailleurs le moment de la résistance conserve toujours la même valeur, le treuil tendra à prendre un mouvement inverse de celui que l'on veut produire : autrement dit l'équilibre est *instable*.

Il n'en est plus de même pour la position B; si, en effet, le manœuvre monte un peu plus qu'il ne s'abaisse par le mouvement de la roue, le moment de son poids croît, et le mouvement du système tend à s'accélérer.

En résumé, il faudra toujours que le centre de gravité du manœuvre soit au-dessous du plan horizontal contenant l'axe du treuil, et on utilisera une plus grande partie de son poids en le mettant le plus près possible de ce plan.

§ III. — MANÈGE, CABESTAN.

291. — Ces machines sont des treuils à axes verticaux : par exemple, dans le CABESTAN (fig. 148) on fixe à l'arbre des manivelles

horizontales : à l'extrémité de chacune d'elles un ou plusieurs ma-
nœuvres exercent une force horizontale. Si donc on représente par n
le nombre des puissances supposées égales à P, par R la distance de

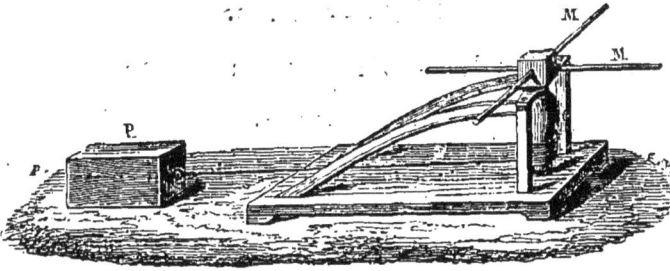

Fig. 148.

chacune à l'axe, par r le rayon de l'arbre et par Q la résistance, on
aura pour l'équilibre :

$$n\text{PR} = Qr;$$

d'où :

$$P = Q \times \frac{r}{n\text{R}}.$$

Cette disposition est toujours employée en marine, par exemple
lorsque l'on veut lever l'ancre.

§ IV. — CHÈVRE.

292. — La CHÈVRE est une combinaison du treuil et de la poulie :
on en fait un usage fréquent dans les travaux de maçonnerie pour
porter les matériaux jusqu'aux étages supérieurs des édifices.

Le système le plus communément employé se compose d'un grand
châssis triangulaire en bois (fig. 149) dont les deux montants sont
maintenus par de fortes traverses : un treuil est placé près de sa
base, et la corde qui est attachée à la surface de l'arbre va s'engager
sur une poulie fixe placée à la partie supérieure du châssis ; à l'autre
extrémité est suspendu le corps qu'il s'agit d'élever.

Dans d'autres cas on emploie en même temps une poulie mobile,
et la corde est alors fixée au montant de l'appareil ; dans la disposition (fig. 150) qu'on appelle *chèvre verticale*, on a remplacé le
châssis triangulaire par un mât, ou longue poutre, qui est tenu verticalement par des cordes ou *haubans :* au sommet se trouvent trois

poulies fixes disposées en triangle dont le but est évident, enfin le treuil et le fardeau étant placés de part et d'autre du mât, les trac-

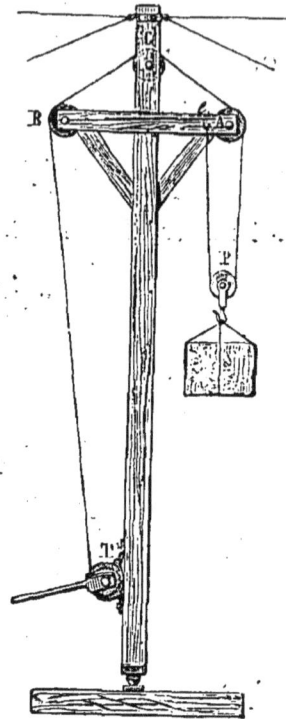

Fig. 149.

Fig. 150.

tions du treuil et du poids soulevé s'exercent symétriquement, de sorte que les haubans supportent un faible effort pour maintenir le mât vertical.

293. — Condition d'équilibre. La condition d'équilibre est évidente : soit P le poids à soulever, r le rayon de l'arbre, R la longueur de la manivelle et Q la force puissance; nous devrons avoir :

$$\frac{P}{2} \times r = Q \times R;$$

d'où :

$$Q = P \times \frac{r}{2R}.$$

§ V. — TREUIL DIFFÉRENTIEL.

294. — Nous avons vu que dans le treuil ordinaire on ne pouvait pas diminuer indéfiniment le rapport $\frac{r}{R}$, et que par suite on ne
pouvait pas équilibrer une résistance avec une puissance aussi petite
qu'on le voulait. On a imaginé le TREUIL DIFFÉRENTIEL (fig. 151) pour
obvier à cet inconvénient.

Fig. 151.

Il se compose de deux arbres solidaires l'un de l'autre, ayant
même axe, mais des diamètres différents.

Les extrémités de la corde sont fixées sur les arbres; elle s'enroule
sur l'un et se déroule sur l'autre; enfin la résistance agit sur la
chappe d'une poulie mobile sur la gorge de laquelle s'engage la
corde.

295. — **Condition d'équilibre.** Projetons la figure sur un plan
perpendiculaire à l'axe; soit (fig. 152) $r > r'$ les rayons des deux
arbres, R la longueur de la manivelle, P la puissance et Q la résistance. Nous supposons les brins de corde de la poulie parallèles à la

résistance : la somme des moments par rapport à l'axe devant être nulle, on a :

$$\frac{Q}{2} r = \frac{Q}{2} r' + PR \; ;$$

d'où :

$$P = Q \times \frac{r - r'}{2R}.$$

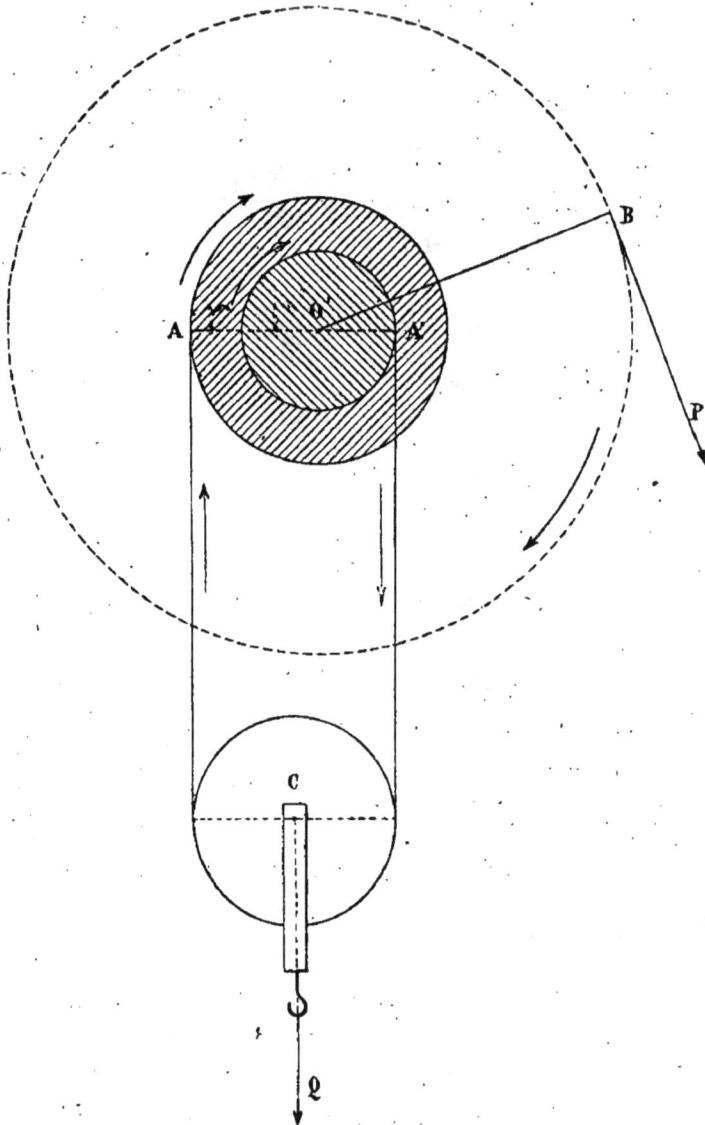

Fig. 152.

:On conçoit donc que l'on puisse équilibrer la résistance avec une puissance aussi faible que l'on voudra : pour cela il suffira de donner à $(r - r')$ une valeur suffisamment petite ; on pourra le faire sans compromettre la solidité de l'arbre.

§ VI. — ·TREUIL A ROUES DENTÉES.

296. — Notions sur les roues dentées. Considérons deux arbres parallèles O, O' (fig. 155) sur lesquels sont centrées des roues A et A', ou cylindres, qui sont en contact en M : supposons de plus que ces roues soient suffisamment pressées l'une contre l'autre pour que l'une conduise l'autre, c'est-à-dire qu'en faisant tourner la roue A,

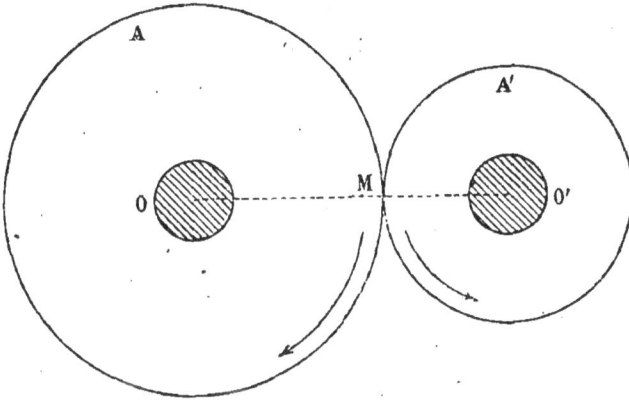

Fig. 153.

par exemple, elle entraine la roue A' sans glissement. Il est clair que les mouvements de sens inverse qui vont se produire seront tels que des arcs égaux des deux roues s'appliqueront l'un sur l'autre ; il en résulte que si R et R' sont les rayons de ces roues et n et n' les nombres de tours qu'elles exécutent dans le même temps, on aura :

$$2\pi R n = 2\pi R' n'$$

ou :

$$\frac{n}{n'} = \frac{R'}{R}.$$

Les nombres de tours exécutés dans le même temps sont en rapport inverse des rayons.

297. — Nous avons supposé *a priori* que la pression de l'une des roues sur l'autre était suffisante pour produire le mouvement sans

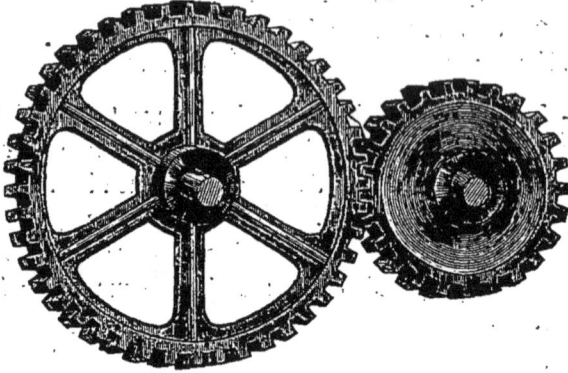

Fig. 154.

glissement : en réalité il est impossible de compter sur ce résultat ; alors (fig. 154) on pratique sur les circonférences des dents égales

Fig. 155.

et des creux alternatifs ; il est évident que si l'on s'arrange de manière que les dents de l'une des roues s'engagent successivement dans les

creux de l'autre, le mouvement de l'une des roues entraînera
l'autre.

Mais il restera à déterminer la forme des dents par la condition que
le mouvement commun soit précisément celui des circonférences
primitives. Nous supposerons cette condition remplie.

298. — Les treuils employés le plus souvent, quand il s'agit
d'équilibrer des résistances considérables, portent une grande roue
dentée (fig. 155) centrée sur l'arbre; une seconde roue dentée,
d'un rayon beaucoup moindre, appelée *pignon*, engrène avec la
première et la conduit : la manivelle fait corps avec le pignon, et la
puissance agissant perpendiculairement à cette manivelle équilibre
la résistance.

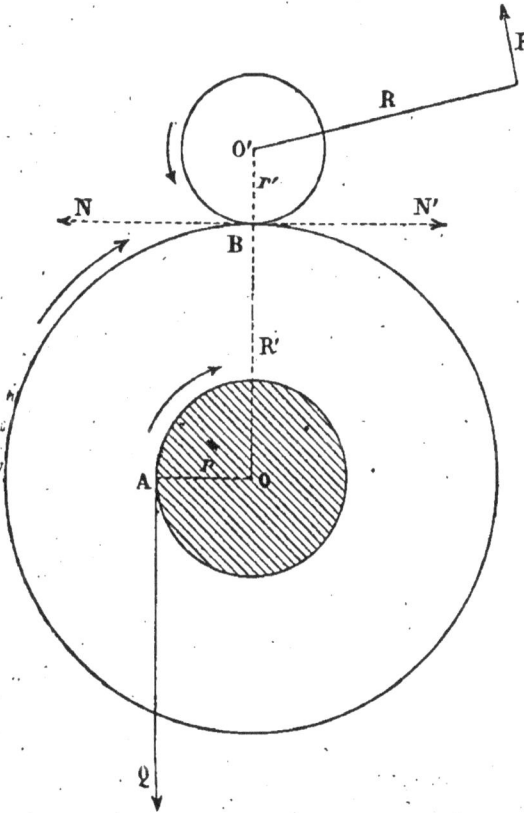

Fig. 156.

Cherchons la condition d'équilibre d'un pareil système : pour cela
projetons la figure sur un plan perpendiculaire à l'axe du treuil
(fig. 156), en réduisant les roues aux circonférences primitives.

Au point de contact B la dent du pignon exerce sur la dent de la roue une pression N′ qui est équilibrée par une pression égale N exercée par la dent de la roue sur celle du pignon. Or, le pignon est en équilibre sous l'action des forces P et N, ce qui donne :

$$PR = Nr' ;$$

puis le treuil est en équilibre sous l'action des forces Q et N′, d'où :

$$NR' = Qr.$$

En multipliant membre à membre les deux égalités, nous obtenons visiblement :

$$P = Q \times \frac{rr'}{RR'}.$$

Le rapport de la puissance à la résistance est égal au rapport du produit des rayons du pignon et de l'arbre au produit des rayons de la roue et de la manivelle.

Il est donc aisé de comprendre l'avantage de cette disposition, qui

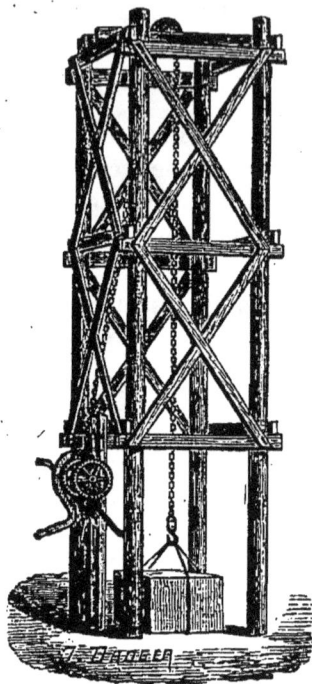

Fig. 157.

augmente évidemment l'action de la puissance sur le treuil. On peut d'ailleurs augmenter encore cette action en remplaçant le treuil O′ par une disposition du même genre.

Dans la chèvre verticale (fig. 150), dans le MONTE-CHARGE (fig. 157), on emploie exclusivement cette disposition du treuil; il en est de même pour la grue, dont nous allons parler.

§ VII. — *GRUE.

299. — La GRUE sert, comme la chèvre, à élever des fardeaux à une certaine hauteur, mais de plus elle permet de les transporter d'un endroit à un autre.

La partie de l'appareil (fig. 158 et 159) qui sert à l'élévation du poids présente les mêmes dispositions que la chèvre; mais tout l'appareil peut tourner sur une crapaudine, de sorte que le fardeau

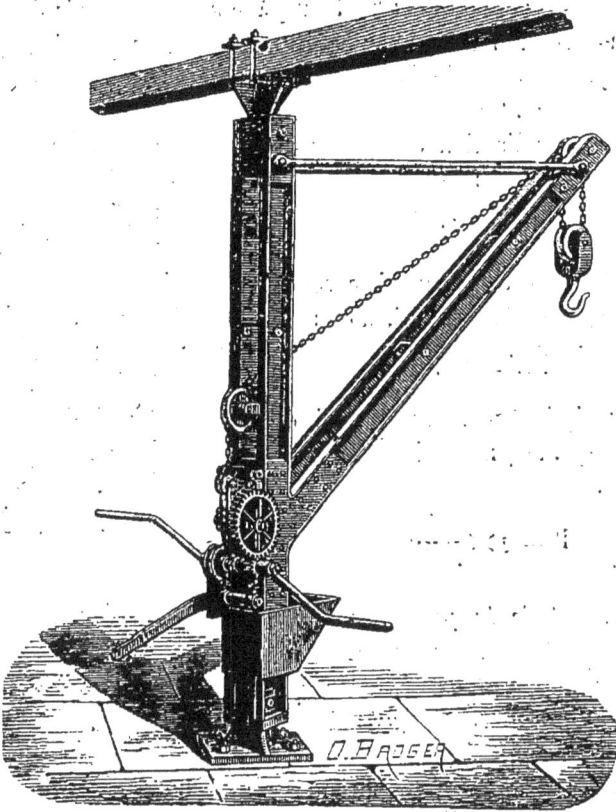

Fig. 158.

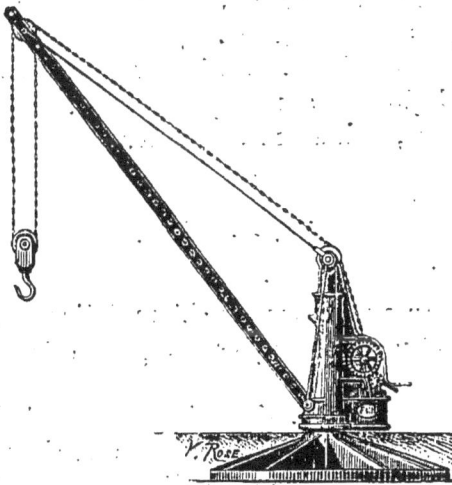

Fig. 159.

une fois enlevé peut être transporté en un point quelconque d'une certaine circonférence.

Fig. 160.

Enfin on construit des grues qui peuvent aussi recevoir un mouvement de translation ; à cet effet, elles sont portées par un chariot dont les roues parcourent des rails (fig. 160).

300. — Condition d'équilibre. Cherchons la condition d'équilibre en supposant une double manivelle et en employant deux pignons au lieu d'un. Projetons la machine sur un plan perpendiculaire aux axes de rotation (fig. 161).

Soit r r' r'' les rayons des pignons, et R R' R'' les rayons des deux roues et de l'une des manivelles.

Le treuil O étant en équilibre sous l'action de la force $\frac{Q}{2}$ et de la réaction M, on a :

$$MR = \frac{Q}{2} r.$$

Le treuil O' étant en équilibre sous l'action des réactions M' et N, on a :

$$NR' = Mr',$$

et enfin le dernier treuil O'' donne de même :

$$2PR'' = Nr'',$$

en multipliant membre à membre :

$$4PRR'R'' = Qrr'r'',$$

d'où :

$$P = Q \times \frac{r\,r'\,r''}{4R\,R'\,R''},$$

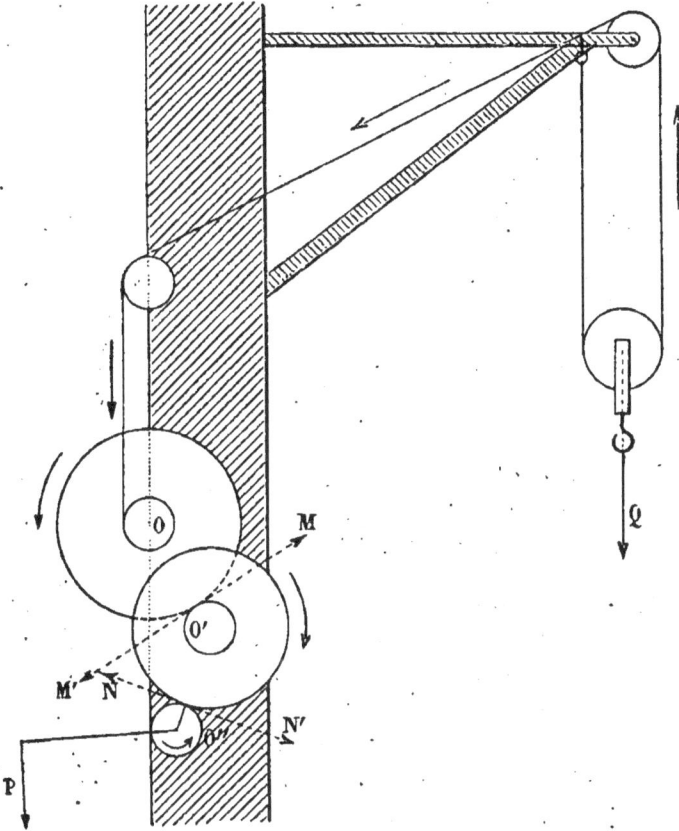

Fig. 161.

Par exemple, supposons que l'on veuille soulever avec cette machine un poids de 3600 kilogrammes : soit $R = 3r$, $R' = 3r'$, $R'' = 10r''$. Nous aurons, d'après la relation précédente :

$$P = 3600 \times \frac{1}{360},$$

ou :

$$P = 10^k.$$

§ VIII. — ⁺CRIC.

301. — Une roue dentée peut évidemment servir à conduire une tige rectiligne armée de dents (fig. 162); c'est ce qu'on appelle une *crémaillère*.

Fig. 162.

Si la roue dentée est mue par une manivelle, on pourra équilibrer une résistance agissant dans la direction de la crémaillère.

302.—Le CRIC (fig. 163) se compose d'une crémaillère qui engrène avec un pignon; sur l'axe de ce pignon est centrée une roue dentée qui engrène avec un second pignon mû par une manivelle : toutes les roues dentées sont placées dans une cavité creusée dans une pièce de bois garnie de bandes de fer, la manivelle est seule placée à l'extérieur : l'axe de cette manivelle est muni d'un *encliquetage* formé d'un *doigt* mobile autour d'un point; il permet à la manivelle de tourner dans le sens convenable pour élever la crémaillère, mais empêche le mouvement inverse ; quand on veut faire descendre la crémaillère, il suffit de retourner le *doigt* afin de le dégager des dents de la roue à rochets.

Fig. 163.

303. — Condition d'équilibre. Soit (fig. 164) la projection sur un plan perpendiculaire aux axes de rotation. Au point A agissent deux forces égales et contraires tangentes aux circonférences primitives : en représentant par r et r' les rayons des deux pignons, et par R et R' les rayons de la manivelle et de la

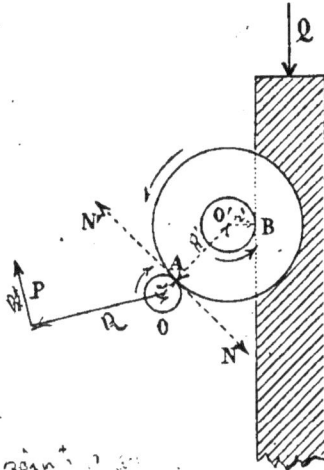

Fig. 164.

roue, et en écrivant que les deux treuils sont séparément en équilibre, nous aurons :

$$PR = N'r, \quad NR' = Qr',$$

d'où :

$$P = Q \times \frac{rr'}{RR'}.$$

CHAPITRE VIII

PLAN INCLINÉ

304. — Nous rappelons que la condition générale d'équilibre d'un corps assujetti à rester sur un plan parfaitement poli est que les forces qui le sollicitent admettent une résultante, que cette force soit normale au plan, tende à appuyer le corps sur le plan, et que sa direction rencontre le plan à l'intérieur du polygone convexe que forment les points d'appui.

Nous supposons un corps pesant, placé sur un plan incliné parfaitement poli et sollicité par une force P, et nous cherchons dans ce cas simple les conditions particulières de l'équilibre.

305. — Soit G le centre de gravité du corps et Q son poids : les forces P et Q devant admettre une résultante sont dans un même plan ; de plus ce plan, qui est vertical parce qu'il contient la force Q, doit aussi être perpendiculaire au plan incliné, puisque la résultante doit être normale au plan : donc la force P doit être dans le plan passant par le point G perpendiculaire à l'horizontale du plan incliné.

Nous prenons ce plan pour plan de la figure 165 : soit AB la ligne de plus grande pente du plan incliné qui fait l'angle donné α avec l'horizon, et soit θ l'angle que la puissance fait avec BA.

Nous traçons par le point O une parallèle XX' à AB et une normale YY' au plan, puis nous décomposons les forces P et Q suivant ces deux directions : les quatre composantes devant avoir même résultante que les forces P et Q, il est nécessaire, pour que cette résultante soit normale au plan, que les composantes suivant XX' aient une somme nulle, d'où :

$$P \cos \theta = Q \sin \alpha. \qquad (1).$$

En second lieu, la résultante qui est dès lors dirigée suivant YY′ doit agir dans le sens OY′, c'est-à-dire que l'on doit encore avoir :

$$P \sin \theta < Q \cos \alpha. \tag{2}$$

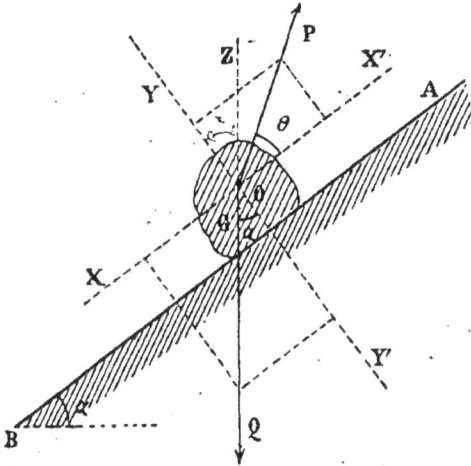

Fig. 165.

Il est évident que cette condition (2) sera toujours satisfaite quand la force P aura une direction située au-dessous de XX′; dans tout autre cas cette inégalité complète avec (1) la condition d'équilibre. Pour l'interpréter géométriquement, nous en tirons l'inégalité équivalente :

$$\frac{\sin \theta}{\cos \alpha} < \frac{Q}{P},$$

et comme (1) devient :

$$\frac{Q}{P} = \frac{\cos \theta}{\sin \alpha},$$

l'inégalité (2) équivaut à :

$$\frac{\sin \theta}{\cos \alpha} < \frac{\cos \theta}{\sin \alpha},$$

c'est-à-dire encore :

$$\operatorname{tg} \theta < \operatorname{tg} (90^\circ - \alpha),$$

et enfin :

$$\theta < 90^\circ - \alpha. \tag{3}$$

Or, l'angle $(90 - \alpha)$ est formé par OX′ avec la verticale OZ; donc la condition (3) signifie que la direction de la puissance n'est pas extérieure à l'angle ZOX'.

306. — Cas particuliers. Le minimum de la puissance, dont la valeur est :

$$P = Q \times \frac{\sin \alpha}{\cos \theta},$$

est atteint lorsque $\cos \theta$ est maximum, c'est-à-dire quand la puissance agit parallèlement au plan incliné ; dans ce cas on a :

$$P = Q \sin \alpha ;$$

autrement dit, la puissance doit égaler le poids du corps *relatif* au plan incliné.

Le maximum de P est au contraire atteint lorsque $\cos \theta$ a sa plus petite valeur, c'est-à-dire quand l'angle θ est le plus grand possible ; c'est donc lorsqu'il égale $(90 - \alpha)$ d'après (3), alors :

$$P = Q.$$

Effectivement, dans cette hypothèse, la puissance est égale et directement opposée à la résistance.

307. — Pressions sur les points d'appui. La charge du plan, au moment de l'équilibre, est :

$$R = Q \cos \alpha - P \sin \theta,$$

ou :

$$R = Q \cos \alpha - Q \frac{\sin \alpha \sin \theta}{\cos \theta},$$

et enfin :

$$R = \frac{Q \cos (\alpha + \theta)}{\cos \theta}.$$

Cette réaction est nulle au moment où la puissance atteint son maximum, car dans ce cas :

$$\alpha + \theta = 90°.$$

308. — Si l'on veut calculer les pressions aux points d'appui, nous ferons remarquer que la question a été résolue quand il y a trois points, et nous avons prouvé que dans le cas d'un plus grand nombre de points le problème est indéterminé.

309. — Système de deux plans inclinés. Supposons deux plans inclinés qui se coupent suivant une horizontale ; soit AB et AB' leurs lignes de plus grande pente faisant avec l'horizon des angles α et α'; deux corps pesants M et M' dont les poids sont Q et Q' reposent sur ces plans (fig. 166) et sont reliés par une corde successivement parallèle aux lignes de pente, et passant sur une poulie de renvoi.

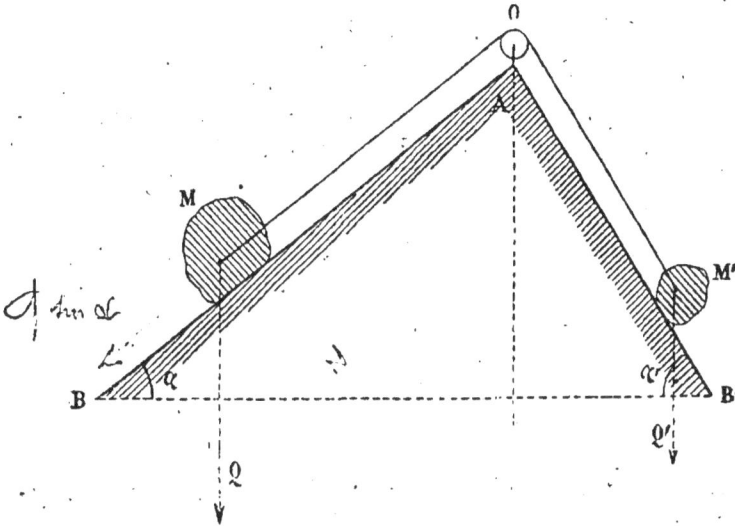

Fig. 166.

Cherchons la condition d'équilibre de ce système. Il faut et il suffit que les composantes des forces de pesanteur parallèles aux plans s'équilibrent par l'action de la corde ; autrement dit, il faut et il suffit que l'on ait :

$$Q \sin \alpha = Q' \sin \alpha'.$$

310. — **Haquet.** Supposons un plan incliné (fig. 167) dont AB

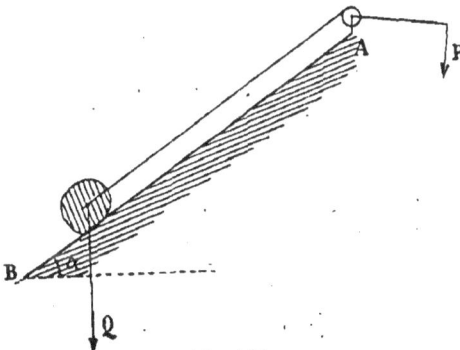

Fig. 167.

est la ligne de plus grande pente, et cherchons à faire remonter le

long de ce plan un corps pesant dont le poids est Q ; à cet effet, plaçons un treuil à la partie supérieure, dont le rayon de l'arbre est r
et la longueur de la manivelle R ; en représentant par P la puissance
nécessaire pour équilibrer le poids du fardeau, nous avons :

$$Qr \sin \alpha = PR,$$

d'où :

$$P = Q \times \frac{r \sin \alpha}{R}.$$

Cette disposition est employée dans les voitures appelées HAQUETS,
qui servent au transport des pièces de vin.

311. — Binard. Lorsqu'il s'agit de déplacer des pierres de taille,

Fig. 168.

on emploie maintenant une machine fondée sur le même principe,

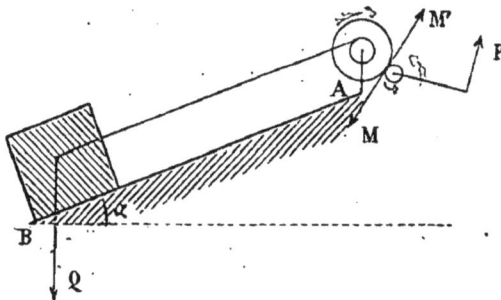

Fig. 169.

appelée BINARD (fig. 168). Seulement, pour augmenter l'action de la

puissance, on emploie un treuil à roues dentées ; l'équilibre exige
que l'on ait la relation (fig. 169) :

$$Qr \sin \alpha = MR,$$
$$M'r' = PR',$$

d'où :

$$P = Q \times \frac{rr' \sin \alpha}{RR'}.$$

CHAPITRE IX

NOTIONS SUR LE FROTTEMENT

312. — Dans toutes les questions précédentes nous avons admis qu'un plan sur lequel est placé un point matériel ne s'oppose à aucun mouvement du point sur sa surface : c'est ce que nous avons appelé un plan parfaitement poli.

Or il n'en est jamais ainsi, et nous nous proposons d'étudier sommairement le phénomène physique qui se produit lorsqu'on cherche à déplacer un corps sur une surface naturelle.

313. — Supposons une table horizontale (fig. 170) sur laquelle

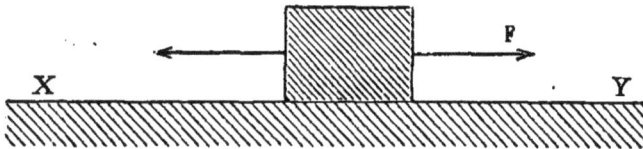

Fig. 170.

est placé un corps dont la face en contact avec la table est aussi plane.

On reconnaît aisément qu'une force horizontale quelconque sollicitant le corps ne parvient pas à produire son déplacement; il y a un minimum pour l'intensité de cette force au-dessous duquel le corps reste au repos.

Tout se passe donc comme s'il existait une certaine force horizontale dépendant de la nature des surfaces en contact et dirigée en sens inverse du déplacement que l'on cherche à produire; c'est ce que nous appellerons *la force de frottement* ; cette force a précisément même intensité que la force F au moment où celle-ci, supposée croissante à partir de zéro, produit le déplacement.

314. — Considérons aussi un corps pesant placé sur un plan d'abord horizontal AB (fig. 171), mais mobile autour d'une horizontale représentée ici par sa projection en A.

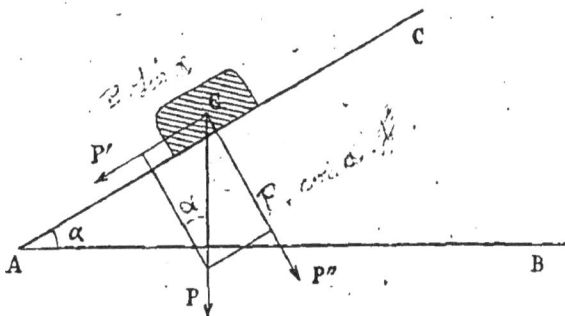

Fig. 171.

Si nous faisons tourner ce plan d'une façon continue, le déplacement du corps ne se produira que pour une certaine inclinaison α : au moment même où le mouvement va se produire, la composante $P \sin \alpha$ du poids du corps est la seule force qui le sollicite à descendre. La force de frottement a donc pour mesure $P \sin \alpha$.

315. — **Lois du frottement au départ.** C'est Amontons qui a indiqué ces lois; elles ont été depuis vérifiées par Coulomb et enfin par le général Morin.

1ʳᵉ LOI. *Le frottement au départ est proportionnel à la pression normale.*

2ᵉ LOI. *Le frottement au départ ne dépend pas de l'étendue des surfaces en contact.*

Nous indiquerons seulement le procédé employé par Coulomb pour vérifier ces lois.

Il employait une sorte de table formée de deux madriers parallèles (fig. 172) et juxtaposés, sur la face supérieure desquels il plaçait une lame de la substance sur laquelle le corps devait frotter ; une caisse sous le fond de laquelle il fixait une lame d'une autre substance reposait sur les madriers ; un fil attaché à la caisse et passant sur une poulie fixe portait à l'autre extrémité un plateau.

Pour vérifier la première loi, il plaçait un poids dans la caisse et déposait avec précaution des poids marqués sur le plateau jusqu'au moment où le mouvement de la caisse se produisait ; puis il recommençait l'expérience en changeant le poids placé dans la caisse.

Soient p, p', p'', ... les poids minima déterminant le mouvement (y compris le poids du plateau), et P, P′, P″, ... les poids de la caisse dans ces circonstances; il vérifia que l'on avait la suite de rapports égaux :

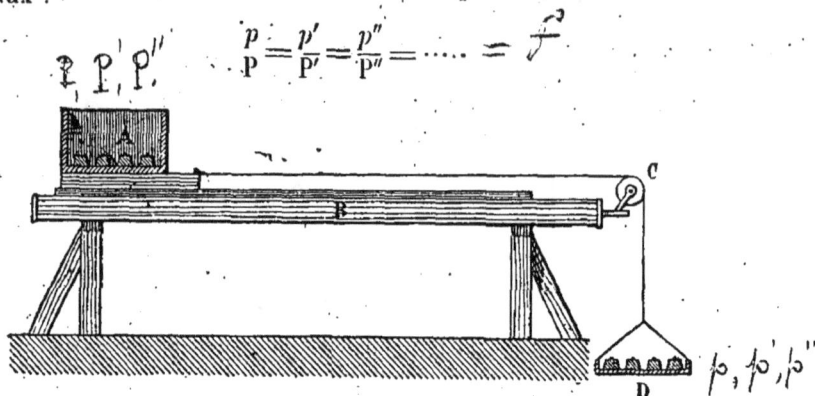

$$\frac{p}{P} = \frac{p'}{P'} = \frac{p''}{P''} = \ldots = f$$

Fig. 172.

Or, les poids P, P′, P″ .... mesurent la pression normale, et p, p', p'' mesurent la force de frottement. Donc la première loi était vérifiée.

Pour vérifier la seconde loi, il faisait varier l'étendue de la lame appliquée au fond de la caisse et vérifiait que la force de frottement, pour une même pression normale, avait la même valeur.

316. — Coefficient de frottement. *On appelle* COEFFICIENT DE FROTTEMENT AU DÉPART *de deux substances données, le rapport constant de la force de frottement au départ à la pression normale.*

En désignant par f le coefficient de frottement, et par P la pression normale, la force de frottement a donc pour valeur :

$$f \times P.$$

Si nous reprenons l'expérience du plan d'inclinaison variable (314), nous voyons qu'elle peut fournir une valeur approchée du coefficient de frottement; en effet, en mesurant l'angle α maximum pour que le déplacement du corps ne se produise pas, nous avons trouvé que la force de frottement était :

$$P \sin \alpha.$$

Or la pression normale est dans ce cas (P cos α), donc :

$$f = \operatorname{tg} \alpha.$$

317. — REMARQUE. Nous ne nous occupons que du frottement au départ; il faut se garder de croire que la force de frottement est la même au départ ou pendant le mouvement : généralement le frottement pendant le mouvement est moindre, et, pour les vitesses ordinaires, il ne dépend pas de cette vitesse.

L'étude de cette dernière question a été faite par le général Morin à l'aide d'appareils à indications graphiques, bien supérieurs comme précision à ce que pouvait être dans ce cas la méthode de Coulomb.

318. — Application. *On veut déplacer un corps de poids* Q *reposant sur un plan horizontal en faisant agir une force* P *inclinée de l'angle* α *sur le plan.*

Déterminer l'intensité de la force P, *sachant que le coefficient de frottement au départ est* f.

La composante de la force P normale au plan (fig. 173) est P sin α; donc la pression normale est :

$$Q - P \sin \alpha.$$

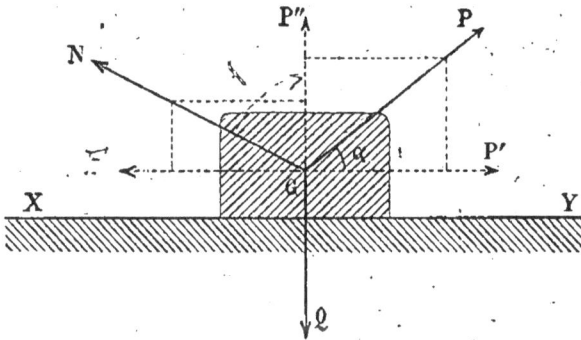

Fig. 173.

Or, au moment du départ la force de frottement qui est opposée à la composante P' a pour valeur :

$$f(Q - P \sin \alpha);$$

donc à ce moment on devra avoir :

$$P \cos \alpha = f(Q - P \sin \alpha);$$

d'où :

$$P = \frac{fQ}{\cos \alpha + f \sin \alpha}.$$

Si nous remplaçons f par tg φ, nous aurons la valeur :

$$P = \frac{Q \sin \varphi}{\cos (\alpha - \varphi)}.$$

Nous voyons que la valeur minimum de la force cherchée sera atteinte quand $\cos (\alpha - \varphi)$ vaudra l'unité, c'est-à-dire quand l'angle α sera égal à φ.

Au-moment où le corps va se mettre en mouvement, le plan peut être remplacé par deux forces, l'une normale égale à $(Q - P \sin \alpha)$ et l'autre parallèle à sa surface qui est $f(Q - P \sin \alpha)$; ces deux forces admettent une résultante qui fait avec la normale au plan un angle dont la tangente est :

$$\frac{f(Q - P \sin \alpha)}{Q - P \sin \alpha} \quad \text{ou} : f.$$

L'angle auxiliaire φ, que nous avons employé, n'est autre chose que l'angle que fait la réaction véritable du plan avec la verticale.

Le minimum de P que nous avons trouvé est donc atteint quand la direction de cette force est perpendiculaire à la réaction oblique N, puisque dans ce cas les angles α et φ sont égaux.

CHAPITRE X

1. — On peut généralement réduire toutes les forces qui sollicitent un corps à deux forces rectangulaires dont l'une passe par un point donné.

2. — On peut toujours réduire toutes les forces qui sollicitent un corps à une force et un couple, de sorte que la force soit perpendiculaire au plan du couple.

3. — On peut toujours réduire toutes les forces qui sollicitent un corps à deux forces faisant entre elles un angle donné, et cela d'une infinité de manières.

4. — Quelle est la condition d'équilibre de forces appliquées aux extrémités d'une barre rigide?

5. — Condition de l'équilibre d'une barre rigide libre sollicitée par des forces quelconques.

6. — Condition d'équilibre d'une barre rigide mobile autour d'un de ses points et sollicitée par des forces quelconques.

7. — Un cordon passe sur deux poulies de renvoi A et B et ses extrémités sont sollicitées par des poids connus P et P′; un anneau dans lequel passe le cordon est sollicité par le poids Q, on demande de déterminer la position de cet anneau au moment de l'équilibre.

8. — Un levier coudé OAB formé de deux barres rigides OA, AB pesantes et homogènes, assemblées à angle droit, est suspendu en O ; il est sollicité en B par une force horizontale dont on demande l'intensité, sachant qu'elle maintient le levier en équilibre lorsque OA fait l'angle θ avec la verticale. Les longueurs des barres sont $2a$ et $2b$, et leurs poids sont p et p'.

9. — Si, perpendiculairement aux milieux des côtés d'un triangles on applique dans le plan de cette figure des forces proportionnelles aux longueurs de ces côtés, et dirigées toutes du dedans au dehors ou inversement, il y aura équilibre.

Généraliser ce théorème en considérant un polygone plan quelconque, et pour cela prouver que si la propriété est vraie pour un polygone de n côtés, elle est aussi vraie pour un polygone de $(n+1)$ côtés.

10. — Plus généralement, si l'on considère des forces perpendiculaires aux côtés d'une ligne brisée et dont les intensités sont les côtés eux-mêmes, leur résultante sera perpendiculaire à la droite qui ferme le contour et aura pour intensité cette longueur.

Si les points d'application des composantes sont les milieux des côtés, il en sera de même pour la résultante.

11. — Un triangle libre, sollicité par trois forces égales appliquées à ses sommets, étant en équilibre, déterminer les directions de ces forces.

12. — Une barre rigide pesante s'appuie par ses deux extrémités sur une circonférence donnée de position : construire la position d'équilibre.

13. — Une barre rigide pesante s'appuie contre un mur vertical, et contre un obstacle placé sur le plan horizontal : calculer la composante horizontale de la pression supportée par cet obstacle.

14. — Une barre rigide pesante s'appuie contre un mur incliné à 60° et sur un plan horizontal : au moment de l'équilibre, la barre faisant un angle de 50° avec l'horizon est sollicitée par une force horizontale que l'on demande de calculer.

15. — On considère un cylindre oblique à base circulaire pesant, placé par sa base sur un plan horizontal : la génératrice faisant un angle donné α avec ce plan, calculer la limite de la hauteur que l'on peut donner à ce solide pour qu'il reste en équilibre dans la position indiquée.

16. — Même question pour un cône oblique à base circulaire dans lequel on donne l'angle que fait avec le plan horizontal la droite qui joint le sommet au centre de la base.

17. — Quelles sont les positions d'équilibre stable et instable

d'un cône oblique à base circulaire pesant, placé sur un plan horizontal auquel il est tangent?

18. — Une lame circulaire homogène était suspendue par son centre, placer trois points matériels pesants sur la circonférence, de sorte que la lame soit horizontale.

19. — Deux points matériels pesants assujettis à se déplacer sur une circonférence verticale sont reliés entre eux par un cordon de longueur donnée qui s'enroule sur la circonférence : déterminer la position d'équilibre.

20. — Deux points matériels A et B, dont les poids sont P et Q, sont liés entre eux et à deux points fixes a et b par des cordons : on suppose que les cordons étant tendus il y ait équilibre, et l'on propose de prouver que si l'on prend les points C et D où les directions aA et bB rencontrent Q et P, on a la proportion :

$$\frac{P}{Q} = \frac{BC}{AD}.$$

21. — Une barre rigide pesante est sollicitée à ses extrémités par des poids donnés : un cordon fixé aux extrémités de cette barre peut glisser en un point fixe. Déterminer la position d'équilibre du système.

22. — Une lame pesante qui a la forme d'un triangle rectangle ABC est suspendue par l'extrémité C de l'hypoténuse : trouver au moment de l'équilibre l'inclinaison du côté AC sur la verticale.

23. — Démontrer que des forces perpendiculaires aux faces d'un tétraèdre aux centres de gravité de ces forces et proportionnelles à leurs aires sont en équilibre.

Généraliser cette propriété.

24. — On considère trois sphères $O_1 O_2 O_3$ de rayons $r_1 r_2 r_3$ et de poids $p_1 p_2 p_3$; on place ces sphères dans une coupe hémisphérique, et l'on demande de déterminer la position d'équilibre du système.

25. — Une lame pesante ayant la forme d'un triangle isocèle dont les éléments sont donnés est placée dans une coupe hémisphérique de rayon R ; déterminer la position d'équilibre.

26. — On considère une barre pesante AOB mobile autour de son milieu O ; une deuxième barre pesante CD est mobile autour de son

extrémité C, qui est située sur la verticale du point O, à une distance
de ce point égale à OA : la seconde extrémité D s'appuie sur la portion OA de la première barre, et l'extrémité B de cette dernière est
sollicitée par un poids connu. Déterminer l'équilibre du système.

27. — On considère une barre rigide non pesante OAM, mobile
autour du point O : on veut maintenir cette barre horizontale en la
chargeant d'un poids P appliqué en A, et en faisant agir sur l'extrémité M une force Q dont la direction passe par un point B donné sur
la verticale du point A.

1° On donne OA, OM et AB, calculer la force Q.

2° Quelle est la longueur minimum qu'il faut donner à OM pour
que la force Q ait la plus petite valeur possible?

28. — On considère trois points A, B, C placés sur une même
horizontale : une corde a ses extrémités fixées en A et C, et passe
en B sur une poulie fixe (de dimensions négligeables); cette corde
passe dans deux anneaux D, E auxquels sont appliqués des poids
donnés, de sorte que dans l'équilibre la figure formée par le cordon
se compose des triangles isocèles ADB, BEC. On demande de déterminer le rapport des poids considérés, de sorte que l'équilibre ait
lieu quand les deux portions ADB, BEC de la corde ont des longueurs
2l et 2l' données. On donne AB $= a$, BC $= b$.

29. — Une barre pesante AB a 10^m de longueur : on demande de
calculer son poids, sachant qu'elle est en équilibre quand on la
suspend par le point C tel que AC$=4$, et que si l'on charge le
point B de 6 kilogrammes, il faudra, pour avoir l'équilibre, suspendre
la barre par le point D tel que AD $= 6$.

30. — Un levier coudé à 135° est formé de deux barres homogènes rigides dont les bras, qui ont pour longueur a et b, pèsent
par mètre de longueur π; on applique aux extrémités des poids
déterminés P et Q et l'on demande de calculer, lors de l'équilibre,
les inclinaisons des deux bras sur l'horizon.

31. — Le *pèse-lettres* est une balance qui se compose essentielle-
ment d'un levier rectiligne AOB dont le point fixe O est le centre de
gravité; une tige pesante OC, fixée à angle droit sur AOB, fait corps
avec AOB et son extrémité C parcourt un cercle divisé : prouver
qu'en suspendant un corps pesant P en A, la tige OC fait avec la verticale, au moment de l'équilibre, un angle dont la tangente est pro-

portionnelle à P : on en conclut aisément la graduation de cet appareil.

32. — On considère une table horizontale supportée par trois pieds verticaux : le centre de gravité G et le poids π de cette table sont donnés; on sait de plus que les pieds peuvent supporter des pressions ayant respectivement pour valeur maximum N, N', N".

1° Calculer le poids maximum que peut avoir un corps placé sur cette table dans une position déterminée.

2° Trouver la région où l'on peut placer un corps de poids donné sur cette table sans dépasser la limite de résistance des pieds.

33. — Une voiture à deux roues est traînée par un cheval sur une route plane dont l'inclinaison sur l'horizon est 0,4. Le poids total de la voiture et du chargement est 900 kilogrammes; on sait que lorsque les brancards sont horizontaux, le centre de gravité est sur la verticale qui passe par le milieu de l'essieu et à 1ᵐ,5 au-dessus de cette ligne, et que la distance de l'essieu à la ligne qui passe par les points d'attache du cheval est 4ᵐ,5.

1° Calculer le poids supporté par le cheval quand il remonte la rampe, les brancards étant parallèles à la ligne de plus grande pente.

2° Calculer l'effort nécessaire au cheval pour tenir la voiture en équilibre.

3° Calculer les pressions exercées par les roues normalement à la route.

LIVRE III

ÉLÉMENTS DE CINÉMATIQUE

CHAPITRE PREMIER

MOUVEMENT RECTILIGNE UNIFORME

319. — **Définition.** *On dit qu'un point est animé d'un* MOUVEMENT RECTILIGNE UNIFORME *lorsqu'il parcourt des espaces égaux en des temps égaux, quels que soient ces temps.*

Si donc nous représentons par e l'espace parcouru depuis l'instant où l'on commence à compter le temps jusqu'à l'époque t, on aura :

$$e = bt,$$

en représentant par b la quantité constante qui est le chemin parcouru pendant l'unité de temps.

Si l'espace parcouru est a à l'origine du temps, l'espace e parcouru au temps t sera donné par la formule :

$$e = a + bt.$$

320. — **Équation du mouvement.** La relation que nous venons de trouver et qui lie le chemin parcouru au temps employé à le parcourir s'appelle l'*équation du mouvement :* il est clair que le mouvement est complètement déterminé quand on connaît cette relation. Quand le mouvement est uniforme, cette équation est du premier degré en e et t et réciproquement.

Le coefficient a représente l'espace parcouru au temps zéro, c'est-à-dire l'*espace initial*.

321. — Vitesse. La constante b est la *vitesse*.

On appelle donc VITESSE *d'un mouvement rectiligne uniforme l'espace parcouru pendant l'unité de temps.*

En désignant par V la vitesse et par e_0 l'espace initial, l'équation générale du mouvement rectiligne uniforme est donc :

$$e = e_0 + Vt.$$

322. — Remarque I. Il résulte de la relation précédente que *dans un mouvement uniforme les espaces parcourus sont proportionnels aux temps employés à les parcourir.*

Si nous représentons, en effet, par h et h' des durées quelconques, comptées à partir des époques t et t' du mouvement, les espaces parcourus e, e' pendant ces intervalles seront donnés par les formules :

$$e = a + b\,(t + h) - (a + bt) = bh,$$
$$e' = a + b\,(t' + h') - (a + bt') = bh',$$

d'où enfin :

$$\frac{e}{e'} = \frac{h}{h'}.$$

La réciproque est vraie, c'est-à-dire que *si dans un mouvement rectiligne les espaces parcourus sont toujours proportionnels aux temps employés à les parcourir, ce mouvement est uniforme :* il en résulte, en effet, que les espaces parcourus pendant des temps égaux sont égaux, ce qui est la définition du mouvement uniforme.

323. — Remarque II. De ce que nous venons de dire il faut conclure que *la vitesse d'un mouvement uniforme est le quotient de l'espace parcouru pendant le temps employé à le parcourir.*

324. — * Tracé géométrique représentant la loi du mouvement. Figurons deux axes, par exemple rectangulaires (fig. 174), et comptons sur OX le temps à l'aide d'une unité convenue; comptons sur OY l'espace parcouru : nous obtiendrons ainsi des points M, M' M"... du plan dont les coordonnées seront déterminées par le mouvement uniforme que nous considérons : traçons la ligne qui passe par tous ces points, et nous aurons la représentation graphique de la fonction qui lie l'espace au temps.

Dans le cas de mouvement uniforme, cette ligne représentative est une droite; soit, en effet, le mouvement dont la loi est :

$$e = a + bt,$$

et soit :

$$OP = t, \qquad OP' = t', \qquad OP'' = t'',$$

puis :

$$MP = e, \qquad M'P' = e', \qquad M''P'' = e''$$

les espaces parcourus correspondant à ces temps ; nous aurons :

$$e = a + bt,$$
$$e' = a + bt',$$
$$e'' = a + bt'',$$

d'où :

$$\frac{e' - e}{t' - t} = \frac{e'' - e}{t'' - t}. \tag{1}$$

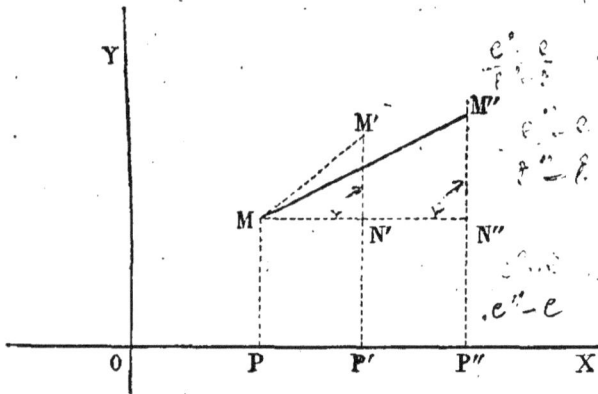

Fig. 174.

Or, si nous menons MN'N'' parallèle à OX, nous obtiendrons :

$$M'N' = e' - e, \qquad M''N'' = e'' - e,$$
$$MN' = t' - t, \qquad MN'' = t'' - t,$$

et, par suite, la relation (1) donne :

$$\frac{M'N'}{M''N''} = \frac{MN'}{MN''}.$$

Donc les triangles MM'N' et MM''N'' sont semblables comme ayant un angle égal compris entre côtés proportionnels. Il en faut conclure que les droites MM' et MM'' se confondent, c'est-à-dire que trois quelconques des points de la ligne considérée sont en ligne droite : cette ligne est donc une droite.

Soit alors (fig. 175) la droite AZ représentant la loi du mouvement uniforme que nous considérons :

$$e = a + bt.$$

Nous voyons que l'ordonnée à l'origine OA représente l'espace initial a.

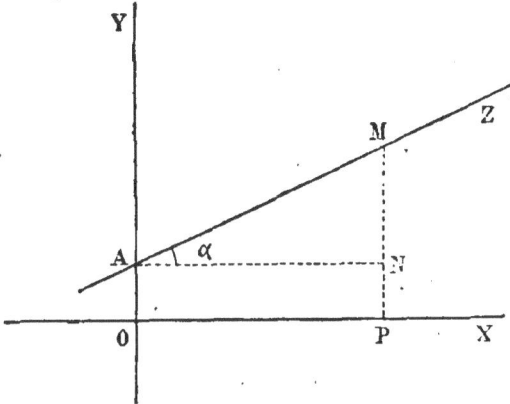

Fig. 175.

Pour trouver ce qui représente b dans cette figure, prenons un point M qui correspond au temps t; en menant MP perpendiculaire à OX, et AN parallèle à cet axe, nous avons visiblement :

$$MN = bt,$$

ou :

$$MN = b \times AN;$$

donc b est la tangente trigonométrique de l'angle que fait AM avec OX; c'est ce qu'on appelle le *coefficient angulaire* de la droite AZ.

Ainsi, dans la ligne droite figurative de la loi d'un mouvement uniforme, la vitesse est représentée par le coefficient angulaire de cette ligne. La vitesse est d'autant plus grande que l'angle α est plus grand.

CHAPITRE II

MOUVEMENT RECTILIGNE VARIÉ

325. — **Définition.** *On dit qu'un mouvement rectiligne est* VARIÉ *quand il n'est pas uniforme, c'est-à-dire quand les espaces parcourus pendant des temps égaux ne sont pas toujours égaux entre eux.*

L'équation du mouvement rectiligne varié est la relation constante entre l'espace parcouru et le temps employé à le parcourir; seulement cette équation n'est plus du premier degré par rapport au temps et à l'espace.

Par exemple, les équations :

$$e = at^2 + bt + c,$$
$$e = a \sin bt,$$

définissent des mouvements rectilignes variés.

326. — **Vitesse moyenne pendant un intervalle de temps donné.**

Soit OX (fig. 176) la droite suivant laquelle se déplace le point

Fig. 176.

mobile; il est au point O à l'origine du temps, se trouve en A au temps t et en B au temps $t + h$.

K = AB est donc l'accroissement de l'espace parcouru qui correspond à l'accroissement h pris par le temps t.

On appelle VITESSE MOYENNE *pendant l'intervalle h qui succède à l'instant t, le rapport de l'espace parcouru pendant cet intervalle au temps h.*

Ainsi, la vitesse moyenne dans les hypothèses précédentes est :

$$\frac{AB}{h} \quad \text{ou} \quad \frac{K}{h}.$$

Il faut remarquer que cette vitesse moyenne est la vitesse du mouvement uniforme que l'on substituerait au mouvement varié à l'instant t, si l'on voulait que le mobile se trouvât encore au point B à la fin de l'intervalle h, car cette vitesse est le rapport du chemin AB au temps h employé à le parcourir.

D'ailleurs, la vitesse moyenne pendant l'intervalle h dépend en général du temps à partir duquel on compte cet intervalle :

Ainsi, en cherchant la vitesse moyenne pendant l'intervalle $0^s,1$ après 1^s, 2^s, 3^s, ..., on ne trouvera pas généralement le même nombre.

327. — *Exemple.* Soit le mouvement rectiligne varié dont la loi est :

$$e = 3t^3 - 2t + 1.$$

La vitesse moyenne pendant l'intervalle h qui succède à l'instant t a pour expression générale :

$$\frac{k}{h} = \frac{\left[3(t+h)^2 - 2(t+h) + 1 \right] - \left[3t^2 - 2t + 1 \right]}{h},$$

car le numérateur étant la différence des espaces parcourus pendant les temps t et $(t+h)$, est bien l'accroissement de l'espace qui correspond à l'accroissement h du temps ; or, ce résultat devient visiblement :

$$\frac{k}{h} = 3h + 6t - 2,$$

d'où l'on voit que la vitesse moyenne pendant le même intervalle h va en croissant quand t croît.

Ainsi, en faisant $h = 0^s,1$ et donnant à t les valeurs 1^s, 2^s, 3^s... nous obtenons pour la vitesse moyenne les nombres :

$$4,3 \quad 10,3 \quad 16,3 \ldots..$$

328. — **VITESSE A UN INSTANT QUELCONQUE.**

On appelle VITESSE A UN INSTANT DONNÉ t, *dans un mouvement rectiligne varié, la limite vers laquelle tend la vitesse moyenne comptée à partir de ce temps pendant un intervalle h, quand h tend vers zéro.*

Ainsi, en représentant par k l'accroissement de l'espace parcouru correspondant à l'accroissement h donné au temps t, on a par définition :

$$V = \lim \left(\frac{k}{h} \right) \text{ quand } h \text{ tend vers zéro.}$$

(Cette limite s'appelle aussi la *dérivée de l'espace parcouru par rapport au temps*.)

329. — Exemple I. Soit le mouvement rectiligne dont la loi du mouvement est :

$$e = 3t^2 - 2t + 1.$$

Nous avons trouvé (327) pour la vitesse moyenne, pendant l'intervalle h qui succède à l'instant t, l'expression :

$$\frac{k}{h} = 3h + 6t - 2.$$

Prenons la limite vers laquelle tend cette vitesse moyenne quand h tend vers zéro, et nous obtiendrons l'expression :

$$V = 6t - 2,$$

pour la vitesse à l'instant t.

330. — Exemple II. Soit plus généralement le cas où la loi du mouvement rectiligne varié est donnée par l'équation :

$$e = a + bt + ct^2.$$

Calculons d'abord l'accroissement K de l'espace, quand le temps reçoit l'accroissement h :

$$K = \left[a + b(t+h) + c(t+h)^2 \right] - (a + bt + ct^2),$$

ou, en réduisant :

$$K = bh + 2cth + ch^2,$$

la vitesse moyenne a donc pour expression :

$$\frac{K}{h} = b + 2ct + ch,$$

et, en faisant tendre h vers zéro, nous en tirons :

$$V = \lim \left(\frac{K}{h} \right) = b + 2ct.$$

334. — Exemple III. Soit encore le mouvement rectiligne défini par l'équation :

$$e = a \sin \alpha t + b \cos \epsilon t,$$

dans laquelle a, b, α, ϵ, sont des constantes.

L'accroissement K de l'espace, correspondant à l'accroissement h du temps, a pour expression :

$$K = a \sin \alpha \, (t + h) + b \cos \epsilon \, (t + h) - a \sin \alpha t - b \cos \epsilon t,$$

et par suite la vitesse moyenne est :

$$\frac{K}{h} = a \frac{\sin \alpha \, (t + h) - \sin \alpha t}{h} + b \frac{\cos \epsilon \, (t + h) - \cos \epsilon t}{h}.$$

Nous en concluons que la vitesse cherchée a pour valeur :

$$V = a \lim \left[\frac{\sin \alpha \, (t + h) - \sin \alpha t}{h} \right] + b \lim \left[\frac{\cos \epsilon \, (t + h) - \cos \epsilon t}{h} \right].$$

Pour obtenir ces deux limites, nous écrivons :

$$\frac{\sin \alpha (t + h) - \sin \alpha t}{h} = \frac{2 \sin \dfrac{\alpha h}{2} \cos \alpha \left(t + \dfrac{h}{2} \right)}{h}$$

$$= \alpha \times \frac{\sin \dfrac{\alpha h}{2}}{\dfrac{\alpha h}{2}} \times \cos \alpha \left(t + \frac{h}{2} \right),$$

$$\frac{\cos \epsilon (t + h) - \cos \epsilon t}{h} = \frac{2 \sin \left(-\dfrac{\epsilon h}{2} \right) \sin \epsilon \left(t + \dfrac{h}{2} \right)}{h}$$

$$= -\beta \times \frac{\sin \dfrac{\epsilon h}{2}}{\dfrac{\epsilon h}{2}} \times \sin \epsilon \left(t + \frac{h}{2} \right).$$

Remarquant alors que le rapport du sinus à l'arc a pour limite l'unité quand l'arc tend vers zéro, nous obtenons aisément les deux limites :

$$\alpha \cos \alpha t \quad \text{et} \quad -\epsilon \sin \epsilon t,$$

d'où enfin :

$$V = a\alpha \cos \alpha t - b\epsilon \sin \epsilon t.$$

332. — *. Tracé géométrique représentant la loi du mouvement.** Nous avons appelé loi ou équation d'un mouvement rectiligne varié la relation constante qui existe entre l'espace parcouru et le temps employé à le parcourir. Cette relation peut être absolument quelconque, et nous la supposons mise sous la forme :

$$e = \varphi(t),\qquad\qquad (1)$$

la lettre φ représentant une suite quelconque d'opérations à effectuer sur la lettre t pour obtenir l'espace.

Pour représenter graphiquement cette loi du mouvement, nous traçons deux axes OX, OY (fig. 177) par exemple rectangulaires ; nous

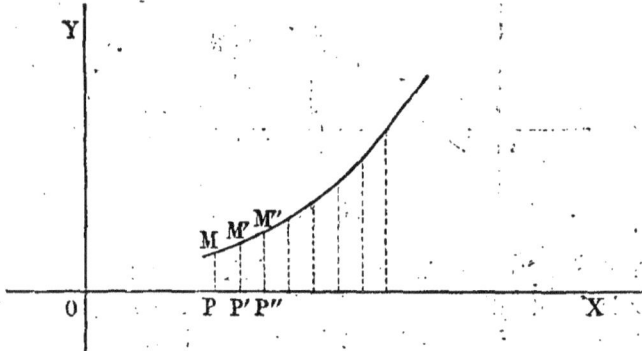

Fig. 177.

portons alors à partir du point O sur OX le temps compté positivement dans le sens OX et négativement en sens inverse, et nous portons sur OY les valeurs correspondantes de l'espace, fournies par l'équation (1) : en donnant au temps des valeurs très peu différentes et très nombreuses, nous obtiendrons ainsi des points M, M', M'', ..., que nous joindrons par un trait continu, et la ligne ainsi obtenue représentera la liaison entre e et t qui est exprimée par l'équation (1).

333. — Il est aisé de déduire de ce qui précède la signification géométrique de la vitesse moyenne et de la vitesse à un instant donné.

Soit, en effet (fig. 178), la courbe figurative de la loi du mouvement, et soit $OP = t$ et $PP' = h$: l'espace parcouru pendant l'intervalle h qui suit l'instant t est donc NM', et par suite, la vitesse moyenne pendant cet intervalle qui est, par définition :

$$\frac{M'N}{MN}$$

est la tangente trigonométrique de l'angle que fait la corde MM'
avec OX.

Remplacer le mouvement varié pendant l'intervalle h par un mouvement uniforme, sans altérer le chemin parcouru pendant cet intervalle, revient donc à remplacer l'arc de courbe MM' par sa corde.

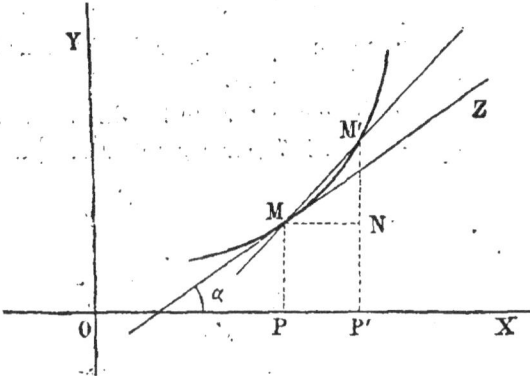

Fig. 178.

D'où l'on voit que l'on peut considérer un mouvement varié
comme la limite d'une succession de mouvements uniformes dont
les vitesses sont données à tout instant par la courbe figurative et
dont la durée tend vers zéro.

334. — Si nous faisons tendre vers zéro l'intervalle PP', c'est-à-
dire h, le point M' tend vers la position M, et la corde MM' a pour
direction-limite la tangente MZ au point M, par définition. Mais en
même temps la vitesse moyenne :

$$\frac{M'N}{MN} = \text{tg } \widehat{M'MN},$$

a pour limite la vitesse V à l'instant OP; cette vitesse est donc la
tangente trigonométrique de l'angle α que la tangente en M à la
courbe figurative fait avec OX.

Ainsi, lorsqu'on connaît la courbe qui représente la loi d'un mouvement, on peut trouver la vitesse à tout instant en traçant la tangente à cette courbe aux points qui ont pour abscisses les temps
considérés.

CHAPITRE III

MOUVEMENT RECTILIGNE UNIFORMÉMENT VARIÉ

335. — Définition. *On dit qu'un mouvement rectiligne est* UNI-
FORMÉMENT VARIÉ *quand la vitesse croît ou décroît de quantités égales
dans des temps égaux, quels que soient ces temps.*

Il résulte de cette définition que dans un pareil mouvement la
vitesse est liée au temps par l'équation :

$$V = a + bt,$$

dans laquelle a et b sont des constantes, et cette équation caractérise ce mouvement.

Il est visible que le terme a représente la vitesse à l'origine du
temps, c'est-à-dire la *vitesse initiale.*

336. — ACCÉLÉRATION. *La quantité constante b, dont la vitesse
varie dans l'unité de temps, s'appelle* ACCÉLÉRATION *du mouvement
uniformément varié.*

D'ailleurs le mouvement est *accéléré* ou *retardé* suivant que l'accélération est positive ou négative.

On représente généralement l'accélération par γ et la vitesse initiale par V_0; la formule précédente s'écrit donc :

$$V = V_0 + \gamma t.$$

337. — ÉQUATION DU MOUVEMENT. La définition précédente nous donne la relation entre la vitesse et le temps ; nous devons
donc chercher la relation entre l'espace et le temps, c'est-à-dire
l'*équation du mouvement.*

On voit, comme au n° 334, que la ligne figurative de la relation
entre la vitesse et le temps est une droite : soit AZ (fig. 179),
alors $OA = V_0$ et en représentant par OP le temps t, on a :

$$MP = V_0 + \gamma t.$$

On aura de même la vitesse à un instant quelconque OD, dans la longueur DD'. Proposons-nous d'évaluer l'espace parcouru pendant le temps OP, et pour cela cherchons des valeurs approchées de cet espace.

Nous divisons le temps OP en n parties égales ($t = n\theta$) représentées sur la figure par les longueurs OB, BC, CD, ..., FP. : et nous substituons au mouvement varié des mouvements uniformes successifs ayant tous pour durée θ.

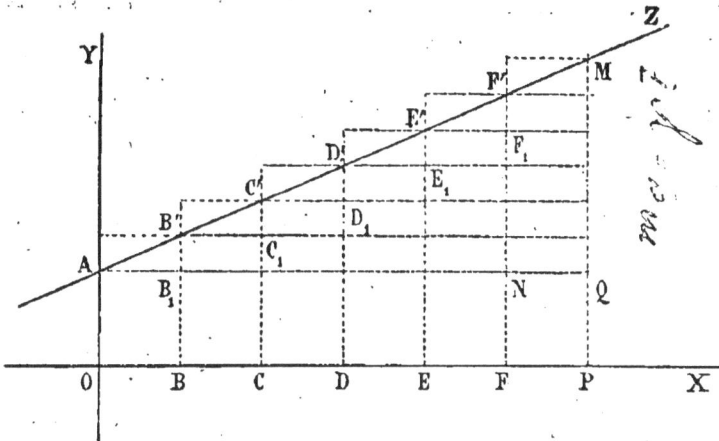

Fig. 179.

En donnant pour vitesse à chacun de ces mouvements la vitesse que possède le mouvement varié au commencement de l'intervalle, nous diminuons l'espace parcouru. Ainsi le premier mouvement qui dure OB aura pour vitesse OA, tandis que dans le mouvement varié cette vitesse part de la valeur OA et va en croissant jusqu'à la valeur BB'; de même, dans le second mouvement uniforme qui dure BC, la vitesse a pour valeur BB', tandis que dans le mouvement varié cette vitesse qui part de la valeur BB' va, dans le même temps, en croissant de BB' à CC', et ainsi de suite.

D'ailleurs il est évident que les espaces parcourus dans ces mouvements uniformes sont représentés par les mesures des aires rectangulaires $OABB_1$, BCC_1B', CDD_1C' .... Si donc on représente par S la somme de ces aires, et par e l'espace parcouru dans le mouvement varié, on aura toujours, quel que soit n :

$$S < e.$$

En second lieu, nous attribuons pour vitesse à chacun des mouvements uniformes la vitesse que possède le mouvement varié à la fin de l'intervalle pendant lequel dure ce mouvement uniforme. Ainsi, les premier, deuxième, troisième, ..., mouvements uniformes ont pour vitesses : BB', CC', DD', ..., quantités supérieures à la vitesse au même instant dans le mouvement varié : donc la somme des espaces parcourus sera certainement supérieure à l'espace que nous cherchons. Si donc nous représentons par S' la somme des aires rectangulaires OBB', BDC', CDD', ..., nous aurons :

$$e < S'.$$

Ainsi, e est compris entre les valeurs S et S' : il en est évidemment de même de l'aire T du trapèze OAMP. Or, quand n croit sans limite, S croit et S' décroit, et ces variables sont limitées parce que S est toujours inférieure à T et que S' lui est supérieure; de plus, il est aisé de voir que ces limites sont égales; la différence (S'—S) est, en effet, égale au rectangle MNQ dont la hauteur MQ est constante, tandis que la base NQ tend vers zéro, puisqu'elle représente la n^{me} partie de OP.

Nous concluons de ce qui précède que les quantités fixes e et T étant comprises entre les variables S et S' qui ont même limite, sont égales : ainsi, l'espace parcouru cherché a même mesure que l'aire du trapèze OAMP; or, on a visiblement :

$$OAMP = OAQP + AMQ,$$

donc :

$$e = V_0 t + \frac{1}{2} \gamma t^2.$$

C'est l'expression de l'espace parcouru pendant le temps t; si le mobile a parcouru un espace e_0 avant l'origine du temps, il faudra ajouter cette valeur au résultat précédent; on arrive ainsi à l'équation générale du mouvement uniformément varié :

$$e = e_0 + V_0 t + \frac{1}{2} \gamma t^2.$$

338. — Remarque. Nous avons supposé dans la figure 179 que la vitesse allait constamment en croissant, c'est-à-dire que le mouvement était accéléré : la méthode précédente s'applique aussi dans l'hypothèse contraire.

Supposons le mouvement retardé; l'accélération γ est négative, et en mettant le signe en évidence, la vitesse, à l'instant t, est donnée par l'équation :

$$V = V_0 - \gamma t.$$

COMBETTE. — Mécanique.   16

Soit alors AZ (fig. 180) la droite qui représente géométriquement la loi de la vitesse : elle rencontre OX au point B, ce qui veut dire qu'au temps représenté par OB la vitesse devient nulle : à partir de cette époque elle est négative, et au temps représenté par OP, cette vitesse a pour valeur absolue la longueur PM. Le chemin parcouru depuis l'instant *zéro* jusqu'au temps OB est la mesure de l'aire du

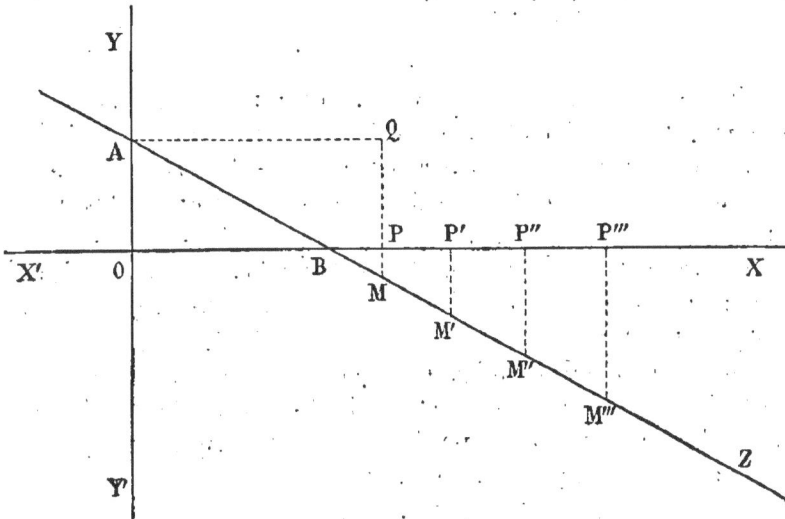

Fig. 180.

triangle OAB ; pour un temps OP supérieur à OB, cet espace est la différence des mesures des triangles OAB, BMP, ou leur somme algébrique, en regardant l'aire BPM comme négative, ce qui est légitime, puisque l'un des facteurs de l'aire devient négatif.

Ainsi, nous aurons l'espace au temps $t = $ OP, en traçant AQ parallèle à OX qui rencontre MP en Q, et en retranchant du rectangle OAQP l'aire du triangle AMQ.

Or,

$$OA = V_0$$
$$PM = \gamma t - V_0$$
$$QM = \gamma t - V_0 + V_0 ;$$

donc :

$$e = V_0 t - \frac{1}{2} \gamma t^2.$$

D'où la formule générale de l'espace dans le mouvement retardé :

$$e = e_0 + V_0 t - \frac{1}{2} \gamma t^2.$$

Si donc l'on considère γ comme une quantité algébrique, la formule déjà trouvée :

$$e = e_0 + V_0 t + \frac{1}{2}\gamma t^2.$$

est générale.

339. — Réciproque. Nous avons démontré (330) que si la loi de l'espace est de la forme :

$$e = a + bt + ct^2,$$

la loi de la vitesse est donnée par l'équation :

$$v = b + 2ct.$$

Donc, la loi de l'espace étant :

$$e = e_0 + v_0 t + \frac{1}{2}\gamma t^2 \quad \text{ou} \quad e = e_0 + v_0 t - \frac{1}{2}\gamma t^2,$$

la vitesse sera liée au temps par l'équation :

$$v = v_0 + \gamma t \quad \text{ou} \quad v = v_0 - \gamma t.$$

Autrement dit le mouvement sera uniformément varié.

340. — RÉSUMÉ. *Dans un mouvement uniformément varié l'espace parcouru et la vitesse sont liés au temps par les équations :*

$$e = e_0 + v_0 t + \frac{1}{2}\gamma t^2,$$
$$v = v_0 + \gamma t,$$

et RÉCIPROQUEMENT, *chacune de ces relations implique l'autre, et caractérise le mouvement uniformément varié.*

CHAPITRE IV

MOUVEMENT DES CORPS PESANTS DANS LE VIDE

341. — Nous rappelons que Galilée a le premier montré l'effet de la résistance de l'air sur le mouvement vertical d'un corps pesant; et Newton a prouvé que dans le vide tous les corps tombent avec la même vitesse.

La résistance de l'air dépend d'ailleurs de l'étendue de la surface du corps et aussi de la vitesse du mouvement.

Il résulte de ces notions expérimentales qu'il faut se soustraire à l'action de l'air dans l'étude du mouvement dû uniquement à la force de pesanteur. On y parvient en ralentissant beaucoup ce mouvement et en faisant usage d'un corps très dense. De cette façon la résistance de l'air est presque négligeable.

342. — **Machine d'Atwood** (fig. 181). Dans sa partie essentielle cette machine (fig. 182) se compose d'une poulie très légère, mobile autour de son axe de figure, qui est placé horizontalement.

Sur la gorge de cette poulie est enroulé un fil de soie assez fin pour que son poids soit très faible.

Aux extrémités de ce fil on suspend des masses métalliques de même poids, de sorte que le système qu'elles forment est en équilibre à quelque hauteur que l'on place l'une d'elles, parce que le poids du fil est négligeable.

Si l'on vient à placer en B, par exemple (fig. 182) un poids additionnel p, il est clair qu'il tendra à tomber et qu'il entraînera dans son mouvement le système des deux poids égaux. Nous ADMETTONS *que la nature du mouvement n'est pas changée*, et que cette disposition a seulement pour effet de diminuer la vitesse.

On place alors une règle verticale graduée en parties d'égale longueur, vis-à-vis de la verticale que parcourt l'extrémité B : sur cette règle on peut déplacer un curseur plein qui se fixe par une vis de pression, et qui est destiné à arrêter le mouvement du point B à un

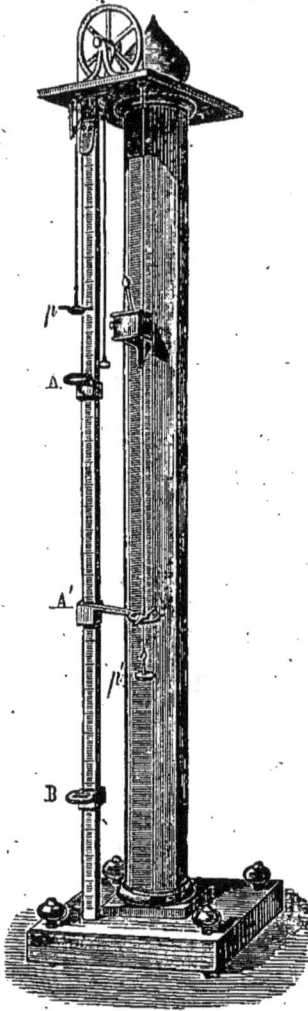

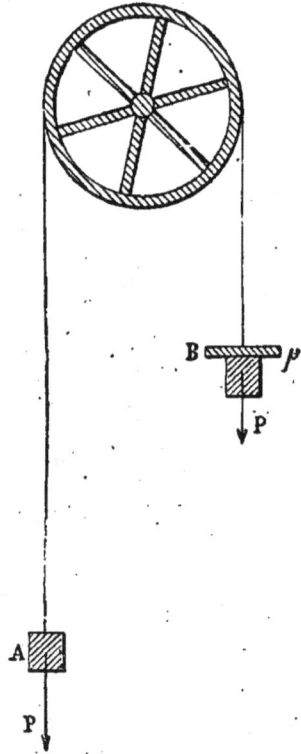

Fig. 181.   Fig. 182.

instant déterminé ; enfin un compteur à battements réguliers sert à la mesure des temps.

343. — Nous ajoutons que l'on cherche à réduire le plus possible les résistances passives, dont la plus importante est le frottement de glissement de l'axe de la poulie sur ses coussinets : à cet effet on transforme le glissement en roulement par l'emploi de quatre roues ou galets sur les jantes desquels repose l'axe de la poulie (fig. 183) ; dans le mouvement de cet axe il y a frottement sur les jantes et les quatre roues se mettent en mouvement ; mais la vitesse de ce mouvement commun est faible par rapport à la vitesse

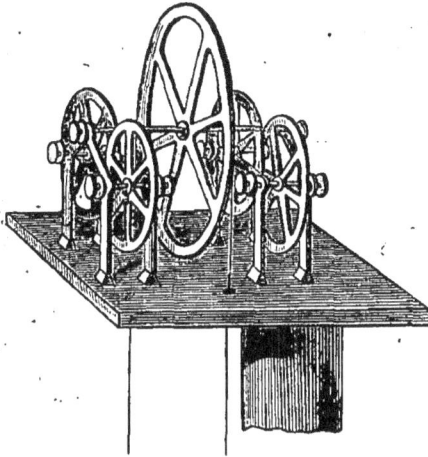

Fig. 183.

de la poulie, parce que les rayons de ces roues sont beaucoup plus grands que le rayon de l'axe de la poulie : il en résulte un frotte-ment de roulement très faible, et aussi un glissement négligeable sur les coussinets de ces galets.

344. — Loi des espaces. Pour trouver la loi des espaces par-courus, nous plaçons le point B (fig. 181) au zéro de la graduation de la règle verticale, et nous l'y maintenons à l'aide d'une plaque tenue par l'opérateur ; nous cherchons alors à quelle division de cette règle il faut fixer le curseur pour qu'il soit frappé à la fin de 1, 2, 3, ..., intervalles de temps égaux indiqués par le compteur.

Si a est le nombre des divisions parcourues pendant le premier inter-valle, nous constatons alors qu'il faut placer le curseur aux divisions :

$$a, 4a, 9a, 16a, ...$$

Donc les espaces sont proportionnels aux nombres 1, 4, 9, 16, ..., c'est-à-dire aux carrés des temps employés à les parcourir.

Autrement dit, en représentant par e et t l'espace et le temps, on aura la relation :

$$e = kt^2,$$

k étant une constante qui dépend de l'appareil employé.

Donc, *le mouvement est uniformément accéléré* (339).

345. — REMARQUE. Nous indiquerons plus loin comment on peut aussi avec la machine d'Atwood vérifier la loi des vitesses.

346. — FORMULES RELATIVES A LA CHUTE DES CORPS PESANTS DANS LE VIDE.

Le mouvement d'un corps pesant dans le vide étant uniformément varié, les lois de l'espace parcouru et de la vitesse seront :

$$e = e_0 + v_0 t + \frac{1}{2} g t^2,$$

$$v = v_0 + g t,$$

en représentant par g l'accélération du mouvement; cette accélération est variable avec la latitude du lieu d'observation :

Latitude.	Accélération.
0°.	$9^m,7810$
45°.	$9^m,8061$
48°50′ (Paris)	$9^m,8094$
90°	$9^m,8311$.

Lorsque l'espace parcouru initial est nul, ainsi que la vitesse initiale, on arrive aux équations simples :

$$e = \frac{1}{2} g t^2$$

$$v = g t,$$

347. — Si on laisse tomber librement un corps pesant d'une hauteur h au-dessus du sol, le temps de la chute sera donné par l'équation :

$$h = \frac{1}{2} g t^2,$$

d'où :

$$t = \sqrt{\frac{2h}{g}}.$$

et la vitesse du mobile en touchant le sol sera :

$$v = g \sqrt{\frac{2h}{g}},$$

ou :

$$v = \sqrt{2gh}.$$

C'est ce qu'on appelle la *vitesse due à une chute de hauteur h*.

348. — Lorsqu'on lance un corps pesant verticalement de haut en bas avec la vitesse v_0, et d'une hauteur h au-dessus du sol, le temps t employé à la chute est alors racine de l'équation :

$$h = v_0 t + \frac{1}{2} g t^2,$$

ou :

$$g t^2 + 2 v_0 t - 2h = 0.$$

Cette équation ayant deux racines réelles et de signes contraires, nous ne prenons que la racine positive ; le temps cherché est :

$$t = \frac{- v_0 + \sqrt{v_0^2 + 2gh}}{g}.$$

Par suite, la vitesse en touchant le sol sera :

$$v = \sqrt{v_0^2 + 2gh}.$$

349. — Supposons que l'on lance un corps pesant verticalement de bas en haut avec la vitesse v_0 : il commencera par prendre un mouvement uniformément retardé dont les équations sont :

$$e = v_0 t - \frac{1}{2} g t^2,$$

$$v = v_0 - g t.$$

Ce mouvement ascendant durera jusqu'au moment où la vitesse deviendra nulle, c'est-à-dire que l'époque de la culmination sera :

$$t_1 = \frac{v_0}{g} ;$$

l'espace parcouru, c'est-à-dire la plus grande hauteur à laquelle atteindra le mobile, sera :

$$h = v_0 \times \frac{v_0}{g} - \frac{1}{2} g \left(\frac{v_0}{g} \right)^2,$$

ou :

$$h = \frac{v_0^2}{2g}.$$

A partir de ce moment, la vitesse changeant de sens, le mobile descendra ; il sera dans les conditions d'un corps tombant en chute libre, et par suite, t étant compté à partir de l'instant de la culmination, les lois de ce second mouvement seront :

$$e = \frac{1}{2} g t^2$$
$$v = g t.$$

Alors il résulte des formules trouvées (347) qu'il reviendra au point de départ au bout du temps :

$$\sqrt{\frac{2h}{g}} \quad \text{ou} \quad \sqrt{\frac{2}{g} \times \frac{v_0^2}{2g}} = \frac{v_0}{g}.$$

Par suite il mettra le même temps pour descendre que pour monter ; de plus, sa vitesse à cette époque sera (346) :

$$v = g \times \frac{v_0}{g} = v_0.$$

c'est-à-dire égale à la vitesse au départ.

Ainsi, lorsqu'on lance un corps pesant du point A suivant la verticale AB (fig. 184), il s'élève avec une vitesse décroissante, s'arrête au bout du temps $\left(\frac{v_0}{g}\right)$, après avoir parcouru $\left(\frac{v_0^2}{2g}\right)$, puis il redescend avec une vitesse croissante, de sorte qu'il revient en A au bout du temps $\left(\frac{2v_0}{g}\right)$ et avec la vitesse initiale v_0.

350. — Il est aisé de conclure de ces résultats que les mouvements ascendant et descendant du mobile sont symétriques, c'est-à-dire qu'à deux époques équidistantes de l'instant de la culmination le mobile est au même point de la verticale, et qu'il possède des vitesses égales, mais de sens contraire.

Soit en effet A' un point quelconque de AB (fig. 184) : lorsque le mobile passe en A' en montant il possède une certaine vitesse v', et tout se passe comme si A' était le point de départ, la vitesse initiale étant v' ; donc il s'élèvera jusqu'en B, et redescendra de façon à parcourir BA' dans le temps qu'il avait employé à s'élever de A' en B ; de plus, il possédera à cet instant une vitesse de haut en bas de même intensité que la vitesse de bas en haut qu'il avait en partant de A'.

Fig. 184.

351. — D'ailleurs ces conséquences se voient aussi très aisément à l'aide des formules :

-. 0: secondes avant la culmination, le mouvement ascendant ayant duré $\left(\dfrac{v_0}{g} - 0\right)$, le mobile se trouve en A', à une hauteur au-dessus de A égale à :

$$AA' = v_0 \left(\frac{v_0}{g} - 0\right) - \frac{1}{2} g \left(\frac{v_0}{g} - 0\right)^2,$$

c'est-à-dire :

$$\frac{v_0^2}{2g} - \frac{1}{2} g 0^2 ;$$

Or AB égale $\dfrac{v_0^2}{2g}$; donc :

$$A'B = \frac{1}{2} g 0^2.$$

C'est précisément le chemin parcouru en chute libre pendant les 0 secondes qui suivent l'instant de la culmination.

De même, la vitesse du mouvement ascendant, 0 secondes avant la culmination, est :

$$v' = v_0 - g \left(\frac{v_0}{g} - 0\right),$$

ou :

$$v' = g0 ;$$

c'est-à-dire que cette vitesse a même valeur absolue que la vitesse du mouvement descendant après 0 secondes de chute : d'où résulte la symétrie des deux mouvements.

352. — **Remarque importante.** Enfin il faut remarquer que les équations :

$$e = v_0 t - \frac{1}{2} g t^2,$$

$$v = v_0 - g t,$$

s'appliquent pendant toute la durée du mouvement sans distinguer la période d'ascension de l'autre.

Au bout d'un temps t arbitraire, compté à partir de l'instant du départ, la distance du mobile au point de départ sera toujours donnée par l'équation :

$$e = v_0 t - \frac{1}{2} g t^2,$$

et si on laisse le mobile descendre au-dessous du point de départ,
cette formule s'appliquera encore, pourvu que l'on convienne de
regarder les distances verticales du mobile au point de départ
comme positives ou négatives, suivant que le mobile est au-dessus ou
au-dessous de ce point.

La même signification générale appartient à la formule de la
vitesse.

Pour obtenir la généralité de ces résultats, il est commode de
raisonner comme il suit :

Soit un point matériel pesant lancé suivant la verticale AB
(fig. 184) avec la vitesse V_0 comptée positivement de bas en haut et
négativement en sens inverse; soit, de plus, e l'espace parcouru au
temps t compté à partir de l'instant où le mobile est en A, cet
espace étant compté positivement ou négativement, suivant que le
point matériel est au-dessus ou au-dessous du plan horizontal qui
passe par A. Si le point matériel est seulement animé du mouvement
uniforme qui résulte de la vitesse d'impulsion V_0, il sera au temps t
à une distance de A représentée en grandeur et en signe par :

$$V_0 t.$$

De même, si le mobile obéit uniquement à l'action de la pesanteur, il sera au temps t à une distance de A représentée en grandeur et en signe par :

$$-\frac{1}{2} g t^2.$$

Donc, en définitive, l'espace parcouru e au temps t, quand le point
matériel est animé des deux mouvements simultanés sera, en grandeur et en signe :

$$e = V_0 t - \frac{1}{2} g t^2$$

et cette formule est absolument générale.

On en déduit par les procédés indiqués (339) la formule générale
de la vitesse :

$$V = V_0 + g t.$$

Il faut absolument tenir compte de ces résultats pour interpréter
les doubles solutions que donnent généralement les problèmes relatifs au mouvement des corps pesants. Ainsi, dans l'exercice traité au
n° 348 la solution négative s'interprète en changeant le signe de t
dans l'équation immédiate, ce qui revient à changer le signe de la
vitesse initiale v_0.

353. — **Exemple.** *Deux points* A *et* B, *à une distance* a *l'un de l'autre, sont situés sur une même verticale* XY (fig. 185) : *deux corps pesants partent à l'instant actuel l'un de* A *avec une vitesse* v_0, *dirigée suivant* AB, *l'autre de* B, *avec une vitesse* v_1 *dirigée suivant* BA. *On propose de calculer la valeur de* v_0 *de sorte que la rencontre des deux mobiles ait lieu en un point* C *donné entre* A *et* B *et à une distance* h *de* A.

Les lettres v_0 et v_1 représentant les valeurs absolues des vitesses, nous appliquons les formules précédentes, ce qui nous conduit aux deux équations :

$$- (a - h) = (- v_1)t - \frac{1}{2} g t^2, \qquad (1)$$

$$h = v_0 t - \frac{1}{2} g t^2, \qquad (2)$$

en désignant par t le temps qui s'écoulera depuis l'instant actuel jusqu'au moment de la rencontre en C.

Notre inconnue principale étant v_0, nous éliminons t ; on obtient, en retranchant (1) de (2) :

$$a = \left(v_1 + v_0 \right) t,$$

Fig. 185.

ce qui montre que le temps inconnu est la durée nécessaire à un mobile animé d'un mouvement uniforme de vitesse $(v_1 + v_0)$ pour parcourir AB : nous portons cette vitesse dans (2) et nous arrivons aisément à l'équation :

$$2(a - h) v_0^2 + 2(a - 2h) v_1 v_0 - \left(g a^2 + 2 h v_1^2 \right) = 0. \qquad (3)$$

Les racines de cette équation sont réelles et inégales *a priori*, puisque nous supposons $a > h$; d'ailleurs ces racines sont de signes contraires : la racine positive convient donc au problème, et la réponse est :

$$v_0 = \frac{- (a - 2h) v_1 + a \sqrt{v_1^2 + 2g(a - h)}}{2(a - h)}.$$

Voyons comment nous devons interpréter la racine négative : à cet effet, nous écrivons les équations (1) et (2) sous la forme :

$$- (a - h) = v_1 (- t) - \frac{1}{2} g t^2, \qquad (1)'$$

$$h = (- v_0) (- t) - \frac{1}{2} g t^2, \qquad (2)'$$

Il est clair qu'en éliminant t entre ces deux équations, nous serons conduit à l'équation (3).

Par suite, la valeur absolue de la racine négative de cette équation répond au problème suivant :

Deux points A *et* B *à une distance* a *l'un de l'autre sont situés sur une même verticale* XY (fig. 185); *deux corps pesants passent à l'instant actuel l'un en* A, *avec une vitesse* v_0 *dirigée suivant* BA, *l'autre en* B, *avec une vitesse* v_1 *dirigée suivant* AB: *on propose de calculer la valeur de* v_0, *sachant que la rencontre des deux mobiles a eu lieu en un point* C *donné entre* A *et* B, *à une distance* h *de* A.

La réponse à ce nouveau problème est :

$$v_0 = \frac{(a - 2h)\, v_1 + a\sqrt{v_1^2 + 2g(a - h)}}{2(a - h)}.$$

*CHAPITRE V

NOTIONS SUR L'ACCÉLÉRATION DANS LE MOUVEMENT RECTI-LIGNE VARIÉ ET SUR LA VITESSE DANS LE MOUVEMENT CUR-VILIGNE.

354. — Accélération moyenne. Nous considérons un mouvement rectiligne varié dans lequel la vitesse à l'époque t est donnée par une équation telle que :

$$v = \varphi(t),$$

La notation $\varphi(t)$ indiquant une expression algébrique quelconque, c'est-à-dire une suite quelconque de calculs indiqués sur la quantité t.

En donnant au temps un accroissement h, la vitesse prendra un accroissement K (positif ou négatif), qui est, en définitive :

$$K = \varphi(t+h) - \varphi(t).$$

Le rapport de K à h est ce qu'on appelle L'ACCÉLÉRATION MOYENNE *de ce mouvement pendant l'intervalle de temps h qui succède à l'instant t.*

Il faut remarquer que cette accélération moyenne ainsi définie est précisément l'accélération du mouvement uniformément varié que l'on devrait substituer au mouvement varié à l'instant t, si l'on voulait que la vitesse à l'instant $(t+h)$ ait la même valeur que dans le mouvement varié ; en effet, l'accélération du mouvement varié a pour valeur :

$$\frac{v' - v}{h}$$

En représentant par v et v' les vitesses aux instants t et $t+h$; c'est donc ici :

$$\frac{K}{h}.$$

355. — **ACCÉLÉRATION A L'INSTANT** t. L'ACCÉLÉRATION *à l'instant t est la limite de l'accélération moyenne pendant l'intervalle h qui succède à l'instant t, quand h tend vers zéro.*

Ainsi, pour avoir l'accélération d'un mouvement rectiligne varié à l'instant t, on devra donner au temps l'accroissement h, calculer l'accroissement K qui en résulte pour la vitesse et chercher la limite vers laquelle tend le rapport $\left(\dfrac{K}{h}\right)$ quand h tend vers zéro.

Nous voyons donc que l'accélération au temps t est par rapport à la vitesse à cet instant, ce que la vitesse à l'instant t est par rapport à l'espace parcouru au temps t.

La loi de l'espace étant :

$$e = F(t),$$

on a :

$$v = \lim_{\cdot} \left[\frac{F(t+h) - F(t)}{h} \right].$$

En représentant le résultat par :

$$v = F'(t),$$

on aura de même pour l'accélération γ à l'instant t :

$$\gamma = \lim. \left[\frac{F'(t+h) - F'(t)}{h} \right].$$

Dans un langage déjà indiqué en algèbre, la *vitesse est la dérivée de l'espace par rapport au temps, et l'accélération est la dérivée de la vitesse par rapport au temps* (ce qu'on appelle la SECONDE DÉRIVÉE de l'espace par rapport au temps).

356. — **Exemple.** *Trouver l'accélération dans le mouvement rectiligne dont l'équation est :*

$$e = at^5 + bt^2 + c \sin t.$$

Nous commençons par chercher la vitesse, et pour cela nous donnons au temps l'accroissement h duquel résulte pour l'espace l'accroissement K :

$$K = \left[a(t+h)^5 + b(t+h)^2 + c \sin(t+h) \right] - \left[at^5 + bt^2 + c \sin t \right].$$

La vitesse moyenne a donc pour expression :

$$\frac{K}{h} = 3at^2 + 3ath + ah^2 + 2bt + bh + c \frac{\sin(t+h) - \sin t}{h},$$

En faisant tendre h vers zéro, nous obtenons donc :

$$v = \lim. \left(\frac{K}{h}\right) = 3at^2 + 2bt + c \lim. \left[\frac{\sin(t+h) - \sin t}{h}\right];$$

or :

$$\frac{\sin(t+h) - \sin t}{h} = \left(\frac{\sin \dfrac{h}{2}}{\dfrac{h}{2}}\right) \cos\left(t + \frac{h}{2}\right);$$

donc, en définitive :

$$v = 3at^2 + 2bt + c \cos t.$$

Connaissant l'expression de la vitesse en fonction du temps, nous calculons l'accélération moyenne : pour cela nous donnons au temps l'accroissement h; il en résulte pour la vitesse l'accroissement K' :

$$K' = \left[3a(t+h)^2 + 2b(t+h) + c \cos(t+h)\right] - \left[3at^2 + 2bt + c \cos t\right]$$

d'où l'accélération moyenne :

$$\frac{K'}{h} = 6at + 3ah + 2b + c \frac{\cos(t+h) - \cos t}{h},$$

et par suite, en faisant tendre h vers zéro :

$$\gamma = \lim\left(\frac{K'}{h}\right) = 6at + 2b + c \lim. \left[\frac{\cos(t+h) - \cos t}{h}\right].$$

Or, on a :

$$\frac{\cos(t+h) - \cos t}{h} = -\left(\frac{\sin \dfrac{h}{2}}{\dfrac{h}{2}}\right) \sin\left(t + \frac{h}{2}\right);$$

et par suite :

$$\gamma = 6at + 2b - c \sin t.$$

357. — Vitesse moyenne dans le mouvement curviligne. Supposons un point matériel parcourant la ligne courbe AMM′B (fig. 186) d'un mouvement arbitraire : soit M et M′ les positions qu'il occupe aux époques t et $(t+h)$. Pour amener ce mobile de la position M à la position M′, nous pouvons l'animer d'un mouvement uniforme suivant la droite MM′; si la vitesse de ce mouvement est :

$$\frac{MM'}{h}$$

le mobile partant de M au temps t sera encore en M′ au temps $(t+h)$.

Le rapport précédent s'appelle la VITESSE MOYENNE *du mobile pendant l'intervalle de temps h qui succède à l'instant t.*

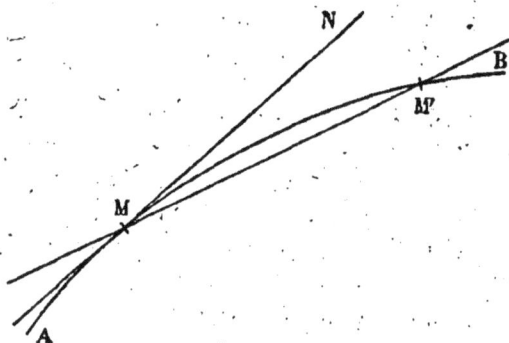

Fig. 186.

On voit que cette vitesse moyenne ne dépend pas du chemin réellement parcouru pendant l'intervalle h, sa valeur est seulement fonction de la distance des deux positions du mobile au commencement et à la fin de l'intervalle h.

358. — VITESSE A L'INSTANT t DANS LE MOUVEMENT CURVILIGNE. Si nous considérons l'intervalle de temps h indéfiniment décroissant et tendant vers zéro, le rapport $\left(\dfrac{MM'}{h}\right)$ tendra généralement vers une certaine limite qui s'appelle la *valeur de la vitesse* à l'instant t.

D'ailleurs, dans ces conditions, la corde MM′ tend vers la position limite de tangente MN à la trajectoire en M; c'est donc suivant cette tangente qu'est dirigée la vitesse moyenne à la limite; c'est aussi cette direction qui est, par définition, celle de la vitesse à l'instant t.

Enfin, nous remarquons que l'on peut écrire :

$$\frac{MM'}{h} = \left(\frac{\text{arc } MM'}{h}\right) \times \left(\frac{MM'}{\text{arc } MM'}\right).$$

Or, il résulte de la définition de la longueur d'un arc de courbe que la limite du rapport de cette longueur à la corde qui le sous-tend est l'unité quand cet arc tend vers zéro, donc :

$$\lim \left(\frac{MM'}{h}\right) = \lim \left[\frac{\text{arc } MM'}{h}\right].$$

On peut donc dire :

La vitesse à l'instant t dans un mouvement curviligne est dirigée suivant la tangente à la trajectoire, au point où se trouve le mobile, et elle a pour valeur la limite du rapport de la longueur de l'arc de courbe, décrit pendant l'intervalle h qui succède à l'instant t, à cet intervalle quand h tend vers zéro.

359. — Projection de la vitesse. Si l'on projette le mouvement curviligne sur un axe, la vitesse du mouvement de projection sera la projection de la vitesse sur cet axe, car la projection du chemin parcouru est le chemin parcouru par la projection.

Il en résulte que l'on peut décomposer la vitesse à un instant quelconque suivant trois axes et obtenir des relations analogues à celles que nous avons déjà indiquées.

CHAPITRE VI

COMPOSITION DES MOUVEMENTS

§ I. — MOUVEMENTS RECTILIGNES UNIFORMES.

360. — Définition. Supposons un point matériel parcourant la droite OX d'un mouvement uniforme de vitesse V, et se trouvant en O à l'origine du temps (fig. 187), soit A la position qu'il occupe au temps t; en même temps, imaginons que la droite OX soit animée d'un mouvement de translation (ses points décrivant dans le

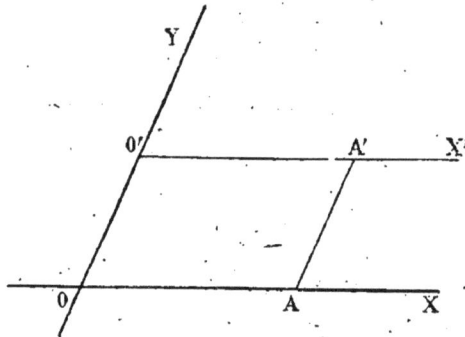

Fig. 187.

même temps des droites égales et parallèles) uniforme de vitesse V', de sorte que le point O de OX, parcourant OY, occupe la position O' au temps t; le point matériel considéré exécutera son mouvement sur OX indépendamment de l'état de repos ou de mouvement de cette ligne, et se trouvera au temps t dans la position A' telle que O'A' soit égale et parallèle à OA.

On dit alors que *le point matériel considéré est animé de deux mouvements* SIMULTANÉS *rectilignes et uniformes.*

Il est facile de concevoir ainsi ce qu'il faut entendre en général par un point matériel animé de plusieurs mouvements simultanés rectilignes uniformes.

Nous nous proposerons de composer ces mouvements, c'est-à-dire de trouver la trajectoire du mobile, et la nature de son mouvement sur cette ligne.

361. — THÉORÈME. *Lorsqu'un point matériel est animé de deux mouvements simultanés rectilignes et uniformes, il prend un mouvement résultant rectiligne et uniforme, et la vitesse de ce mouvement est représentée en grandeur et en direction par la diagonale du parallélogramme construit sur les vitesses des mouvements composants.*

Soient, en effet, OX, OY (fig. 188) les directions des deux mouvements simultanés de vitesses V et V' : au bout du temps t le point

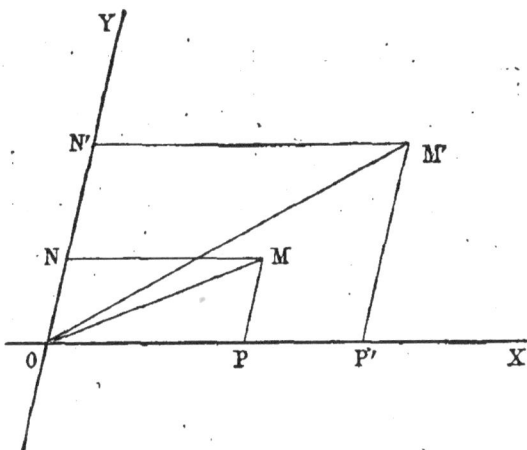

Fig. 188.

occupe la position M, quatrième sommet du parallélogramme construit sur les lignes OP, ON telles que l'on ait :

$$OP = Vt, \quad ON = V't.$$

Soit, de même, la position M' occupée par le mobile au temps t' ; on aura :

$$OP' = Vt', \quad ON' = V't'.$$

Il en résulte que les triangles OMP, OM'P' sont semblables, parce qu'ils ont un angle égal ($\widehat{MPO} = \widehat{M'P'O}$) compris entre côtés proportionnels, puisque l'on a :

$$\frac{OP}{OP'} = \frac{t}{t'}, \quad \frac{MP}{M'P'} = \frac{ON}{ON'} = \frac{t}{t'}.$$

Donc les angles MOP, M'OP' sont égaux, et les directions OM, OM' se confondent : *le mouvement résultant est donc rectiligne.*

D'ailleurs les mêmes triangles (fig. 189) donnent :

$$\frac{OM}{OM'} = \frac{OP}{OP'} = \frac{t}{t'};$$

donc le mouvement résultant est uniforme, puisque les espaces sont dans le rapport des temps employés à les parcourir.

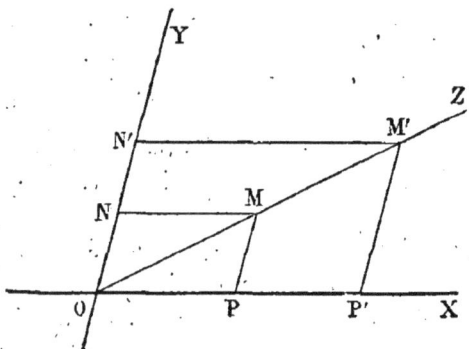

Fig. 189.

Enfin, soit M la position occupée à la fin de la première seconde par le mobile; l'espace OM sera donc la vitesse du mouvement résultant, et par suite OP et ON étant les chemins parcourus dans une seconde par les mouvements composants sont les vitesses de ces mouvements. Il en faut donc conclure que *la vitesse résultante est la diagonale du parallélogramme construit sur les vitesses des mouvements composants,* ce qui achève de démontrer le principe énoncé.

362. — Corollaire. *Lorsqu'un point matériel est animé de trois mouvements simultanés rectilignes et uniformes, il prend un mouvement résultant rectiligne et uniforme, et la vitesse de ce mouvement est la diagonale du parallélépipède construit sur les droites qui représentent en grandeur et en direction les vitesses des mouvements composants.*

Soient (fig. 190) OX, OY, OZ les directions des mouvements composants, tels que OA, OB, OD soient les espaces parcourus pendant le temps *t* dans chacun de ces mouvements.

Par le fait des mouvements suivant OX et OY, le point matériel parcourt la diagonale OC du parallélogramme OACB, et se trouve au temps *t* en C.

Le troisième mouvement se combine avec celui-ci, en fait parcourir au point matériel la diagonale OE du parallélogramme DOCE;

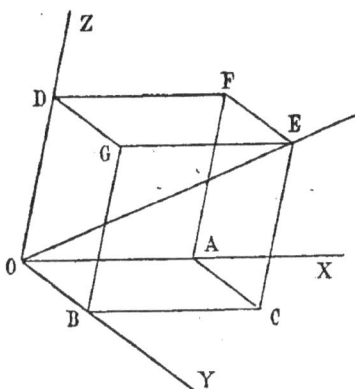

Fig. 190.

par suite le point vient en E à l'époque *t*, et parcourt ainsi la diagonale OE du parallélépipède construit sur OA, OB et OD.

D'ailleurs le mouvement suivant OC est uniforme; il en est aussi de même suivant OE, et la vitesse suivant OE est OE, si OA, OB et OD sont les vitesses des mouvements composants.

363. — **Remarque.** On arrive ainsi à composer un nombre quelconque de mouvements simultanés rectilignes et uniformes, et l'on est conduit à un résultat en tout analogue à celui qui est donné en statique par le polygone des forces.

La vitesse résultante s'obtient en traçant une ligne polygonale dont les côtés successifs sont respectivement égaux et parallèles aux vitesses des mouvements composants, et en fermant le polygone. C'est ce qu'on appelle le POLYGONE DES VITESSES.

364. — *Décomposition d'une vitesse suivant trois axes.

Soient les axes rectangulaires OXYZ et la vitesse V représentée en

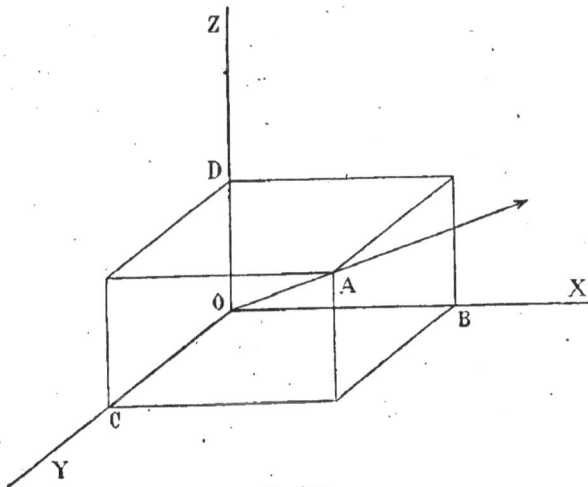

Fig. 191.

grandeur et en direction par OA (fig. 191). On la décompose suivant les axes en la projetant sur ces lignes; si ces projections sont OB, OC, OD, il est visible que la vitesse V sera la résultante des vitesses OB, OC, OD, c'est-à-dire que le mouvement rectiligne et uniforme suivant OA, de vitesse OA, peut être remplacé par les mouvements simultanés rectilignes et uniformes dirigés suivant OX, OY, OZ et ayant pour vitesses OB, OC, OD.

En représentant par α, β, γ les angles que fait OA avec les axes OX, OY, OZ, nous aurons :

$$(1) \qquad \begin{cases} V_x = V \cos \alpha, \\ V_y = V \cos \beta, \\ V_z = V \cos \gamma, \end{cases}$$

équations qui déterminent complètement les mouvements composants.

365. — *Réciproquement*, si on donne les mouvements composants suivant OX, OY, OZ ayant pour vitesses V_x V_y V_z, la vitesse V du mouvement résultant sera complètement déterminée par les équations (1) qui conduisent d'ailleurs au résultat :

$$V = \sqrt{V_x^2 + V_y^2 + V_z^2}.$$

366. — En général, si nous considérons un point matériel animé de mouvements simultanés rectilignes, dont les vitesses v, v', v'', ..., font des angles $\alpha\,\beta\,\gamma$, $\alpha'\,\beta'\,\gamma'$, ..., avec trois axes rectangulaires, la vitesse w du mouvement résultant faisant avec les mêmes axes les angles λ, μ, ν, satisfera aux équations :

$$w \cos \lambda = v \cos \alpha + v' \cos \alpha' + v'' \cos \alpha'' + \ldots = \sum v \cos \alpha,$$
$$w \cos \mu = v \cos \beta + v' \cos \beta' + v'' \cos \beta'' + \ldots = \sum v \cos \beta,$$
$$w \cos \nu = v \cos \gamma + v' \cos \lambda' + v'' \cos \gamma'' + \ldots = \sum v \cos \gamma.$$

Ces équations détermineront visiblement la quantité w et les angles λ, μ, ν. On aura :

$$w = \sqrt{\left(\sum v \cos \alpha\right)^2 + \left(\sum v \cos \beta\right)^2 + \left(\sum v \cos \gamma\right)^2},$$

$$\cos \lambda = \frac{\sum v \cos \alpha}{w}, \ \cos \mu = \frac{\sum v \cos \beta}{w}, \ \cos \nu = \frac{\sum v \cos \gamma}{w}.$$

367. — On conclut aisément de là les conditions nècessaires et suffisantes du repos du point matériel relatif aux axes considérés :

$$\sum v \cos \alpha = 0, \ \sum v \cos \beta = 0, \ \sum v \cos \gamma = 0.$$

*368. — **Projection du mouvement sur trois axes.**

Soit un mouvement suivant la droite AM, uniforme, et de vitesse v (fig. 192), et soient trois axes rectangulaires quelconques OX, OY, OZ auxquels on rapporte les positions du mobile.

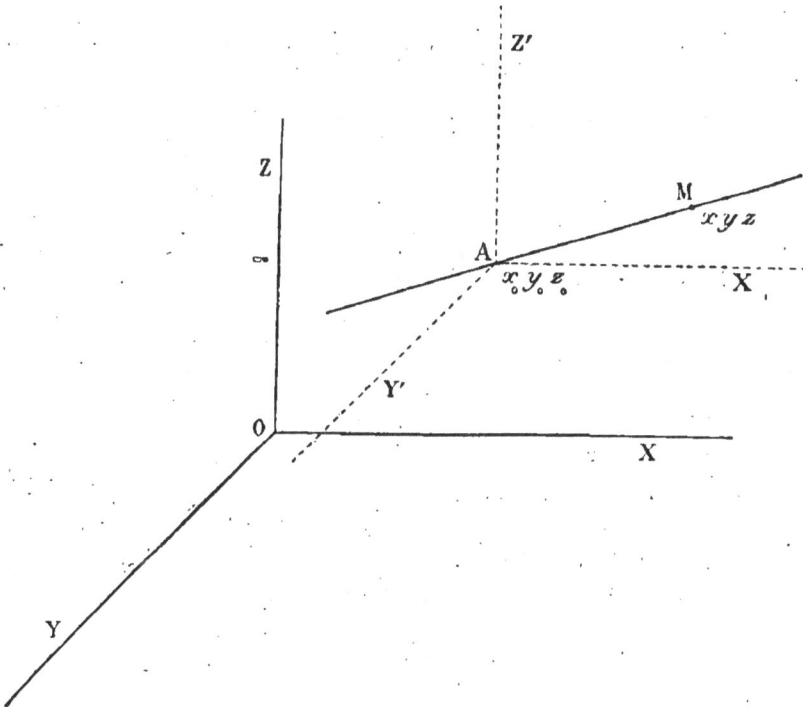

Fig. 192.

Nous pouvons remplacer ce mouvement par trois mouvements simultanés dirigés suivant les axes OX', OY', OZ' parallèles aux premiers et les vitesses de ces mouvements seront :

$$v \cos \alpha, \quad v \cos \beta, \quad v \cos \gamma.$$

Par suite, à une époque t arbitraire, les projections du point mobile sur les axes seront à des distances de l'origine représentées par :

$$x' = vt \cos \alpha, \ y' = vt \cos \beta, \ z' = vt \cos \gamma.$$

Donc, en représentant par $x_0\,y_0\,z_0$ les coordonnées de la position du mobile au temps zéro, on aura au temps t, par rapport aux axes choisis OX, OY, OZ :

$$x = x_0 + vt \cos \alpha,$$
$$y = y_0 + vt \cos \beta,$$
$$z = z_0 + vt \cos \gamma.$$

On pourra donc, par ces relations, obtenir les coordonnées de la position du mobile à une époque quelconque.

369. — Plus généralement, supposons un point matériel qui occupe au temps zéro la position déterminée par les coordonnées $x_0\,y_0\,z_0$: des mouvements simultanés rectilignes de vitesse $v, v', v'', \ldots$, définies par les angles $\alpha\beta\gamma$, $\alpha'\beta'\gamma'$, $\ldots$, sollicitent ce point : au temps t, la position du point matériel sera caractérisée par les coordonnées :

$$x = x_0 + \sum vt \cos \alpha,$$

$$y = y_0 + \sum vt \cos \beta,$$

$$z = z_0 + \sum vt \cos \gamma.$$

§ II. — MOUVEMENTS RECTILIGNES UNIFORMÉMENT ACCÉLÉRÉS SANS VITESSES INITIALES.

370. — **THÉORÈME.** *Lorsqu'un point matériel est animé de deux mouvements simultanés rectilignes uniformément accélérés sans vitesses initiales, son mouvement résultant est rectiligne et uniformément accéléré, et l'accélération de ce mouvement est la diagonale du parallélogramme construit sur les droites qui représentent en grandeur et en direction les accélérations des mouvements composants.*

Soit le point matériel O (fig. 193) animé d'un mouvement uniformément accéléré suivant OX sans vitesse initiale, et d'accélération γ. En même temps la droite OX est animée d'un mouvement de translation tel que le point O de cette ligne parcourt OY d'un mouvement uniformément accéléré sans vitesse initiale, et dont l'accélération est γ'.

Si la droite OX reste fixe, le point matériel sera en P et P' sur cette ligne aux époques t et t' : mais en même temps la droite s'est déplacée parallèlement à elle-même, de sorte que le point O occupe à ces époques les positions N et N'. Il est clair qu'à ces mêmes époques le mobile sera en M et M', quatrièmes sommets des parallélogrammes construits sur OP, ON et OP', ON' : nous voulons prouver

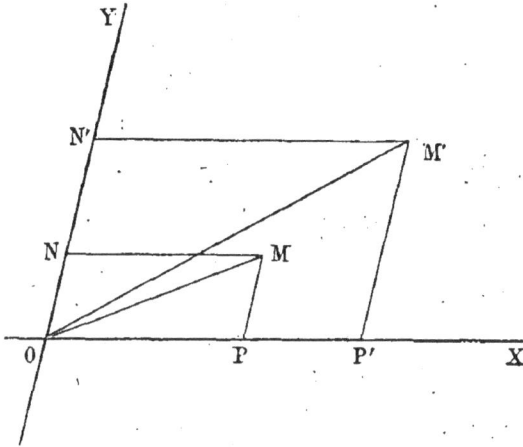

Fig. 195.

d'abord que les points O, M, M' sont en ligne droite, c'est-à-dire que le mouvement résultant est rectiligne. On a en effet :

$$\frac{OP}{OP'} = \frac{t^2}{t'^2} \quad \text{et} \quad \frac{ON}{ON'} = \frac{MP}{M'P'} = \frac{t^2}{t'^2};$$

donc :

$$\frac{OP}{OP'} = \frac{MP}{M'P'},$$

et les triangles OPM, OP'M' sont semblables : donc les directions OM, OM' coïncident.

Le mouvement résultant qui est donc rectiligne est aussi uniformément accéléré, car les triangles semblables OMP, OM'P' (fig. 194) donnent :

$$\frac{OM}{OM'} = \frac{OP}{OP'} = \frac{t^2}{t'^2};$$

donc les espaces décrits dans le mouvement résultant sont proportionnels aux carrés des temps employés à les parcourir, ce qui caractérise le mouvement uniformément accéléré sans vitesse initiale.

Enfin, des relations :

$$OP = \frac{1}{2}\gamma^2 t^2,$$

$$ON = \frac{1}{2}\gamma' t^2;$$

nous déduisons, si $t = 1$:

$$\gamma = 20P, \qquad \gamma' = 20N.$$

Dans cette hypothèse $(t = 1)$ OM est donc l'espace parcouru pendant la première seconde dans le mouvement résultant, c'est-à-dire que OM est la moitié de l'accélération de ce mouvement. Or OM est la

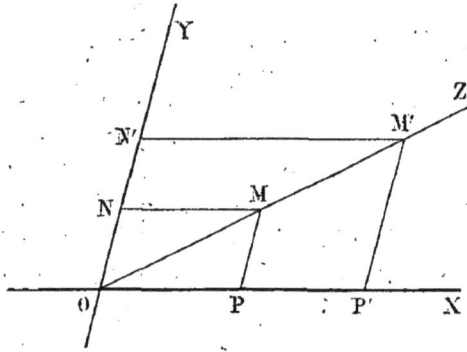

Fig. 194.

diagonale du parallélogramme construit sur OP et ON ; donc le double de OM sera la diagonale du parallélogramme construit sur les doubles de OP et de ON, *l'accélération de mouvement résultant est donc bien la diagonale du parallélogramme construit sur les accélérations des mouvements composants.*

371. — Corollaire. *La vitesse acquise au bout d'un temps quelconque par le point matériel est la diagonale du parallélogramme construit sur les vitesses acquises au bout du même temps dans les mouvements composants.*

Si nous représentons, en effet, par γ, γ', γ'' les accélérations des mouvements composants et du mouvement résultant, et par v, v', v'' les vitesses acquises à la même époque t, nous aurons :

$$v = \gamma t,$$
$$v' = \gamma' t,$$
$$v'' = \gamma'' t.$$

Or γ'' est la diagonale du parallélogramme construit sur γ et γ' ; donc v'' est la diagonale du parallélogramme construit sur v et v'.

372. — Remarque I. Il est évident que l'on pourra composer un nombre quelconque de mouvements simultanés, rectilignes et uniformément accélérés sans vitesses initiales, et que l'on obtiendra un mouvement résultant rectiligne et uniformément accéléré.

L'accélération du mouvement résultant s'obtiendra en construisant une ligne polygonale dont les côtés sont égaux et parallèles aux accélérations des mouvements composants : le côté qui ferme ce polygone représente en grandeur et en direction l'accélération du mouvement résultant.

Enfin la vitesse acquise au temps t s'obtiendra de la même façon en composant les vitesses acquises à la même époque.

Si l'on représente par $x_0 y_0 z_0$ la position au temps zéro du mobile, rapportée à trois axes rectangulaires, par c, c', c''... les accélérations de mouvements rectilignes, uniformément accélérés, sans vitesses initiales qui animent simultanément ce point matériel, et par $\alpha \beta \gamma$, $\alpha' \beta' \gamma'$, $\alpha'' \beta'' \gamma''$.... les angles qui définissent par rapport aux mêmes axes chacun de ces mouvements, la position du mobile au temps t sera déterminée par les coordonnées :

$$x = x_0 + \frac{t^2}{2} \sum c \cos \alpha,$$

$$y = y_0 + \frac{t^2}{2} \sum c \cos \beta,$$

$$z = z_0 + \frac{t^2}{2} \sum c \cos \gamma.$$

L'accélération C faisant avec les axes les angles λ, μ, ν, sera déterminée par les équations :

$$C \cos \lambda = \sum c \cos \alpha,$$

$$C \cos \mu = \sum c \cos \beta,$$

$$C \cos \nu = \sum c \cos \gamma.$$

d'où :

$$C = \sqrt{\left(\sum c \cos \alpha \right)^2 + \left(\sum c \cos \beta \right)^2 + \left(\sum c \cos \gamma \right)^2}.$$

Enfin on aura de même, pour la vitesse acquise au temps t :

$$V = \sqrt{\left(\sum ct \cos \alpha \right)^2 + \left(\sum ct \cos \beta \right)^2 + \left(\sum ct \cos \gamma \right)^2}$$

373. — **Remarque II.** Nous avons supposé, dans ce qui précède, que les mouvements composants n'ont pas de vitesse initiale ; dans le cas de deux mouvements *avec vitesses initiales* $v_0 v_0'$ et d'accélération γ, γ', la trajectoire du point matériel est généralement une *para-bole*, sauf dans le cas où l'on a :

$$\dot{\gamma} v_0' - \gamma' v_0 = 0.$$

Cette condition est précisément vérifiée dans les circonstances que nous avons supposées, où l'on a, en même temps :

$$v_0 = 0, \quad v_0' = 0.$$

§ III. — DEUX MOUVEMENTS RECTILIGNES, L'UN UNIFORME, L'AUTRE UNIFORMÉMENT ACCÉLÉRÉ SANS VITESSE INITIALE.

374. — Supposons un point matériel animé de deux mouvements simultanés, l'un uniforme suivant OY (fig. 195), de vitesse V_0, et

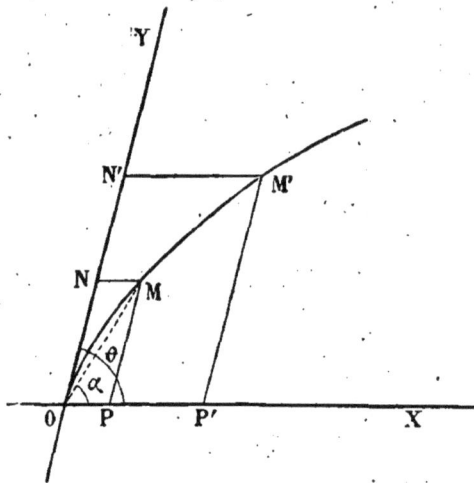

Fig. 195.

l'autre uniformément accéléré sans vitesse initiale suivant OX, l'accélération étant γ. La position M du mobile au temps t s'obtiendra en construisant un parallélogramme OPMN sur les espaces parcourus dans les deux mouvements composants, c'est-à-dire tels que :

$$ON = V_0 t,$$
$$OP = \frac{1}{2} \gamma t^2.$$

$$\frac{ON}{OP} = \frac{V_0 t}{\frac{1}{2} \gamma t^2} = \frac{2 V_0 t}{\gamma t^2} = \frac{2 V_0}{\gamma t}$$

Il est facile de voir que le mouvement résultant ne sera pas rectiligne, car l'on tire des égalités précédentes :

$$\frac{MP}{OP} = \frac{2V_0}{\gamma t}$$

Ce rapport décroissant quand le temps croit, le droit OM fera avec OX un angle variable constamment décroissant ; on a, en effet :

$$\frac{\sin \alpha}{\sin (\theta - \alpha)} = \frac{2V_0}{\gamma t} ; \quad = \frac{\mathcal{S}in\, \alpha}{\mathcal{S}in\, \theta.\mathcal{C}os\, \alpha - \mathcal{S}in\, \alpha\, \mathcal{C}os\, \theta}$$

d'où : $(*.)$

$$tg\alpha = \frac{2V_0 \sin \theta}{2V_0 \cos \theta + \gamma t}.$$

On démontre d'ailleurs que la trajectoire est une parabole tangente en O à OY et dont l'axe est parallèle à OX.

375. — Vitesse du mouvement résultant. Soit M (fig. 196) la position du mobile à l'instant t ; sa vitesse est alors dirigée suivant la

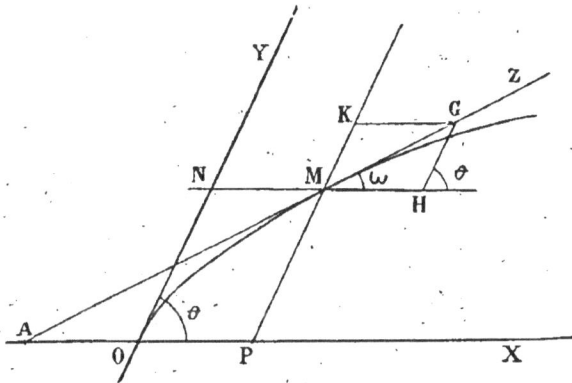

Fig. 196.

tangente MZ à la trajectoire, et se décompose en deux vitesses MH, MK parallèles aux directions OX, OY, qui sont précisément les vitesses au temps t dans les mouvements composants, donc :

$$MH = \gamma t,$$
$$MK = V_0.$$

Par suite, en représentant par ω l'angle que la vitesse fait, à l'instant t, avec l'axe OX, et par W cette vitesse, nous aurons, dans le triangle MGH :

$$W^2 = V_0^2 + \gamma^2 t^2 + 2V_0 \gamma t \cos \theta, \qquad (1)$$

$*$ $\dfrac{\dfrac{\mathcal{S}in\, \alpha}{\mathcal{C}os\, \alpha}}{\mathcal{S}in\, \theta - \dfrac{\mathcal{S}in\, \alpha}{\mathcal{C}os\, \alpha}.\mathcal{C}os\, \theta} = \dfrac{2V_0}{\gamma t} = \dfrac{tg\, \alpha}{\mathcal{S}in\, \theta - tg\, \alpha.\mathcal{C}os\, \theta}$ ou bien puis :

$$\frac{\sin \omega}{\sin (\theta - \omega)} = \frac{V_0}{\gamma t}.$$

On en tire aisément :

$$tg\omega = \frac{V_0 \sin \theta}{V_0 \cos \theta + \gamma t}. \tag{2}$$

Les relations (1) et (2) définissent complètement la vitesse à l'instant t.

376. — Remarque. Nous allons trouver un exemple intéressant de cette question dans le mouvement des projectiles dans le vide.

§ IV. — MOUVEMENT DES PROJECTILES DANS LE VIDE.

377. — Nous nous proposons d'étudier le mouvement d'un point matériel animé de deux mouvements simultanés rectilignes, l'un uniforme, de vitesse V_0, dont la direction fait un angle α avec l'horizon, l'autre uniformément accéléré, d'accélération g, et dirigé suivant la verticale.

378. — Équation de la trajectoire. — Nous prenons pour plan de la figure 197, le plan vertical passant par la direction OZ de la

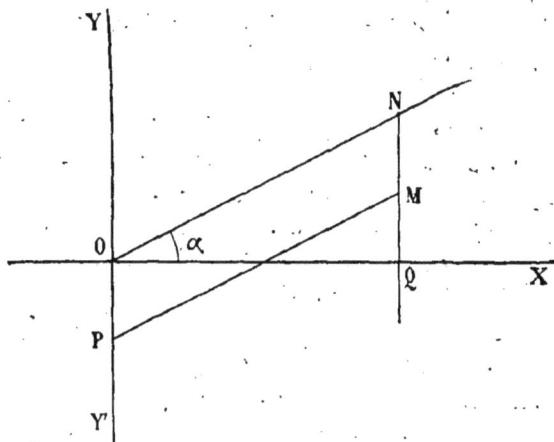

Fig. 197.

vitesse V_0, et nous traçons deux axes rectangulaires OX, OY dont l'un OY est vertical. Nous cherchons les coordonnées de la position occupée au temps t par le point matériel.

$2V_0 . \sin \theta - 2 V_0 . tg\alpha . \cos \theta = tg\alpha . gt$
$\qquad tg\alpha = \dfrac{2 V_0 . \sin \theta}{2 V_0 . \cos \theta + gt}$

$2V_0 . \sin \theta = tg\alpha . gt + 2 V_0 . tg\alpha . \cos \theta$

$2V_0 . \sin \theta = tg\alpha (gt + 2 V_0 . \cos \theta$

Pour construire la position du point, nous prenons :

$$OP = \frac{1}{2} \dot{g} t^2, \qquad ON = V_0 t,$$

sur ces deux longueurs nous construisons un parallélogramme dont le sommet M est la position cherchée : nous cherchons donc une relation entre OQ et MQ indépendante de l'époque t; or nous avons :

$$x = OQ = ON \cos \alpha = V_0 t \cos \alpha,$$
$$y = MQ = NQ - NM = V_0 t \sin \alpha - \frac{1}{2} g t^2.$$

Ainsi, à l'époque t, les coordonnées du point où se trouve le mobile sont :

$$\left. \begin{aligned} x &= V_0 t \cos \alpha, \\ y &= V_0 t \sin \alpha - \frac{1}{2} g t^2. \end{aligned} \right\} \qquad (1)$$

La relation constante qui existe entre x et y s'obtiendra donc en éliminant t entre les équations (1); on obtient aisément :

$$y = x \operatorname{tg} \alpha - \frac{g x^2}{2 V_0^2 \cos^2 \alpha}. \qquad (2)$$

Il en résulte que la trajectoire est le lieu géométrique des points du plan de la figure dont les coordonnées x et y vérifient la relation (2). Cette relation est l'ÉQUATION DE LA TRAJECTOIRE.

379. — Nature de la trajectoire. Cette trajectoire est une *parabole :* pour le reconnaître, nous mettons l'équation (2) sous une forme telle que nous puissions retrouver une propriété caractéristique de la parabole que nous rappelons.

Si une courbe plane (fig. 198), *symétrique par rapport à XY, est telle que le carré de toute corde MP perpendiculaire à XY soit dans un rapport invariable avec la distance AP de cette corde à un point A de XY, cette courbe est une parabole dont l'axe est XY et qui a pour sommet le point A.*

Pour reconnaître que la courbe représentée par l'équation (2) a cette propriété, nous écrivons cette équation sous la forme :

$$y = - \frac{g}{2 V_0^2 \cos^2 \alpha} \left(x^2 - 2 \frac{V^2 \sin \alpha \cos \alpha}{g} x \right)$$

Equation générale $Ay^2 + 2Bxy + Cx^2 + 2Dy + 2Ex + F = 0$
pour $(B^2 - 4AC) < 0$ ellipse
$(B^2 - 4AC) > 0$ hyperbole
$(B^2 - 4AC) = 0$ Parabole
ou $a B = 0$ et $A = 0$ donc Parabole

Puis nous complétons le carré du binôme dont les deux premiers termes forment la parenthèse :

$$y = -\frac{g}{2V_0^2 \cos^2 \alpha}\left(x - \frac{V_0^2 \sin \alpha \cos \alpha}{g}\right)^2 + \frac{V_0^2 \sin^2 \alpha}{2g},$$

ce que nous écrivons, finalement :

$$y - \frac{V_0^2 \sin^2 \alpha}{2g} = -\frac{g}{2V_0^2 \cos^2 \alpha}\left(x - \frac{V_0^2 \sin \alpha \cos \alpha}{g}\right)^2 \quad (3)$$

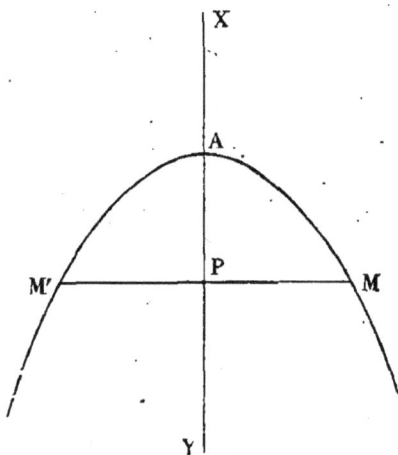

Fig. 198.

Nous considérons alors le point A du plan (fig. 199) dont les coordonnées sont :

$$\begin{cases} x_1 = \dfrac{V_0^2 \sin \alpha \cos \alpha}{g} \\ y_1 = \dfrac{V_0^2 \sin^2 \alpha}{2g} \end{cases} \quad (4)$$

L'équation (3) s'écrit alors :

$$y - y_1 = -\frac{g}{2V_0^2 \cos^2 \alpha}(x - x_1)^2, \quad (5)$$

d'où il résulte déjà que le point A est sur la trajectoire, puisque ses coordonnées vérifient l'équation de cette ligne.

En second lieu, traçons par le point A une parallèle $Y_1 Y_1'$ à OY, et considérons une position arbitraire M du mobile dont les coordonnées x, y satisfont à l'équation (5). Nous avons visiblement :

$$MP = OB - ON = x_1 - x,$$
$$AP = AB - MN = y_1 - y;$$

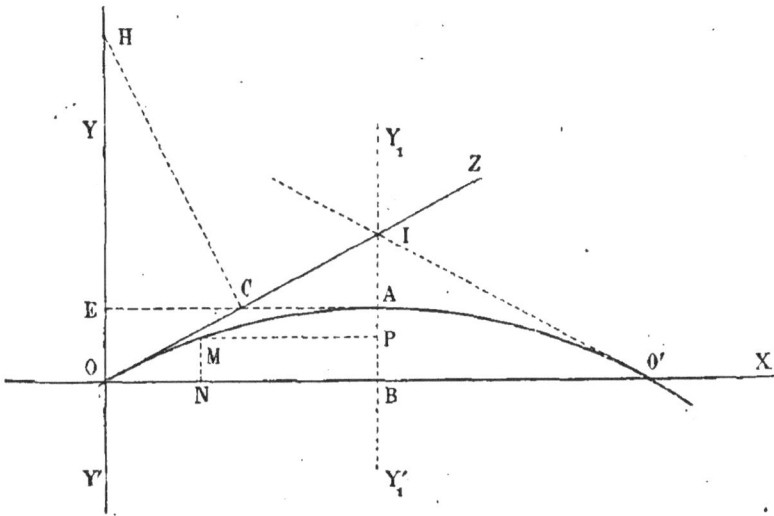

Fig. 190.

donc, en remplaçant dans (5) :

$$AP = \frac{g}{2V_0^2 \cos^2 \alpha} \times \overline{MP}^2,$$

c'est-à-dire :

$$\frac{\overline{MP}^2}{AP} = \frac{2V_0^2 \cos^2 \alpha}{g},$$

cette relation nous permet donc d'affirmer que *la trajectoire est la parabole qui passe par le point O, qui a pour sommet le point A et pour axe $Y_1 Y'_1$*, ce qui détermine complètement cette trajectoire.

380. — Pour construire le point A, connaissant la vitesse initiale en grandeur et direction, nous considérons le point culminant H où s'élèverait le mobile lancé suivant OY avec la vitesse V_0. Nous savons que l'on a :

$$OH = \frac{V_0^2}{2g}.$$

En projetant le point H en C sur OZ et le point C en E sur OY, on a visiblement :

$$OE = \frac{V_0^2}{2g}\sin^2\alpha = y_1,$$

$$2EC = \frac{V_0^2}{2g}\sin\alpha\cos\alpha = x_1,$$

donc le point A est sur EC, et à une distance AC égale à CE.

On en conclut que AI égale AB et que par suite la trajectoire est tangente en O à la direction OZ de la vitesse d'impulsion.

381. — Symétrie des deux parties du mouvement. Le point A étant le sommet de la parabole, si l'on considère (fig. 199) la partie OAO′ de la trajectoire située au-dessus de l'horizontale OX, il en résulte qu'il y aura symétrie des deux parties AO, AO′ par rapport à $Y_1 Y_1'$.

Le temps employé par le projectile pour atteindre le point A le plus élevé de sa course se déduit facilement des équations (1); en effet, la relation :

$$y = V_0 t \sin\alpha - \frac{1}{2}gt^2,$$

nous montre que la projection du mobile sur OY possède le même mouvement qu'un point matériel pesant, lancé suivant OY avec la vitesse $V_0\sin\alpha$ au moment même où le projectile part de la position O; donc l'époque de la culmination de ce corps pesant sera aussi l'époque du passage du projectile en A; ce temps est donc :

$$\frac{V_0\sin\alpha}{g}.$$

A des époques équidistantes de ce moment, le projectile sera à la même hauteur au-dessus de OX, puisqu'il en sera ainsi de la projection sur OY, et par suite, à ces époques, le projectile passe par des points de la parabole symétriques par rapport à $Y_1 Y_1'$.

Le temps qu'il emploiera pour toucher le sol en O′ sera donc :

$$\frac{2V_0\sin\alpha}{g}.$$

382. — Flèche. On appelle ainsi la plus grande hauteur BA à laquelle parvient le projectile; la flèche est donc :

$$\frac{V_0^2\sin^2\alpha}{2g}.$$

Elle peut aisément s'obtenir par la projection sur OY : c'est la hauteur maximum auquel s'élèverait le mobile lancé verticalement avec la vitesse $V_0 \sin \alpha$.

On voit que pour une vitesse V_0 donnée, mais dont la direction est variable, le maximum est atteint quand l'angle α vaut 90° ; on retrouve ainsi :

$$\frac{V_0^2}{2g}.$$

C'est le cas du tir vertical.

383. — **Amplitude.** On appelle AMPLITUDE DU TIR la longueur OO′ qui sépare le point de départ du point où le projectile frappe le même plan horizontal. Il est clair que cette amplitude est $2x_1$, c'est-à-dire, à cause des formules (4) :

$$\frac{V_0^2 \sin 2\alpha}{g}.$$

On l'obtient d'ailleurs aisément en faisant y égal à zero dans l'équation (2).

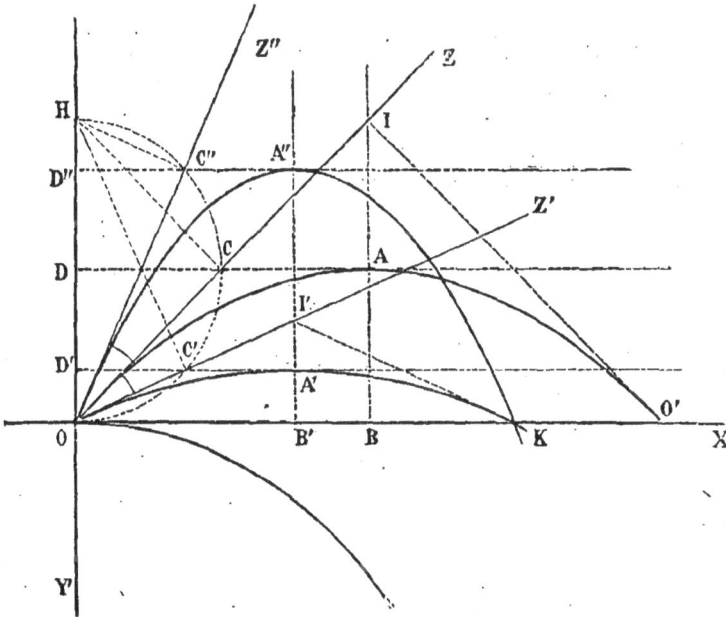

Fig. 200.

La valeur précédente nous montre que l'amplitude atteint sa valeur maximum lorsque l'angle 2α vaut 90°, c'est-à-dire quand la vitesse d'impulsion est à 45°. Dans ce cas, le projectile atteint un point situé à une distance du point O égale à 2OH.

D'ailleurs la même formule nous montre que pour des valeurs de l'inclinaison dont la demi-somme est 45°, c'est-à-dire :

$$45^\circ - \beta \quad \text{et} \quad 45^\circ + \beta,$$

les amplitudes sont égales, car les doubles de ces angles sont supplémentaires ; ainsi, les directions OZ′ et OZ″, également inclinées sur OZ, qui est bissectrice de YOX (fig. 200), donnent des trajectoires qui touchent le sol au même point K.

Enfin, lorsque l'angle α est nul, l'amplitude est nulle : la parabole a pour sommet le point O, et pour axe YY′.

384. — Vitesse du projectile. Soit M la position du mobile au temps t (fig. 201) ; la vitesse qu'il possède, et qui est dirigée suivant

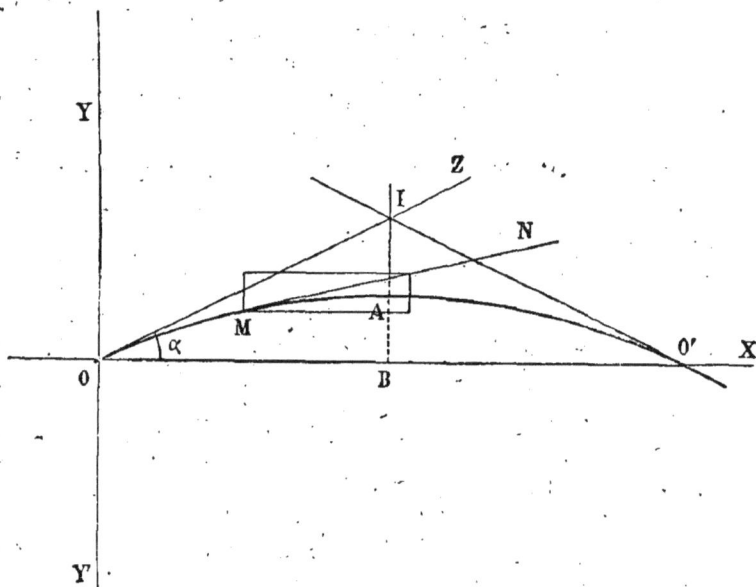

Fig. 201.

la tangente MN, se décompose en deux vitesses dirigées suivant des parallèles à OX et OY ; en représentant par V la vitesse cherchée et par λ et μ les angles qu'elle fait avec les axes OX, OY, nous aurons :

$$\left. \begin{array}{l} V \cos \lambda = V_0 \cos \alpha \\ V \cos \mu = V_0 \sin \alpha - gt \end{array} \right\} \qquad (6)$$

Or, nous avons :

$$(V_0 \sin \alpha - gt)^2 = V_0^2 \sin^2 \alpha - 2V_0 gt \sin \alpha + g^2 t^2.$$

d'où :

$$V^2 \cos^2 \mu = V_0^2 \sin^2 \alpha - 2g\left(V_0 t \sin \alpha - \frac{1}{2} gt^2 \right).$$

et, à cause des formules (1) :

$$V^2 \cos^2 \mu = V_0^2 \sin^2 \alpha - 2gy,$$

en ajoutant le carré de $V \cos \alpha$ tiré de (6), on obtient :

$$V_0^2 = V_0^2 - 2gy,$$

pour l'expression générale de la vitesse lorsque le point est à une hauteur y au-dessus du plan horizontal du point de départ. Il en résulte visiblement qu'à deux époques équidistantes du moment du passage en A, le projectile possède des vitesses égales, et qu'en particulier il a au point O' la même vitesse qu'en O.

Ainsi les angles de projection et de chute sont égaux ainsi que les vitesses.

Enfin la vitesse atteint un minimum quand le mobile passe au sommet de la courbe, et ce minimum est : $V_0 \cos \alpha$.

385. — PROPRIÉTÉS DES PARABOLES QUI CORRESPONDENT A UNE MÊME VITESSE INITIALE.

1° Lieu des foyers. Pour obtenir (fig. 201) le foyer de la parabole de sommet A qui correspond à la direction OZ de la vitesse initiale, nous remarquons que AC étant la tangente au sommet, le point C est la projection du foyer sur la tangente OI. Ce foyer est donc à l'intersection de AB avec la perpendiculaire en C à OI qui passe d'ailleurs par le point culminant H, où parviendrait le projectile lancé verticalement; donc OF = OH; on peut donc énoncer le résultat suivant :

Le lieu du foyer de ces paraboles est la circonférence de centre O dont le rayon est OH, et ces paraboles admettent la même directrice, qui est la parallèle HX' à OX.

386. — 2° Lieu des sommets. Le point C (fig. 202), étant le

milieu de EA, et ce point C ayant pour lieu géométrique la circonférence de diamètre OH, il en faut conclure que *le lieu du point* A *est l'ellipse qui a pour petit axe* OH, *et un grand axe double.*

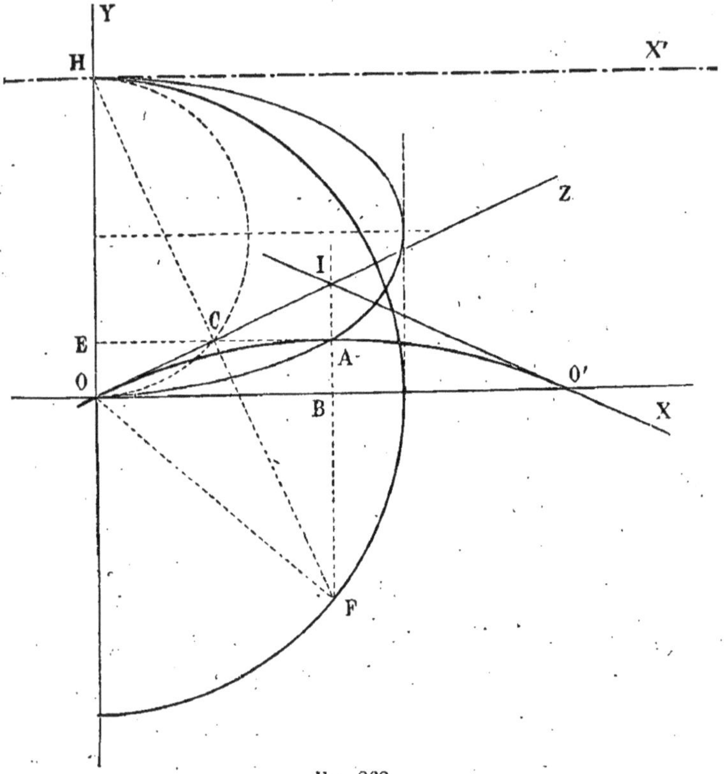

Fig. 202.

387. — 3° Direction du tir pour atteindre un point donné.
Soit M un point donné (fig. 203); la parabole qui passe par ce point
a pour diréctrice HX′, donc son foyer est sur la circonférence de
centre M et de rayon MK; de plus, ce point est sur la circonférence
de centre O et de rayon OH.

Supposons que ces circonférences se rencontrent en F et F′ : les
bissectrices OZ, OZ′ des angles FOH, F′OH sont les directions du tir
pour atteindre le point M : le problème peut donc avoir deux solutions.

388. — 4° Parabole de sûreté. Pour discuter le problème précédent, nous devons chercher la condition de rencontre des deux
circonférences auxiliaires; en traçant le rayon OM, nous voyons qu'il
faut et il suffit que l'on ait :

$$MG < MK,$$

Or le lieu géométrique des points pour lesquels MG égale MK est
une parabole ayant H pour sommet et O pour foyer (fig. 204), et

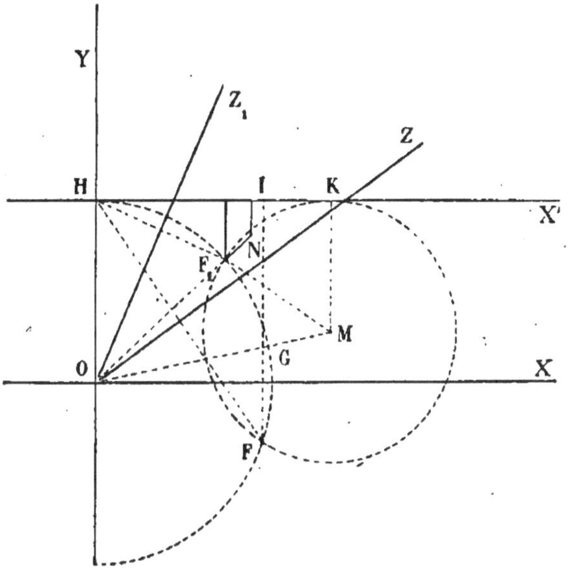

Fig. 203.

en traçant H′X″ parallèle à OY de sorte que HH′ égale OH, il est
dent que l'on aura MK′ égal à MO, si MK égale MG.

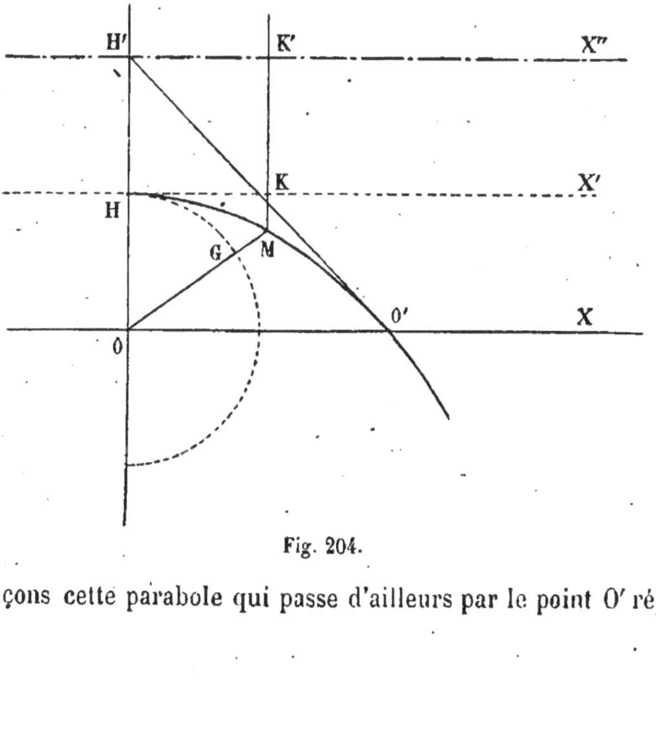

Fig. 204.

Traçons cette parabole qui passe d'ailleurs par le point O′ répon-

dant au maximum de l'amplitude. Elle sépare le plan en deux régions telles que pour tout point extérieur on a :

$$MG > MK;$$

donc aucune trajectoire n'atteindra ces points; et pour tout po int
intérieur on a :

$$MG < MK;$$

donc tout point intérieur pourra être atteint par deux directions
différentes du tir.

Enfin tout point de cette parabole ne pourra être atteint que par
une seule trajectoire.

On comprend aisément le nom de ПАRABOLE DE SURETÉ donné à
cette courb·.

389. — **5° Enveloppe des trajectoires.** *La parabole de sûreté
est tangente à toutes les trajectoires.*

D'abord pour le point M (fig. 204), la chose est évidente, car dans
ce cas particulier les tangentes en ce point aux deux courbes sont
bissectrices du même angle OMK′, puisque les foyers sont O et G, et
que les axes sont parallèles à MK′.

En second lieu pour le point M (fig. 205), le foyer étant en F_1 par
exemple, la rencontre avec la parabole de sûreté est au point N de OF_1
pour lequel on a $NI = NF_1$: les tangentes au point M se confondent
donc encore pour les deux courbes par les raisons déjà indiquées.

CHAPITRE VII

MOUVEMENT DE ROTATION UNIFORME

390. — **Définition.** Lorsqu'un corps tourne autour d'un axe fixe, chacun de ses points décrit une circonférence dont le plan est perpendiculaire à cet axe et dont le centre est sur cette droite.

De plus, les arcs parcourus dans le même temps par deux points quelconques du corps sont *semblables*, c'est-à-dire qu'ils sont interceptés par des angles aux centres égaux, puisque tous les points tournent du même angle dans le même temps, le corps considéré étant invariable.

On dit qu'un mouvement de rotation est UNIFORME *lorsque les arcs parcourus par un point quelconque sont proportionnels aux temps employés à les parcourir.*

Autrement dit, *dans des temps égaux un point parcourt des arcs égaux.*

391. — **Vitesse.** La VITESSE ANGULAIRE *d'un mouvement de rotation uniforme est la longueur de l'arc parcouru dans l'unité de temps par un point du corps situé à une distance de l'axe égale à l'unité de longueur.*

Si l'on représente la vitesse angulaire par ω, le chemin parcouru e pendant le temps t par un point du corps dont la distance à l'axe est R, sera :

$$e = \omega R t,$$

car les arcs dont les longueurs sont e et ωt étant semblables, sont dans le rapport des rayons.

Cette relation permettra de calculer l'une quelconque des quantités qui y figurent quand les trois autres seront connues.

392. — Au lieu de donner la vitesse angulaire d'un pareil mouvement, on donne souvent le nombre des tours complets effectués par le corps dans un certain temps.

Soit n le nombre des tours effectués dans le temps θ. On a visiblement :

$$2n\pi = \omega\theta,$$

et par suite :

$$e = \frac{2n\pi R t}{\theta}.$$

393. — Enfin, si l'on ne connaît que l'angle α dont le corps a tourné pendant le temps θ, en supposant α exprimé en degrés, on aura :

$$\frac{\alpha}{180} = \frac{\theta\omega}{\pi},$$

d'où :

$$\omega = \frac{\pi\alpha}{180\theta}.$$

394. — **Vitesse d'un point de la terre.** Proposons-nous de trouver le chemin parcouru en une seconde par un point de la surface de la terre dont la latitude est λ.

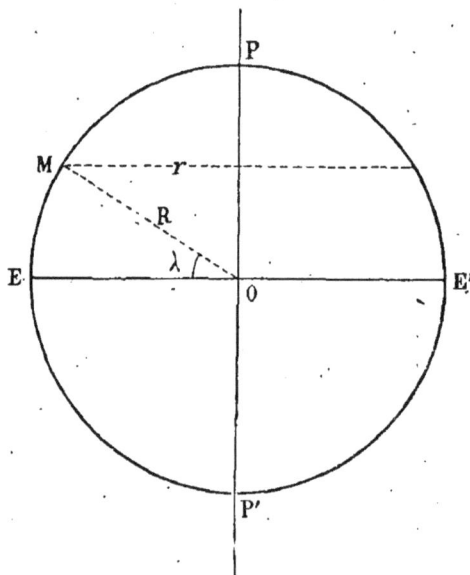

Fig. 205.

En supposant la terre sphérique, l'équateur a pour longueur :

40 000 000 mètres.

Or, la terre faisant un tour complet en vingt-quatre heures sidérales, un point de l'équateur parcourt la longueur de ce cercle dans le même temps; on sait de plus que ce temps vaut 86 164 secondes de temps moyen; il en résulte l'arc parcouru en une seconde par ce point :

$$\frac{40\,000\,000}{86\,164}.$$

Or, le rayon r du parallèle de latitude λ (fig. 205) est lié au rayon de l'équateur par la formule :

$$r = \mathrm{R} \cos \lambda.$$

Donc l'arc parcouru par tout point de latitude λ, en une seconde de temps moyen, est :

$$\frac{40\,000\,000}{86\,164} \times \cos \lambda.$$

395. — Supposons (fig. 206) plusieurs roues dentées ayant des

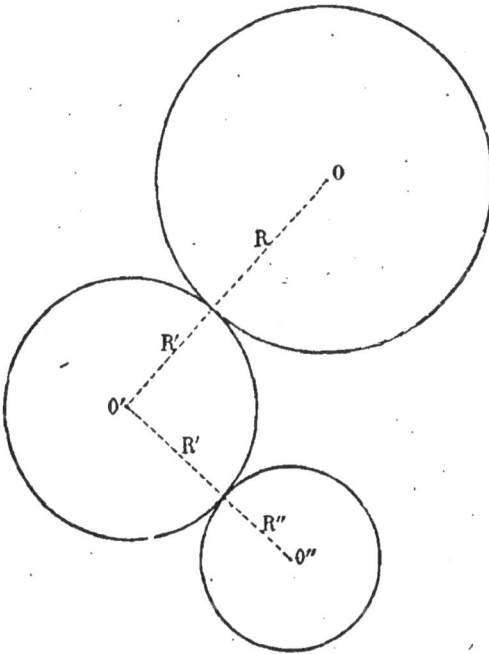

Fig. 206.

axes parallèles, telles que chacune engrène avec la suivante : en supposant l'une des roues animée d'un mouvement de rotation uniforme, proposons-nous de trouver le rapport des vitesses angulaires de la première et de la dernière roue.

Soient ω, ω', ω'', ω''' les vitesses angulaires des roues successives et R, R', R'', R''' les rayons des circonférences primitives auxquelles nous réduisons ces roues; on a visiblement :

$$R\omega = R'\omega' = R''\omega'' = R'''\omega''',$$

donc enfin :

$$\frac{\omega}{\omega'''} = \frac{R'''}{R},$$

les vitesses de deux roues quelconques sont donc dans le rapport inverse des rayons de ces roues.

396. — Si l'on veut obtenir un rapport de grande valeur numérique entre les vitesses des roues extrêmes, on fera engrener chaque roue avec un *pignon* (fig. 208), c'est-à-dire avec une roue de même axe que la suivante, mais d'un rayon moindre, qui fait corps avec cette roue, ainsi qu'il est représenté figure 207, où les roues sont réduites aux circonférences primitives.

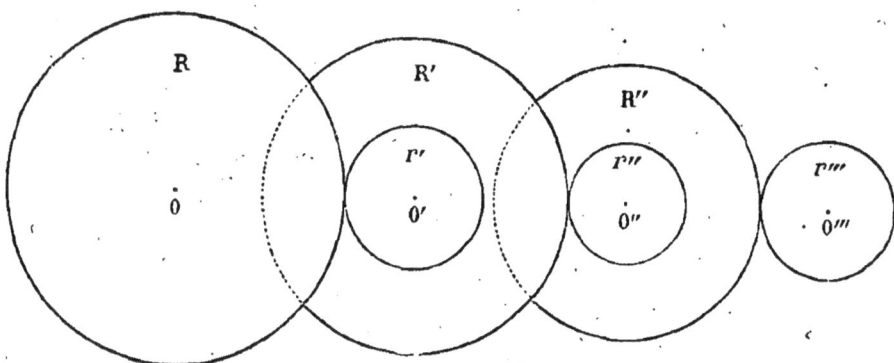

Fig. 207

En représentant par R, R', R'' les rayons des roues, par r', r'', r''' les rayons des pignons, et par ω, ω', ω'', ω''' les vitesses angulaires, on a successivement :

$$R\omega = r'\omega',$$
$$R'\omega' = r''\omega'',$$
$$R''\omega'' = r'''\omega''',$$

d'où, en multipliant membre à membre, et divisant par $\omega'\omega''$:

$$RR'R''\omega = r'r''r'''\omega''',$$

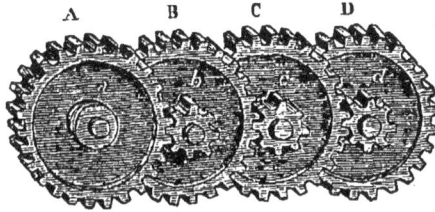

Fig. 208.

et par suite :

$$\frac{\omega'''}{\omega} = \frac{RR'R''}{r'r''r'''}.$$

CHAPITRE VIII

EXERCICES PROPOSÉS SUR LE LIVRE III

1. — Une barre rigide AB se déplace de sorte que ses extrémités A,B parcourent deux axes rectangulaires OX, OY.

1° Trouver la loi du mouvement de l'extrémité B quand A est animé d'un mouvement uniforme, et donner la formule générale de la vitesse de l'extrémité B.

2° En supposant que le point milieu C de AB, qui décrit une circonférence, tourne uniformément autour du point O, donner la loi du mouvement de chaque extrémité A, B et la formule générale de la vitesse dans chacun de ces mouvements.

3° Les mouvements des extrémités A et B étant tels que le point milieu C tourne uniformément autour du point O, et connaissant les équations de ces deux mouvements, calculer la vitesse angulaire du point C.

2. — Deux mobiles décrivent uniformément des circonférences concentriques avec des vitesses angulaires ω, ω′; à l'instant actuel les rayons qui passent par ces points font avec un diamètre déterminé des angles α et α′ : prouver que les époques des coïncidences des rayons qui passent par ces mobiles sont données par l'équation :

$$(\omega - \omega')\, t + (\alpha - \alpha') = 2k\pi,$$

dans laquelle k représente un nombre entier quelconque, négatif, nul ou positif.

3. — *Horloge magique.* — Une aiguille formée d'un anneau circulaire creux A, auquel est fixé en B une tige pesante BCD, suivant un rayon de l'anneau, est mobile autour du point C : le centre de gravité g de ce corps est placé entre C et D : un mobile pesant M, animé par un mouvement d'horlogerie, parcourt uniformément la circonférence de l'anneau :

1° Si l'aiguille est fixe, le centre de gravité G du système formé par l'aiguille et le mobile M parcourent une circonférence de centre O.

2° Si l'aiguille est mobile, et si le point C coïncide avec O, le mouvement de l'aiguille sera uniforme.

4. — En tombant en chute libre, un corps a parcouru 50 mètres; trouver le temps qu'il emploiera à descendre encore d'une hauteur de 20 mètres.

5. — Calculer le temps employé par un corps pesant pour tomber d'une hauteur inconnue, sachant que pendant la dernière seconde de chute il a parcouru les $\frac{3}{4}$ de la hauteur totale. Quelle est cette hauteur ?

6. — Avec quelle vitesse verticale dirigée de haut en bas faut-il lancer un corps pesant pour qu'il parcoure 120 mètres dans les deux premières secondes?

7. — Un observateur placé à 120 mètres au-dessus du sol lance un corps pesant verticalement de bas en haut, et ce corps touche le sol au bout de 8 secondes : calculer la vitesse initiale.

8. — Un corps pesant tombe librement d'une hauteur H : lorsqu'il a parcouru une partie h de cette hauteur, on lance verticalement de la même hauteur H un second corps pesant : quelle doit être la vitesse initiale de ce second projectile pour que les deux corps pesants arrivent en même temps au sol?

9. — Avec quelle vitesse initiale faut-il lancer un projectile dans la direction qui fait 30° avec le plan horizontal, pour atteindre un point situé dans le plan horizontal du point de départ à 1800 mètres de ce point?

10. — Sous quelle inclinaison faut-il lancer un projectile avec une vitesse initiale de 400 mètres pour atteindre un but placé dans le plan horizontal du point de départ et situé à 9000 mètres de ce point?

11. — Quelle est la portée maximum du tir, la vitesse initiale étant 300 mètres?

12. — En cherchant à atteindre un point M du plan vertical qui contient la vitesse initiale V_0 du projectile, on obtient généralement deux directions de cette vitesse qui font des angles α et α' avec l'horizon. Prouver que toutes les fois que le point M est extérieur à l'ellipse, lieu des sommets des trajectoires, il est atteint par les deux trajectoires en descendant; que si, au contraire, le point M est intérieur à cette courbe, il est atteint par l'une des trajectoires en montant, et par l'autre en descendant.

13. — On lance, au même instant, deux projectiles des points O et O′ situés sur le même plan horizontal à une distance a, avec des vitesses initiales b, b', dont les directions contenues dans le même plan vertical font entre elles un angle droit.

On propose de calculer la distance minimum de ces projectiles, et le temps au bout duquel cette circonstance se présentera.

On en déduira la condition nécessaire et suffisante pour que les deux projectiles se rencontrent.

14. — Si on lance avec une même vitesse initiale et d'un même point des projectiles dans toutes les directions de l'espace, ils seront tous situés au même instant sur une même sphère :

Trouver le centre et le rayon de cette sphère.

15. — On lance un projectile horizontalement avec une vitesse initiale de 300 mètres. On demande le temps qu'il mettra pour atteindre un plan horizontal placé à 15 mètres au-dessous du point de départ.

16. — On lance du point O un projectile dans une direction qui fait un angle α avec l'horizon : on demande à quelle époque il atteindra un point M de sa trajectoire, ce point étant déterminé par la longueur $OM = a$, et par l'angle θ que fait OM avec l'horizon, la vitesse initiale étant V_0.

17. — On lance au même instant deux projectiles du point O avec des vitesses V et V′ sous des inclinaisons α et α' : les trajectoires ont en commun le point O et un second point M : trouver l'intervalle de temps qui s'écoule entre les passages des deux projectiles au point M.

18. — On suppose un canal à bords parallèles XY, X′Y′ de largeur c dont l'eau se déplace d'un mouvement uniforme de vitesse a; on suppose de plus que toutes les molécules du liquide possèdent le même mouvement : un bateau se déplace pour aller d'un point A de XY à un point B de X′Y′ d'un mouvement uniforme de vitesse b. La distance des deux points A, B est d.

Comment faut-il diriger le bateau pour aller de A en B, et quelle est la·vitesse du mouvement résultant? Discuter.

19. — Un mobile possède un mouvement rectiligne uniforme de vitesse V, et se trouve toujours placé sur l'axe d'un tube qui fait un angle α avec le déplacement du mobile, et qui se meut parallèlement à lui-même avec une vitesse V′ : trouver la relation nécessaire entre les quantités V, V′ α.

20. — Un projectile se déplaçant perpendiculairement à la voie rectiligne suivie par un wagon a traversé celui-ci de part en part. Connaissant la vitesse du wagon et les positions occupées par les traces du projectile, déterminer la vitesse du projectile.

21. — Un cylindre creux est animé d'un mouvement de rotation uniforme autour de son axe de figure : ses deux bases sont en papier et divisées en degrés, de sorte que les zéros soient sur une même génératrice du cylindre.

Un projectile est lancé parallèlement à l'axe du cylindre de manière à franchir la partie intérieure, et à laisser ainsi deux traces sur les écrans en papier.

On propose de trouver la vitesse du projectile, connaissant la longueur a du cylindre, la vitesse de rotation ω, la distance b des traces du projectile à l'axe de rotation, et l'angle α que font entre eux les rayons des bases passant par ces traces.

22. — Connaissant la vitesse V d'un navire à voiles, et la direction rectiligne moyenne de la route qu'il suit, l'angle α que fait cette droite avec la direction du vent dont la vitesse est V′, calculer l'angle des directions véritable et apparente du vent.

LIVRE IV

NOTIONS DE DYNAMIQUE

CHAPITRE PREMIER

PRINCIPES GÉNÉRAUX ET CONSÉQUENCES

§ I. — LOI DE L'INERTIE.

397. — La DYNAMIQUE, c'est-à-dire la partie de la mécanique où l'on étudie le mouvement que produit la force, repose sur des principes que l'on ne démontre pas dans toute leur généralité. On vérifie par l'expérience certaines conséquences que l'on en peut déduire, et l'on *admet* le principe général. Ces vérités tirées de l'observation par *induction* sont au nombre de deux.

398. — La LOI DE L'INERTIE, énoncée par Kepler, a déjà été invoquée au début de la statique pour la définition du mot *Force* :

Un corps ne peut se mettre de lui-même en mouvement, ou modifier le mouvement qu'il possède.

Nous en concluons immédiatement que *si un point matériel libre n'est sollicité par aucune force, ou bien il est* EN REPOS, *ou bien il est animé d'un* MOUVEMENT RECTILIGNE UNIFORME.

De même, *si un corps libre n'est sollicité par aucune force, ou bien ce corps est* EN REPOS, *ou bien il est animé d'un mouvement de* TRANSLATION UNIFORME, c'est-à-dire que ses points décrivent dans le même temps des droites égales et parallèles.

Il en sera évidemment de même dans le cas où toutes les forces qui sollicitent le point matériel avec le corps se font équilibre.

Ainsi, une machine sur laquelle les forces se font équilibre n'est pas nécessairement en repos; mais, dans le cas contraire, son mouvement est uniforme : c'est dans le but d'obtenir un mouvement uniforme que l'on cherche toujours dans une machine à équilibrer toutes les forces.

Il est bien clair que si les phénomènes naturels, sauf les mouvements des astres, ne nous offrent pas d'exemple de mouvements uniformes, c'est que les forces ne sont pas en équilibre, car il faut toujours tenir compte dans ces conditions des forces résistantes telles que les frottements, les résistances opposées au mouvement par l'air, etc.

Par exemple, nous lançons une bille sur un plan horizontal aussi poli qu'on peut l'imaginer : nous remarquons que ce corps prend un mouvement retardé et finit par atteindre le repos : c'est que la force de frottement existe, car le poli parfait ne peut être réalisé; c'est aussi que l'air s'oppose au mouvement et qu'il naît de ces actions une vitesse en sens contraire de l'impulsion qui détruit peu à peu celle-ci.

399. — *Conséquence importante. Supposons un point matériel libre sollicité par une force; il se déplace évidemment dans la direction de cette force, et prend un mouvement rectiligne varié; si la force cesse d'agir à l'instant t, le mouvement du point devient uniforme, en vertu de la loi d'inertie, et nous allons prouver que *la vitesse de ce mouvement uniforme est précisément ce que nous avons appelé vitesse du mouvement varié à l'instant t.*

Représentons, en effet, par e l'espace parcouru au temps t, et par $(e + k)$ l'espace parcouru au temps $(t + h)$, en supposant h assez voisin de zéro pour que l'espace aille toujours en croissant ou toujours en décroissant pendant cet intervalle : la vitesse à l'instant t est, par définition :

$$V = \text{limite}\left(\frac{k}{h}\right),$$

quand h tend vers zéro. Représentons par W et W' les vitesses des mouvements uniformes qui succéderaient au mouvement varié si la force cessait d'agir au temps t et au temps $t + h$: il est clair que si, par exemple, le mouvement est constamment accéléré pendant l'intervalle h, W est moindre que W' et que l'espace k, parcouru pendant cet intervalle dans le mouvement varié, est supérieur à Wh, mais inférieur à $W'h$; on a donc :

$$W < \frac{k}{h} < W';$$

or, si h tend vers zéro, W' a pour limite W, et par suite $\left(\dfrac{k}{h}\right)$ tend vers W ; donc enfin :

$$W = V,$$

et *la vitesse du mouvement uniforme qui succède au moment varié à l'instant où la force cesse d'agir, est précisément la vitesse que possédait le point matériel à cet instant.*

400. — *Application.* Il résulte de ces considérations un procédé pour apprécier la vitesse acquise à un instant déterminé par un corps que des forces sollicitent : il consiste à mesurer la vitesse du mouvement uniforme que prend ce corps quand on supprime à cet instant l'action de ces forces.

Prenons, par exemple, la machine d'Atwood et proposons-nous de vérifier la loi des vitesses dans le mouvement que prend le système des poids sous l'action du poids additionnel.

Pour avoir la vitesse acquise au bout de trois secondes, par exemple, nous placerons un curseur annulaire sur la règle graduée (fig. 209), de sorte qu'il soit traversé par le poids descendant à la fin de la troisième seconde ; le poids additionnel sera arrêté par le curseur, le mouvement deviendra uniforme, et nous placerons le curseur plein de sorte qu'il soit

Fig. 209.

frappé à la fin de la quatrième seconde : la distance des deux curseurs sera la vitesse cherchée.

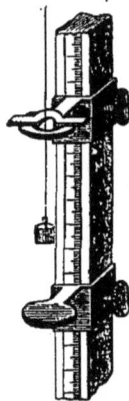

On peut même vérifier le principe lui-même et constater de la sorte que le mouvement nouveau est bien uniforme.

En nous servant des données indiquées au n° 344, nous avons, pour les espaces parcourus : .

pendant 1ˢ 4
— 2ˢ 16
— 3ˢ 36
— 4ˢ . . . . 64.

Donc, pour préciser la vérification précédente, nous placerons le curseur annulaire à la division 4, et le curseur plein à la division 12 : l'espace parcouru au bout de la première seconde étant 4, l'accélération est 8 $\left(e = \dfrac{1}{2}\,\gamma t^{2}\right)$, et c'est aussi la vitesse $(v = \gamma t)$ au bout de ce temps; nous constaterons que le curseur plein sera frappé à la fin de la deuxième seconde, ce qui vérifie que la vitesse acquise était bien 8.

Puis nous placerons le curseur annulaire à la division 16 et le curseur plein à la division 32; il sera frappé à la fin de la troisième seconde. Ce qui prouvera que la vitesse à la fin de la deuxième seconde est 16.

De même nous placerons le curseur annulaire à la division 36 et le curseur plein à la division 60; il sera frappé à la fin de la quatrième seconde : ce qui prouve que 60 a été parcouru pendant quatre secondes, 36 d'un mouvement varié et 24 d'un mouvement uniforme; donc la vitesse au bout de trois secondes est 24.

On obtient ainsi pour les vitesses, au bout des temps 1, 2, 3..., les nombres 8, 16, 24...; ces vitesses sont donc proportionnelles aux temps.

§ II. — LOI DU MOUVEMENT RELATIF.

401. — Cette loi, due à Galilée, s'énonce ainsi :

Lorsqu'un système de points est animé d'un mouvement de translation (ce qui veut dire que ces points parcourent dans le même temps des droites égales et parallèles), *toute force qui vient à agir sur l'un d'eux produit le même déplacement du point dans le système que si ce système était en repos.*

Il résulte de cet énoncé que l'action d'une force sur un point matériel est indépendant de l'état de repos ou de mouvement de ce point.

Si nous supposons, par exemple, que le point possède la vitesse V_0 au moment où une force vient à agir sur lui, dans la même direction que cette vitesse, et que cette force soit capable d'imprimer au même point partant du repos la vitesse V au bout du temps t, la vitesse W du point considéré au bout du temps t sera :

$$W = V_0 + V.$$

Cela résulte évidemment du principe de Galilée.

402. — **THÉORÈME.** *Lorsqu'une force constante en intensité et en direction agit sur un point matériel en repos, ou animé d'une* *vitesse initiale de même direction que la force, ce point prend un mouvement uniformément varié.*

Soit, en effet, V_0 la vitesse initiale possédée par le point matériel, et soit γ la vitesse que la force lui imprimerait pendant la première seconde d'action si le point partait du repos, la vitesse véritable du point à la fin de la première seconde sera :

$$V_1 = V_0 + \gamma.$$

La force agissant pendant la deuxième seconde produit sur le point un effet indépendant du mouvement qu'il possède : or cette force étant constante, ferait acquérir au point partant du repos une vitesse γ à la fin de la première seconde : donc ce point possédant déjà la vitesse $(V_0 + \gamma)$, aura pour vitesse à la fin de la deuxième seconde :

$$V_2 = V_0 + 2\gamma.$$

En continuant ainsi, il est visible qu'au bout de t secondes la vitesse acquise aura pour valeur :

$$V_t = V_0 + \gamma t.$$

D'ailleurs le raisonnement étant indépendant de l'unité de temps choisie, la vitesse au bout du temps t dans le mouvement que prend le point est :

$$V = V_0 + \gamma t.$$

Ce mouvement est donc, par définition, uniformément varié.

403. — Remarque. Il est clair que le raisonnement précédent s'applique au cas où la vitesse initiale serait nulle, c'est-à-dire si le point matériel part du repos.

404. — THÉORÈME RÉCIPROQUE. *Lorsqu'une force produit sur un point matériel libre un mouvement rectiligne uniformément varié, cette force est constante en grandeur et en direction.*

D'abord cette force a toujours la même direction, sans quoi le point matériel libre n'aurait pas un mouvement rectiligne.

En second lieu, la vitesse de ce point étant représentée à un instant quelconque par la formule :

$$V = V_0 + \gamma t.$$

C'est que la force produit dans chaque unité de temps une variation de vitesse égale à γ; son effet est donc le même dans les unités de temps successives : or la formule précédente est vraie, quelle que soit l'unité de temps adoptée ; donc la force est constante.

405. — **Corollaire.** *La force de pesanteur est constante.*

Car nous avons constaté que cette force communique à un corps, ou à chacun de ses points matériels, un mouvement uniformément varié. En effet, le mouvement commun que prennent les points matériels pesants qui forment un corps en mécanique est tel que chaque point prendrait le même mouvement s'il était seul.

Nous concluons de ce corollaire que *nous n'avons pas changé la nature du mouvement pris par un corps pesant en l'étudiant avec la machine d'Atwood.*

406. — *Conséquence.* —Supposons une force variable agissant sur un point matériel et produisant un mouvement rectiligne de ce point; ce mouvement est nécessairement varié : si la force devient constante au temps t, le point prendra à partir de cet instant un mouvement uniformément varié : nous voulons prouver que *l'accélération de ce mouvement uniformément varié est précisément ce que nous avons appelé accélération du mouvement varié à l'époque t.*

Soit, en effet, V et V + k les vitesses du mouvement varié aux époques t et $(t+h)$; nous pouvons toujours prendre h assez voisin de zéro pour que la vitesse soit toujours croissante ou toujours décroissante dans cet intervalle; supposons, par exemple, $k > 0$; nous avons par définition, pour l'accélération γ à l'époque t :

$$\gamma = \lim \left(\frac{k}{h} \right).$$

Or, nous représentons par x l'accélération du mouvement uniformément accéléré que prendra le point si, à l'époque t, la force devient constante, et par x' ce qu'elle sera si c'est à l'époque $(t+h)$ que la force devient constante : la variation de vitesse pendant le temps h sera hx ou hx', suivant que l'accélération du mouvement uniformément accéléré sera x ou x'. On aura donc :

$$hx < k < hx',$$

puisque la vitesse croît dans le mouvement réel pendant l'intervalle de temps h.

On en déduit :

$$x < \frac{k}{h} < x'.$$

Si donc nous faisons tendre h vers zéro, il est clair que x' tendra vers x, et comme $\dfrac{k}{h}$ tend vers γ, on a :

$$x = \gamma.$$

C'est ce qu'il fallait prouver.

407. — Remarque. Cette propriété donne la raison qui a conduit à la définition de l'accélération dans un mouvement varié rectiligne.

§ III. — MASSE.

408. — THÉORÈME. *Deux forces constantes sont dans le même rapport que les accélérations qu'elles peuvent imprimer à un même point matériel.*

Supposons qu'en agissant sur un même point matériel les forces F et F' lui communiquent des mouvements uniformément variés dont les accélérations soient γ et γ'; nous voulons prouver la relation importante :

$$\frac{F}{F'} = \frac{\gamma}{\gamma'}.$$

A cet effet, supposons qu'une force f soit commune mesure entre F et F', de sorte que l'on ait :

$$F = nf \qquad F' = n'f,$$

et, par suite :

$$\frac{F}{F'} = \frac{n}{n'}.$$

Soit φ l'accélération que cette force f imprimerait au point matériel déjà considéré : nous remarquons que si l'on fait agir simultanément un certain nombre de forces égales à f sur ce même point, chacune produit son effet comme si elle était seule, c'est-à-dire que chacune de ces forces produit dans l'unité de temps un accroissement de vitesse égal à φ : il en résulte que la force F, qui peut être remplacée par n forces égales à f, produit une accélération γ qui vaut $n\varphi$. On a donc :

$$\gamma = n\varphi,$$

et de même :

$$\gamma' = n'\varphi;$$

par suite :

$$\frac{\gamma}{\gamma'} = \frac{n}{n'};$$

et enfin :

$$\frac{F}{F'} = \frac{\gamma}{\gamma'}.$$

409. — REMARQUE. Dans le cas où les forces F et F' n'ont pas de commune mesure, on prend une force f qui soit la n^{me} partie de F' ; alors on a :

$$mf < F < (m+1)f,$$

d'où :

$$\frac{m}{n} < \frac{F}{F'} < \frac{m+1}{n}.$$

En faisant agir n forces égales à f, on obtient une accélération égale à γ ; tandis que m forces égales à f produisent une accélération moindre que γ' ; ce serait le contraire pour la force $(m + 1)f$. Donc :

$$\frac{m}{n} < \frac{\gamma}{\gamma'} < \frac{m+1}{n}.$$

Les rapports $\dfrac{F}{F'}$ et $\dfrac{\gamma}{\gamma'}$ ont donc une différence inférieure à $\dfrac{1}{n}$, et qui est par suite nulle, puisque $\dfrac{1}{n}$ tend vers zéro quand n croit sans limite.

410. — **DÉFINITION DE LA MASSE.** D'après le théorème précédent, les forces F, F', F'', F'''..., agissant sur un même point matériel, produisent des accélérations γ, γ', γ'', γ''', ... telles que l'on ait :

$$\frac{F}{\gamma} = \frac{F'}{\gamma'} = \frac{F''}{\gamma''} = \frac{F'''}{\gamma'''} = \dots.$$

Ce rapport constant entre la force qui agit sur un point matériel déterminé et l'accélération du mouvement qu'elle produit, s'appelle la MASSE *de ce point matériel.*

En particulier, la pesanteur produisant sur un point matériel un mouvement dont l'accélération est g, en représentant par P son poids, on a :

$$m = \frac{P}{g}.$$

Les masses des corps sont proportionnelles à leurs poids.

411. — Unité de masse. On prend comme unité de masse la masse de l'eau distillée qui occupe à 4⁰ le volume de g litres : il en résulte que la masse d'un corps a pour mesure le quotient du nombre qui exprime son poids en kilogrammes par l'accélération due à la pesanteur.

412. — EXPRESSION DES FORCES CONSTANTES. Entre l'intensité en kilogrammes d'une force F et l'accélération en mètres γ qu'elle imprime à un point matériel de masse m, nous avons par définition la relation :

$$F = m\gamma.$$

Il en résulte que si l'on connaît γ on pourra calculer F et réciproquement.

413. — Exemple I. Lorsqu'une force de 50 kilog. agit horizontalement sur le centre de gravité d'un corps dont le poids est 10 kilog., qui repose sur un plan horizontal parfaitement poli, l'accélération du mouvement résultant est :

$$\gamma = 50 \times \frac{g}{10},$$

ou :

$$\gamma = 5 \times 9,8094.$$

On aura donc aisément l'espace parcouru par le corps après un temps t donné, en supposant qu'il n'y ait pas de vitesse initiale :

$$e = \frac{1}{2} \times 5 \times 9,8094 \times t^2,$$

ou :

$$e = 24,5235 \times t^2,$$

en mètres.

414. — Exemple II. Réciproquement, quelle est la force qu'il faut faire agir horizontalement au centre de gravité d'un corps

pesant 10 kilogrammes, reposant sur un plan horizontal parfaitement poli, pour lui faire parcourir 100 mètres en 40 secondes ?

Nous cherchons l'accélération du mouvement produit :

$$100 = \frac{1}{2} \times \overline{40}^2 \times \gamma,$$

d'où :

$$\gamma = \frac{1}{8};$$

par suite :

$$F = \frac{10}{g} \times \frac{1}{8} = 0,15$$

en kilogrammes.

415. — Vérification par la machine d'Atwood.

On peut encore
utiliser la machine d'Atwood pour la vérification du principe qui
nous a conduit à la définition de la masse : nous remarquons en effet
que la machine donne l'accélération du mouvement dans le double
de l'espace parcouru pendant la première seconde, qui est aussi la
vitesse à cette époque. Cela résulte visiblement de la formule :

$$e = \frac{1}{2} \gamma t^2.$$

Par suite, les deux poids égaux accrochés aux extrémités du fil
ayant pour valeur commune P, nous placerons sur le poids qui descend le long de la règle divisée, par exemple, sept poids addition-
nels égaux p.

Le système entraîné par le poids $7p$ sera $(2P + 7p)$, soit γ le double
de l'espace parcouru par le système dans la première seconde.

Nous déplaçons alors l'un des poids p pour l'accrocher à l'autre
extrémité du fil; les deux poids sont alors :

$$P + 6p \qquad \text{et} \qquad P + p.$$

La force qui produit le mouvement est donc $5p$ et le corps entraîné
est toujours $2P + 7p$: soit γ' l'accélération fournie par la machine.

Recommençons encore en déplaçant un nouveau poids p, la force
qui produit le mouvement sera :

$$(P + 5p) - (P + 2p) = 5p$$

et le corps entraîné sera toujours $(2P + 7p)$: soit γ'' l'accélération.

Enfin, en déplaçant encore un poids p, nous aurons la force p produisant l'accélération γ''' sur le système $(2P + 7p)$.

On constate alors que l'on a :

$$\frac{\gamma}{7p} = \frac{\gamma'}{5p} = \frac{\gamma''}{3p} = \frac{\gamma'''}{p}.$$

C'est-à-dire que les accélérations sont proportionnelles aux intensités des forces.

416. — Accélération dans la machine d'Atwood. Le principe de la proportionnalité des forces aux accélérations donne aisément le rapport de l'accélération du mouvement obtenu dans la machine d'Atwood à l'accélération due à la pesanteur dans la chute libre et dans le vide.

En effet, en représentant par γ l'accélération que prend le système $(2P + p)$ par l'action du poids p, nous avons :

$$\frac{2P + p}{g} = \frac{p}{\gamma},$$

Car en faisant agir sur le système en mouvement la force $(2P + p)$ qui est son poids, on aurait l'accélération g, tandis qu'en faisant agir la force p, ainsi que l'on fait en employant la machine, l'accélération est γ.

On déduit aisément de la proportion précédente :

$$\gamma = g \times \frac{p}{2P + p}.$$

417. — REMARQUE. — Théoriquement on peut donc déduire la valeur de g d'expériences faites à l'aide de la machine d'Atwood. Mais il faut tenir compte de la difficulté des mesures précises dans ces conditions, et par suite ne pas compter dans cette observation obtenir une valeur bien approchée du nombre g. L'importance de cette valeur exige des expériences plus délicates; on obtient à Paris, par des procédés dont nous parlerons plus loin, la valeur :

$$g = 9^{m},8094,$$

à $\frac{1}{2}$ dix-millième près.

418. — Quantité de mouvement. *On appelle* QUANTITÉ DE MOUVEMENT *d'un point matériel à un instant donné, le produit de la masse par la vitesse acquise.*

Ainsi, m étant la masse d'un point matériel, et v sa vitesse acquise au temps t, la *quantité de mouvement* qu'il possède est mv.

La quantité de mouvement d'un corps qui pèse 10 kilogrammes tombant en chute libre, dans le vide, est au bout de 20 secondes :

$$\frac{10}{g} \times g \times 20 = 200.$$

419. — THÉORÈME. *Deux forces constantes sont dans le même rapport que les quantités de mouvement qu'elles font acquérir au bout du même temps d'action à deux points matériels.*

Soient en effet F et F' les intensités en kilogrammes de deux forces agissant sur des points matériels de masses m et m', et leur imprimant des accélérations représentées par γ et γ'. Nous avons par définition :

$$F = m\gamma,$$
$$F' = m'\gamma'.$$

Or, au temps t, les vitesses des points matériels, que nous supposons partir du repos, sont :

$$V = \gamma t,$$
$$V' = \gamma' t;$$

donc :

$$\frac{F}{F'} = \frac{mV}{m'V'}.$$

420. — Corollaire. *Deux forces constantes égales agissant sur des points matériels, leur communiquent au bout du même temps d'action des vitesses inversement proportionnelles aux masses.*

Car les forces F et F' étant supposées égales, le théorème précédent donne :

$$mV = m'V',$$

et par suite :

$$\frac{V}{V'} = \frac{m'}{m}.$$

421. — *EXPRESSION DES FORCES VARIABLES AU MOYEN DES MASSES ET DES ACCÉLÉRATIONS.

Supposons une force d'intensité variable agissant sur un point matériel de masse m, auquel elle imprime un mouvement rectiligne; soit F la valeur de la force au temps t, et γ l'accélération que possède le point matériel à cette même époque.

Nous avons montré (406) que si à cet instant la force devient constante, le point matériel prend un mouvement uniformément varié dont l'accélération est précisément γ. Donc on aura dans ces circonstances la relation :

$$F = m\gamma. \qquad (1)$$

D'où il suit qu'à toute époque du mouvement l'accélération du point matériel est le quotient de la valeur de la force à cet instant par la masse du point.

La formule (1) est donc toujours vraie, que la force soit constante ou variable, pourvu que F et γ soient les valeurs au même moment de la force et de l'accélération.

422. — Exemple. Considérons une arme à feu, et supposons que l'arme soit libre comme le projectile ; pendant tout le temps que le projectile reste dans l'arme, il est sollicité par la force variable que produisent les gaz de la poudre, et une force d'égale intensité agit sur l'arme ; donc, à tout instant de l'intervalle limité dont nous parlons, les accélérations imprimées au projectile et à l'arme seront dans le rapport inverse des masses, car on aura à tout instant :

$$M\Gamma = m\gamma.$$

C'est ainsi qu'il faut expliquer le recul des armes, sans tenir compte toutefois des frottements.

§ IV. — MOUVEMENT D'UN CORPS PESANT SUR UN PLAN INCLINÉ.

423. — Nous supposons un point matériel pesant placé sur un plan incliné parfaitement poli. Nous décomposons le poids p de ce point en deux forces, dont l'une est normale au plan ; l'autre composante sera dirigée suivant la ligne de plus grande pente du plan, puisqu'elle est dans un plan perpendiculaire à la fois au plan horizontal et au plan incliné. Ainsi, soit AB (fig. 210) la ligne de plus grande pente qui passe par la position initiale A du point matériel, les composantes du poids P seront P_1 et P_2, et si α est l'angle de AB avec le plan horizontal, nous aurons :

$$P_1 = P \sin \alpha.$$

C'est la seule force qui produit le mouvement du point, l'autre composante étant détruite par la résistance du plan, on l'appelle la *pesanteur relative au plan incliné.*

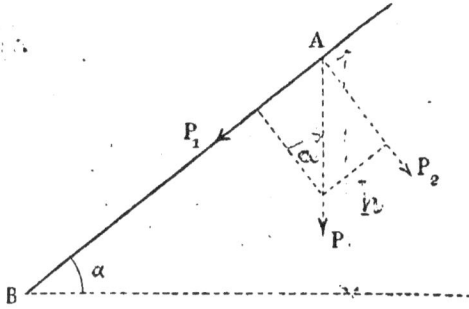

Fig. 210.

Le point matériel étant soumis à l'action de la force constante $P\sin\alpha$ va prendre un mouvement rectiligne uniformément accéléré suivant la direction AB; l'accélération γ de ce mouvement s'obtient par la considération de la masse :

$$P\sin\alpha = \frac{P}{g}\times\gamma,$$

d'où :

$$\gamma = g\sin\alpha.$$

Cette accélération est indépendante du poids du point matériel; elle dépend uniquement de l'inclinaison du plan.

424. — Les formules du mouvement uniformément accéléré que prend le mobile sont donc :

$$V = gt\sin\alpha,$$
$$e = \frac{1}{2}\,gt^2\sin\alpha.$$

Si nous supposons au point matériel une vitesse initiale dans la direction de AB, et dans le sens de la force P_1 les formules du mouvement deviendront :

$$V = V_0 + gt\sin\alpha,$$
$$e = V_0 t + \frac{1}{2}\,gt^2\sin\alpha.$$

Enfin, si la vitesse initiale est de sens contraire à P^1 les formules seront :

$$V = V_0 - gt\sin\alpha,$$

$$e = V_0 t - \frac{1}{2}gt^2\sin\alpha.$$

Il faut remarquer que les circonstances du mouvement, dans l'un quelconque de ces cas, seront analogues à ce que nous avons trouvé dans le mouvement vertical des corps pesants ; seulement l'accélération du mouvement sera $g\sin\alpha$ et non la constante g.

425. — Ainsi, en lançant un corps pesant de B en A (fig. 210) avec la vitesse initiale V_0, son mouvement commence par être uniformément retardé jusqu'à l'époque :

$$t_1 = \frac{V_0}{g\sin\alpha},$$

et alors la longueur BA parcourue sur le plan sera :

$$BA = \frac{V_0^2}{2g\sin\alpha}.$$

Puis le point matériel descendra d'un mouvement uniformément accéléré, de sorte qu'il mettra un temps égal à t_1 pour revenir en B, et qu'il possédera à ce moment la vitesse V_0 qu'il avait en partant.

D'ailleurs il y a symétrie complète des deux mouvements, et θ secondes avant et après l'époque à laquelle il se trouve en A, le mobile sera au même point de la droite AB, et possédera des vitesses d'égale intensité, mais de sens contraires.

Il faut remarquer que les deux formules :

$$V = V_0 + gt\sin\alpha$$

$$e = V_0 t - \frac{1}{2}gt^2\sin\alpha$$

sont absolument générales, comme il a été dit (352).

426. — Actuellement étudions le mouvement lorsque le point descend le long de AB sans vitesse initiale. Soit t le temps qu'il emploie pour descendre de A en B (fig. 211), la distance verticale de ces points étant h ; on aura :

$$AB = \frac{h}{\sin\alpha} = \frac{1}{2}gt^2\sin\alpha$$

ou :

$$t = \frac{1}{\sin \alpha} \sqrt{\frac{2h}{g}};$$

sa vitesse sera donc à ce moment :

$$V = g \sin \alpha \times \frac{1}{\sin \alpha} \sqrt{\frac{2h}{g}}$$

ou :

$$V = \sqrt{2gh}.$$

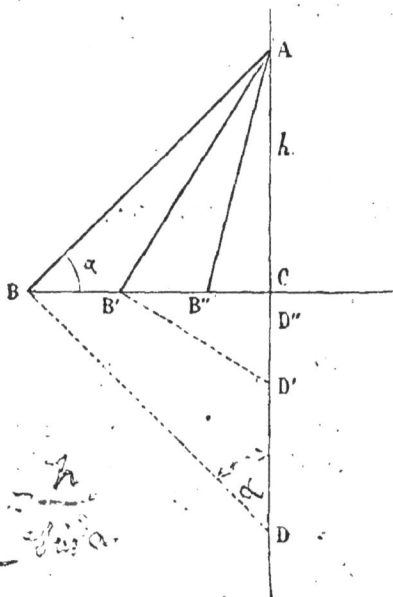

Fig. 211.

Nous retrouvons ainsi la *vitesse due à une chute de hauteur h*, c'est-à-dire qu'à toute époque du mouvement le point matériel aura la même vitesse que s'il était descendu verticalement en chute libre de la même hauteur.

La vitesse acquise quand le point arrive dans le plan horizontal BC ne dépend donc pas de l'inclinaison du plan; nous généraliserons encore ce résultat plus loin (453).

Le chemin parcouru en chute libre pendant le même temps serait :

$$H = \frac{1}{2} g \times \frac{1}{\sin^2 \alpha} \times \frac{2h}{g},$$

ou :

$$II = \frac{h}{\sin^2 \alpha}.$$

On obtient aisément $AD = H$ en élevant en B la perpendiculaire BD à AB.

Ainsi, en laissant tomber verticalement un corps pesant du point A à l'instant où le point matériel part de ce point sur le plan incliné, les positions occupées au même moment par ces deux corps seront toujours situées sur une même perpendiculaire à AB. Autrement dit encore, *les positions du point matériel sur* AB *seront les projections sur cette ligne des positions occupées par le point qui tombe librement;* ce résultat est évident *a priori,* car on a, pour les espaces parcourus au temps t :

$$e = \frac{1}{2} g t^2 \sin \alpha,$$

$$e' = \frac{1}{2} g t^2 ;$$

donc :

$$e = e' \sin \alpha.$$

427. — En résumé, si nous traçons un cercle vertical (fig. 212)

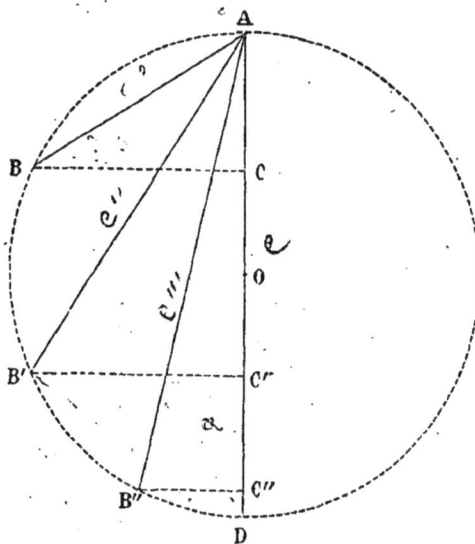

Fig. 212.

dont AB est le diamètre vertical, et si nous considérons les plans inclinés qui passent par la perpendiculaire en A au plan de la figure, et qui ont pour lignes de pente les cordes AB, AB′, AB″..., ces points matériels partant en même temps du point A parcourent ces plans de manière à parvenir au même moment aux points B, B′, B″..., et le temps est précisément celui qu'il faudrait à un corps en chute libre pour parcourir AD. Enfin les vitesses à l'instant considéré sont les mêmes que dans la chute libre lorsque le point passe par les positions C, C′, C″.

CHAPITRE II

DU TRAVAIL MÉCANIQUE

§ I. — TRAVAIL D'UNE FORCE CONSTANTE.

428. — **Travail d'une force constante dont le point d'application se déplace dans la direction de la force.**

Supposons d'abord un point matériel parcourant la droite XY (fig. 213) sous l'action d'une force constante dirigée suivant XY et dans le sens du déplacement du point.

Fig. 213.

On appelle TRAVAIL DE LA FORCE, *pour amener le point matérie de A en B, le produit de AB en mètres par l'intensité de la force en kilogrammes.*

Ainsi, en supposant que la force ait une intensité de 20 kilogr. et que la longueur AB soit 30 mètres, le travail de la force sera :

$$30 \times 20 = 600.$$

Dans le cas très particulier que nous venons de supposer, la force agit dans le sens du déplacement du point, elle contribue à augmenter le chemin parcouru. On dit qu'elle est MOUVANTE.

Considérons, au contraire, le cas où la force constante agit en sens inverse du déplacement rectiligne du point matériel : quand le point se déplace de A en B (fig. 213), la force agit dans le sens BA, ce qu'on exprime en disant que la force est RÉSISTANTE ; alors le travail de la force est une quantité négative qui a pour valeur absolue le produit de AB par l'intensité de la force ; dans l'hypothèse des données numériques faites plus haut, ce travail sera :

$$- 600.$$

429. — Travail d'une force constante dont le point d'application a un déplacement rectiligne qui n'est pas dans la direction de la force.

Lorsque le point matériel qui se déplace suivant XY (fig. 214), est sollicité par une force constante F dont la direction ne coïncide pas avec XY, on appelle TRAVAIL DE LA FORCE relatif au déplacement AB, le produit de AB par l'intensité de la force et par le cosinus de l'angle α que font les directions AB dans le sens du déplacement et AC dans le sens d'action de la force.

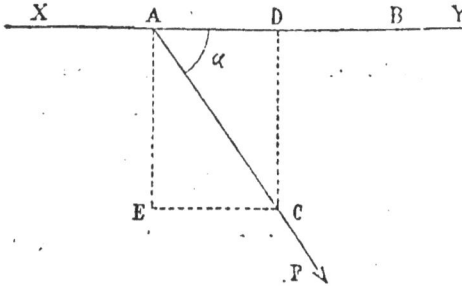

Fig. 214.

Ainsi, par définition, on a :

$$T = AB \times F \times \cos \alpha.$$

Il résulte de cette définition que le travail de la force est positif ou négatif suivant que l'angle α est aigu ou obtus : la définition donnée dans le cas simple que nous avons considéré en premier lieu, rentre visiblement dans cette définition plus générale ; ainsi, lorsque nous considérions (428) le cas de la force résistante, l'angle α était de 180° et le signe résultait de la valeur (— 1) de cos α.

Réciproquement d'ailleurs, on peut considérer la définition du travail dans ce cas plus général comme une sorte de conséquence de la première idée du travail ; en effet, la force F (fig. 214) peut être décomposée en deux, l'une AE perpendiculaire à AB, l'autre AD suivant AB : il est visible que la composante AE n'a aucune part dans le déplacement suivant AB, et que la seule partie de la force qui a une action sur le mouvement est la composante AD ou F cos α : on peut donc dire ainsi que le travail de la force se réduit au travail de sa projection sur XY.

**430. — *Travail d'une force constante dont le point d'appli-
cation a un déplacement curviligne.**

Soit XY la direction constante de la force, et soit AB (fig. 215) le
chemin curviligne parcouru par le point d'application; nous nous
proposons de définir le travail de
la force d'intensité constante F,
lorsque le point d'application se
déplace de A en B.

Nous partageons l'arc AB en n
arcs AA_1, A_1A_2, ..., qui tendent
tous vers zéro quand n croît
sans limite, et nous substituons
au mouvement curviligne du
point matériel des mouvements
rectilignes suivant les cordes
AA_1, A_1A_2, ... Le mouvement
ainsi modifié coïncidera avec le
mouvement véritable lorsque
nous ferons croître n sans limite.

Nous appellerons alors TRAVAIL
ÉLÉMENTAIRE de la force le travail
relatif à l'un quelconque de ces

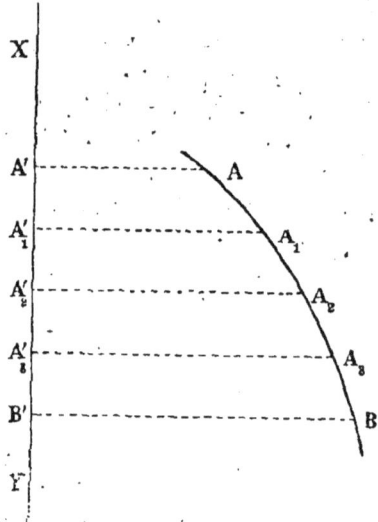

Fig. 215.

déplacements rectilignes en attribuant à n une valeur variable croissant sans limite.

*Le travail de la force est, par définition, la limite de la somme des
travaux élémentaires.*

Or, en projetant les points $A, A_1 A_2 .... B$ sur la direction constante XY de la force, les travaux élémentaires ont pour somme :

$$F \times A'A_1' + F \times A_1'A_2' + ... + F \times A_{n-1}' B',$$

ou :

$$F \times A'B'.$$

La limite de cette somme, quand n croît sans limite, est donc le
produit :

$$F \times A'B',$$

par suite, *le travail est le produit de l'intensité de la force par la
projection de l'arc AB sur la direction de la force.*

431. — REMARQUE I. — Le travail, dans ce cas, ne dépend donc
pas de la ligne AB, mais uniquement de sa projection sur XY : ainsi

le travail eût été le même si le point matériel avait parcouru la droite AB.

432. — Remarque II. — Le théorème ne suppose pas la trajectoire plane : la démonstration est indépendante de cette hypothèse.

433. — *Travail de la pesanteur dans le mouvement d'un point matériel pesant.*

Loasqu'un point matériel pesant se déplace sur une ligne, le travail s'évalue d'après le résultat précédent, car la force a une direction verticale constante, et son intensité est aussi constante : si donc le point suit la courbe AB (fig. 216), le travail de la pesanteur

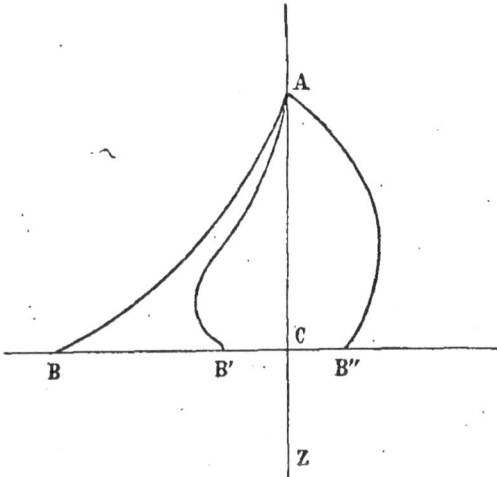

Fig. 216.

relatif au déplacement vertical AC de ce point sera :

$$P \times AC.$$

Il ne dépend donc pas de la ligne suivie par le point matériel, mais uniquement de la distance verticale AC.

Il est d'ailleurs bien clair que si le point matériel se meut de B en A, en suivant une ligne quelconque, le travail de la pesanteur sera égal et de signe contraire au précédent.

Enfin ce résultat important ne suppose pas la courbe AB plane.

434. — Unité de travail. — Kilogrammètre. *L'unité de travail choisie est le travail nécessaire pour élever un kilogramme à la hauteur de un mètre.*

C'est ce qu'on appelle KILOGRAMMÈTRE.

Il faut remarquer que dans cette définition il n'est pas question du chemin suivi pour le déplacement du poids ; cela tient à la propriété précédente qui nous a montré que ce travail ne dépendait pas de la ligne parcourue, mais seulement du déplacement vertical.

Nous voyons aussi que le temps employé pour le déplacement du poids ne figure pas dans les définitions précédentes. Le travail mécanique d'une force ne dépend pas du temps.

435. — *Travail de la résultante de plusieurs forces. *Le travail de la résultante de plusieurs forces constantes appliquées à un point matériel est la somme des travaux des composantes.*

1° — Considérons d'abord le cas où le déplacement du point matériel est rectiligne : soit F, F', F'',.... les forces qui le sollicitent et α, α', α'' .... les angles constants qu'elles font avec la direction du déplacement ; soit R la résultante et λ l'angle qu'elle fait avec la direction du déplacement.

En projetant sur cette direction les forces composantes et la résultante, nous savons que l'on a la relation :

$$R \cos \lambda = F \cos \alpha + F' \cos \alpha' + F'' \cos \alpha'' + ...$$

Multiplions les deux membres par le déplacement e du point matériel, nous obtenons :

$$R e \cos \lambda = F e \cos \alpha + F' e \cos \alpha' + F'' e \cos \alpha'' + ...$$

c'est-à-dire :

$$T.R = T.F + T.F' + T.F'' + ...$$

C'est ce qu'il fallait prouver.

436. — 2° — En second lieu, considérons le cas où les forces étant constantes, le déplacement du point est curviligne.

Nous remarquons que le travail d'une force F dans le déplacement curviligne AMB (fig. 217) étant le produit de F par la projection de AB sur la direction de F, est aussi le produit de la droite AB par la projection de F sur cette droite ; or on a sur tout axe, et aussi sur AB :

$$p^{\mathrm{on}} R = p^{\mathrm{on}} F + p^{\mathrm{on}} F' + p^{\mathrm{on}} F'' + ...$$

d'où :

$$AB \times p^{\mathrm{on}} R = AB \times p^{\mathrm{on}} F + AB \times p^{\mathrm{on}} F' + AB \times p^{\mathrm{on}} F'' + ...$$

c'est-à-dire :

$$T.R = T.F + T.F' + T.F'' + \dots,$$

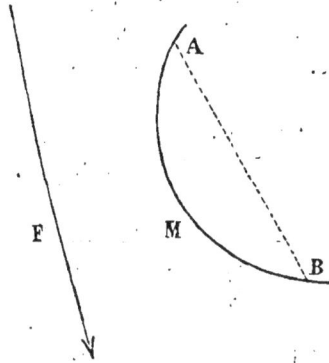

Fig. 217.

Le théorème est donc général, tant que les forces sont constantes.

437. — Travail de la pesanteur dans le mouvement d'un corps pesant.

Lorsqu'un corps solide pesant se déplace dans l'espace, la somme des travaux des forces de pesanteur relatifs à tous les points matériels qui le composent est égale au travail du poids de ce corps relatif au déplacement de son centre de gravité.

Soit, en effet, p le poids de l'un quelconque des points matériels, et z_0, z_1 les distances de ce point à un même plan horizontal dans deux positions déterminées du corps solide; le travail de la pesanteur relatif à ce point matériel est :

$$p\,(z_0 - z_1).$$

La somme des travaux de toutes les forces de pesanteur sera donc :

$$\sum p\,(z_0 - z_1),$$

en étendant le signe Σ à tous les points matériels pesants dont se compose le corps considéré.

Soit alors P le poids du corps, et Z_0, Z_1 les distances de son centre de gravité au plan déjà considéré; le travail de la pesanteur relatif à ce point, sollicité par la force P, sera donc :

$$P \times (Z_0 - Z_1).$$

Or, en appliquant le théorème des moments des forces parallèles

par rapport au plan horizontal auquel nous rapportons les positions
du corps, nous avons :

$$P \times Z_0 = p z_0' + p' z_0'' + p'' z_0'' + \ldots$$
$$P \times Z_1 = p z_1 + p' z_1' + p'' z_1'' + \ldots$$

d'où nous déduisons :

$$P \times (Z_0 - Z_1) = p (z_0 - z_1) + p' (z_0' - z_1') + p'' (z_0'' - z_1'') + \ldots$$

et par suite :

$$P \times (Z_0 - Z_1) = \sum p (z_0 - z_1).$$

Ce qu'il fallait prouver.

*438. — **Corollaire.** *La somme des travaux des forces de pesanteur dans le déplacement d'un corps solide pesant est le produit du
poids de ce corps par le déplacement vertical de son centre de gravité.*

Il faut remarquer que ce travail ne dépend pas des positions
intermédiaires occupées par ce corps, mais uniquement du déplacement vertical du centre de gravité.

Le travail est le même que si toutes les masses des points matériels
étaient concentrées au centre de gravité.

§ II. — TRAVAIL D'UNE FORCE VARIABLE.

439. — Travail élémentaire. Soit AB la trajectoire d'un point
matériel (fig. 218) sollicité par une
force variable en intensité et en
direction.

Supposons un point A_1 de cette trajectoire dont la distance au point A
tende vers zéro : en représentant
par a_1 la distance rectiligne AA_1,
par F_1 la valeur de l'intensité de la
force lorsque le point matériel est
en A, et par α_1 l'angle que fait sa
direction avec la droite AA_1; le produit

$$a_1 F_1 \cos \alpha_1$$

est le TRAVAIL ÉLÉMENTAIRE de la force
variable; c'est donc une quantité qui tend vers zéro quand le
point A_1 tend vers le point A.

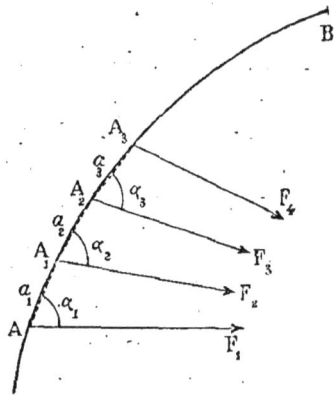
Fig. 218.

440. — Travail de la force variable. Soit AB l'arc parcouru par le point matériel : nous partageons cet arc en n parties, telles que chacune de ces longueurs ait zéro pour limite quand n croît sans limite; nous représentons par A_1, A_2, ... A_{n-1} B les points de division, et par a_1 a_2 .... a_n les longueurs des cordes de ces arcs :

Le travail de la force relatif au déplacement considéré du point matériel est la limite de la somme des travaux élémentaires :

$$\Big(a_1 F_1 \cos \alpha_1 + a_2 F_2 \cos \alpha_2 + a_3 F_3 \cos \alpha_3 + ... + a_n F_n \cos \alpha_n \Big),$$

quand n croît sans limite.

441. — Représentation graphique du travail d'une force variable.

Nous traçons deux axes rectangulaires OX, OY (fig. 219) et nous

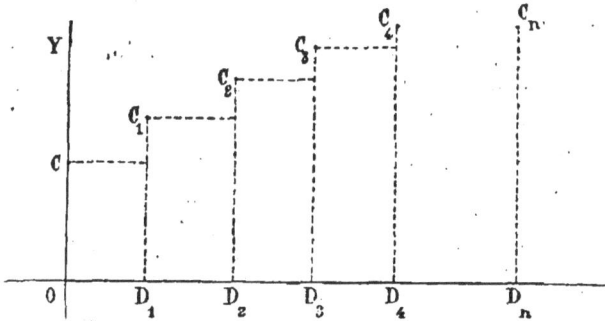

Fig. 219.

portons, à partir du point O sur OX, les longueurs OD_1, $D_1 D_2$, $D_2 D_3$, ... $D_{n-1} D_n$ respectivement égales aux droites $a_1 a_2$ .... a_n (fig. 218), puis nous portons sur les perpendiculaires à OX menées par les points trouvés, des longueurs égales à $F_1 \cos \alpha_1$, $F_2 \cos \alpha_2$, ... $F_n \cos \alpha_n$.

Les travaux élémentaires successifs sont représentés par les aires des rectangles COD_1, $C_1 D_1 D_2$, ... $C_{n-1} D_{n-1} D_n$.

Si nous supposons que le nombre n croisse sans limite, les points $C_1 C_2$ .... C_n tendront vers des positions limites, dont le lieu géométrique sera une certaine courbe que l'on peut construire par points.

Soit la courbe CE (fig. 220) dans laquelle OC et ED sont les produits des intensités F et F' de la force, aux moments où le mobile passe en A et B (fig. 218), par les cosinus des angles α et α' que fait la force avec les tangentes en A et B à la trajectoire.

Nous admettons que la somme des aires des rectangles (fig. 219) a pour limite l'aire S comprise entre l'arc CE, les ordonnées OC, DE et l'axe OX.

Il est alors évident que le travail défini (438) étant la limite de la somme des rectangles dont nous venons de parler, est précisément l'aire S.

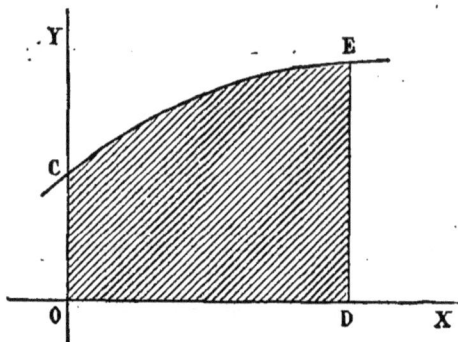

Fig. 220.

De cette façon l'évaluation du travail d'une force constante est ramenée à la mesure d'une aire, ou, d'après un langage convenu, à une *quadrature*.

Il faut citer les formules de Thomas Simpson et de Poncelet, qui conduisent à des valeurs suffisamment approchées des aires ainsi définies, et dont on trouvera le détail à la fin de ce chapitre.

442. — Travail d'une force d'intensité constante qui reste tangente à la trajectoire.

Un cas particulier fréquent des considérations précédentes est celui où la force, d'intensité constante, a une direction qui est toujours tangente à la courbe que décrit le point matériel.

Il est facile de voir que *le travail est alors le produit de l'intensité de la force par la longueur de l'arc parcouru.*

En nous reportant à la définition générale donnée ci-dessus, nous voyons que dans ce cas (fig. 221) les angles $\alpha_1 \alpha_2 \ldots \alpha_n$ tendent tous vers zéro, les cosinus ont donc l'unité pour limite, et par suite le travail est la limite du produit :

Fig. 221.

$$P (a_1 + a_2 \ldots + a_n).$$

Or, par définition, la parenthèse a pour limite l'arc AB, quand n croît sans limite; donc le travail de la force est :

$$F \times \text{arc AB.}$$

Ainsi, dans le treuil, il suffit de connaître les chemins parcourus par le point d'application de la puissance et par celui de la résistance pour calculer aisément le travail de chacune de ces forces.

Il en est de même dans le levier.

443. — THÉORÈME. *Le travail de la résultante de plusieurs forces qui agissent sur un point matériel est la somme algébrique des travaux des composantes.*

Nous avons démontré ce théorème dans le cas des forces constantes; on peut prouver qu'il est général.

En effet, le travail élémentaire de la résultante est la somme algébrique des travaux élémentaires des composantes, puisque dans la définition du travail élémentaire d'une force on suppose celle-ci constante; donc, en désignant par $\tau.F$ le travail élémentaire d'une force, on a :

$$\tau.R = \tau.F + \tau.F' + \tau.F'' + \ldots$$

R étant la résultante des forces F, F', F''.....

Par suite :

$$\sum \tau.R = \sum \tau.F + \sum \tau.F' + \sum \tau.F'' + \ldots$$

La limite du second membre étant la somme des limites de ses termes, qui sont en nombre fini égal au nombre des composantes, on a :

$$T.R = T.F + T.F' + T.F'' + \ldots$$

Le théorème est donc général.

444. — Première méthode pour la quadrature. Lorsqu'il s'agit d'évaluer l'aire comprise entre un arc de courbe AM (fig. 222), l'axe OX et les ordonnées extrèmes, on doit distinguer deux cas, suivant que l'on connaît ou non l'équation générale qui lie l'ordonnée de la courbe à l'abscisse.

Dans le premier cas on est conduit par le calcul infinitésimal à rechercher une fonction qui s'appelle l'*intégrale* de l'expression de y en fonction de x, question que nous ne pouvons indiquer ici.

Dans le second cas, ne connaissant que quelques valeurs corres-

pondantes de l'ordonnée et de l'abscisse, on est amené à une évaluation approximative, laquelle se pratique encore lorsqu'on ne
peut obtenir, dans le premier cas, la fonction inverse dont nous avons
parlé.

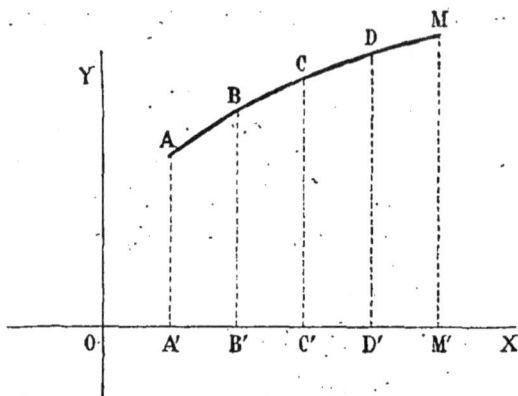

Fig. 222.

Voici une première méthode approchée qui rend des services :

Supposons A'M' (fig. 222) partagé en n parties égales : A'B', B'C',
C'D'..., soit $a = \dfrac{A'M'}{n}$, et soient $y_1\, y_2 \ldots y_{n+1}$ les ordonnées correspon-
pantes aux points de division A', B', C' .., M. Nous allons substituer à
la courbe AM la ligne brisée ABC... M qui forme avec les ordonnées
des trapèzes dont la somme des aires est :

$$S = \frac{a}{2}\left(y_1 + y_2\right) + \frac{a}{2}\left(y_2 + y_3\right) + \ldots + \frac{a}{2}\left(y_n + y_{n+1}\right)$$

ou :

$$S = \frac{a}{2}\left[y_1 + 2(y_2 + y_3 + \ldots + y_n) + y_{n+1}\right]$$

On prend alors S pour valeur approchée de l'aire. Cette valeur est
par défaut quand la courbe est concave vers OX, mais elle est par
excès dans le cas contraire.

445. — Méthode de Thomas Simpson. Cette méthode, qui four-
nit un résultat plus approché que la précédente dans le cas général, repose sur les principes suivants, que nous admettons dans ce
cours :

I. — *Par trois points donnés on peut faire passer une parabole dont
l'axe a une direction donnée.*

II. — *L'aire du segment de parabole compris entre un arc et sa corde est les deux tiers du parallélogramme dont deux côtés opposés sont la corde et la tangente parallèle, les autres côtés étant parallèles à l'axe.*

Ainsi, par les trois points A, B, C (fig. 223), on peut faire passer une parabole dont l'axe soit parallèle à MZ, et l'aire du segment BMC

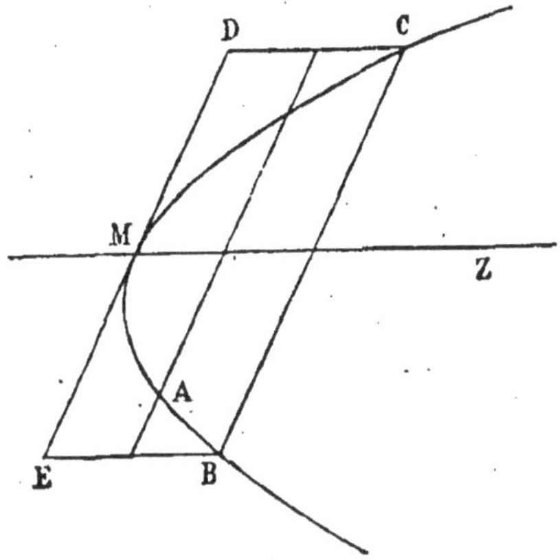

Fig. 223.

est les deux tiers du parallélogramme BEDC dans lequel DE est la tangente parallèle à BC, et dont les côtés BE et CD sont parallèles à MZ.

Nous supposons alors la projection sur OX de l'arc de courbe (fig. 224) partagée en un nombre pair $2n$ de parties égales : soit a la

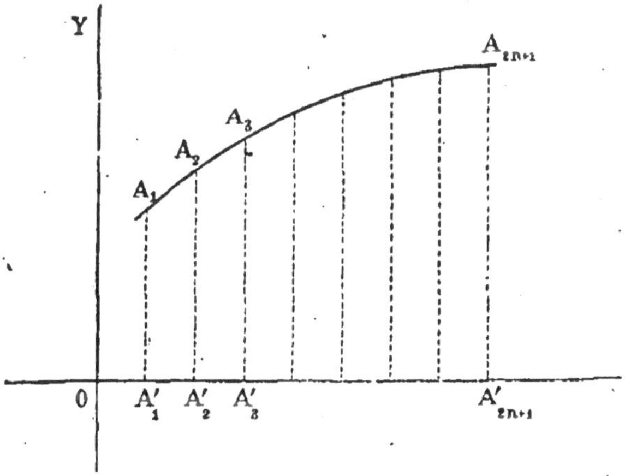

Fig. 224.

longueur de cette partie; nous substituons à l'arc $A_1 A_2 A_3$ l'arc de parabole qui passe par ces points et dont l'axe est parallèle à OY.

L'aire du trapèze mixtiligne $A'_1 A_1 A_2 A_3 A'_3$ (fig. 225) se compose de l'aire du segment parabolique $A_1 A_2 A_3$ qui est :

$$\frac{2}{3} A'_1 A'_3 \times A_2 B$$

et de l'aire du trapèze rectiligne, qui est :

$$A'_1 A'_3 \times A'_3 B.$$

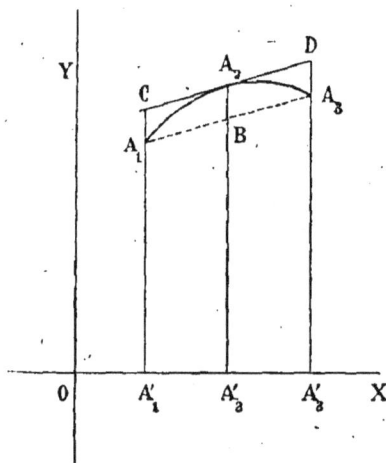

Fig. 225.

Cette aire est donc :

$$\frac{2}{3} \times 2a\left(y_2 - \frac{y_1 + y_3}{2}\right) + 2a \times \frac{y_1 + y_3}{2},$$

c'est-à-dire :

$$\frac{a}{3}\left(y_1 + 4y_2 + y_3\right).$$

En répétant la même évaluation pour les trapèzes suivants (fig. 224), nous obtenons :

$$S = \frac{a}{3}\left[(y_1 + 4y_2 + y_3) + (y_3 + 4y_4 + y_5) + \dots + (y_{2n-1} + 4y_{2n} + y_{2n+1})\right].$$

et par suite :

$$S = \frac{a}{3} \times \begin{cases} y_1 + y_{2n+1} \\ + 4(y_2 + y_4 + y_6 + \dots + y_{2n}) \\ + 2(y_3 + y_5 + \dots + y_{2n-1}) \end{cases}$$

Telle est la formule due à Thomas Simpson. Il faut remarquer qu'elle suppose connues un nombre impair d'ordonnées partageant en un nombre pair de parties égales la différence des abscisses des points extrêmes. Pour satisfaire à cette condition, on tracera par points une courbe passant par les points connus. On partagera la différence des abscisses extrêmes en $2n$ parties égales, et l'on mesurera les ordonnées des points de division d'après la courbe construite.

* **446. — Méthode de Poncelet.** Nous supposons encore la différence des abscisses des extrémités de l'arc partagée en un nombre pair $2n$ de parties égales, et nous désignons par a la longueur de cette partie.

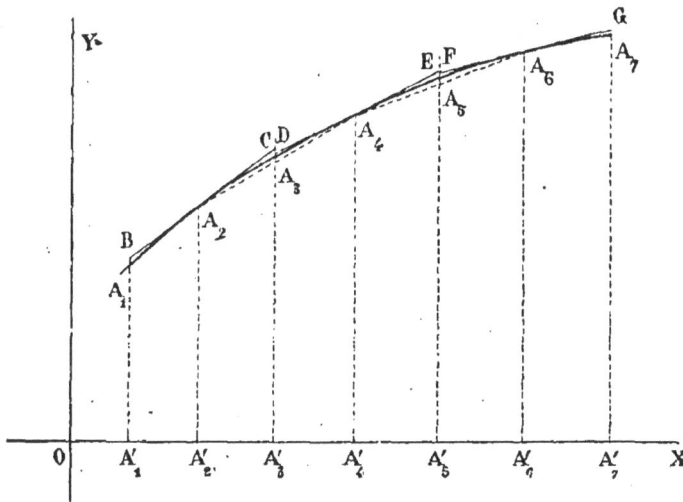

Fig. 226.

Nous traçons la tangente à la courbe figurée aux points dont les ordonnées sont d'ordre pair, et nous limitons cette tangente aux ordonnées précédente et suivante : la somme S' des trapèzes (fig. 226) :

$$A'_1BCA'_3, \qquad A'_3DEA'_5, \qquad \ldots$$

est visiblement supérieure à l'aire cherchée, la courbe étant supposée concave vers OX.

Puis nous traçons A_1A_2, A_2A_4, $A_4A_6\ldots$ en sautant chaque fois, à partir de A_2, une ordonnée de rang impair.

La somme S'' des trapèzes :

$$A'_1 A_1 A_2 A'_2, \qquad A'_2 A_2 A_4 A'_4, \qquad \ldots\ldots$$

est inférieure à l'aire cherchée dans le cas de la figure.

La méthode de Poncelet consiste à prendre pour valeur approchée de l'aire :

$$S = \frac{1}{2}\left(S' + S''\right);$$

Calculons les deux sommes S' et S'' :

$$S' = 2ay_2 + 2ay_4 + \ldots + 2ay_{2n},$$

ou, en représentant par σ la somme des ordonnées de rang pair :

$$S' = 2a\sigma.$$

De même nous obtenons :

$$S'' = a \times \frac{y_1 + y_2}{2} + a\left(y_2 + y_4\right) + a\left(y_4 \times y_6\right) + \ldots + a\left(y_{2n-2} + y_{2n}\right) + a\frac{y_{2n} + y_{2n+1}}{2}.$$

ou :

$$S'' = a\frac{y_1 + y_{2n+1}}{2} + 2a\sigma - a\frac{y_2 + y_{2n}}{2}.$$

On a donc enfin la formule :

$$S = a\left[2\sigma - \frac{1}{4}\left(y_2 + y_{2n}\right) + \frac{1}{4}\left(y_1 + y_{2n-1}\right)\right].$$

Il faut remarquer d'ailleurs que cette formule reste la même quand on suppose la courbe convexe vers OX.

447. — En résumé, on préfère cette dernière méthode qui exige moins d'ordonnées que la formule de Simpson, car ici nous n'avons employé que deux ordonnées de rang impair. L'approximation est aussi plus grande en employant la formule de Poncelet, toutes choses égales d'ailleurs.

§ III. — FORCE VIVE.

448. — Définition. *On appelle* FORCE VIVE *d'un point matériel à l'époque t le produit de la masse de ce point par le carré de la vitesse qu'il possède à ce moment.*

On appelle aussi PUISSANCE VIVE, la moitié de la force vive.

Ainsi, un point matériel pesant 10 kilogrammes et tombant en chute libre d'une hauteur de 30 mètres, possède à ce moment une force vive qui a pour valeur :

$$v = \sqrt{2 \, g \, h}$$

$$\frac{10}{g} \times 2g \times 30 = 600.$$

Il faut remarquer qu'il en sera de même s'il se déplace sur un plan parfaitement poli d'une inclinaison arbitraire, lorsqu'il sera descendu de la hauteur verticale de 30 mètres.

449. — THÉORÈME. *Le travail d'une force sur un point matériel pour l'amener d'une position* A *à une position* B, *est égal à la moitié de l'accroissement (positif ou négatif) de la force vive de ce point matériel.*

C'est-à-dire que si la masse du point est m et si les vitesses sont V_0 et V quand il est en A et B, le travail de la force aura pour expression :

$$\text{T.F} = \frac{mV^2 - mV_o^2}{2}$$

450. — 1° — Nous supposons d'abord que le mouvement du point soit *rectiligne*, et que la force *constante* agisse suivant la direction du déplacement.

Fig. 227.

En représentant par t le temps employé à parcourir AB (fig. 227) et par γ l'accélération due à l'action de la force, on a :

$$\begin{cases} V = V_0 + \gamma t, \\ AB = V_0 t + \frac{1}{2}\gamma t^2, \end{cases}$$

or :

$$V^2 = V_0^2 + 2V_0\gamma t + \gamma^2 t^2$$

ou :

$$V^2 - V_0^2 = 2\gamma\left(V_0 t + \frac{1}{2}\gamma t^2\right);$$

donc :

$$\frac{mV^2 - mV_0^2}{2} = F \times AB,$$

car :

$$F = m\gamma.$$

Le théorème est donc démontré dans le cas que nous étudions, puisque (F $\times$ AB) est le travail de la force.

451. — 2° — Si la force *constante* n'a pas la *même direction* que le déplacement *rectiligne* du point matériel, le théorème subsiste encore.

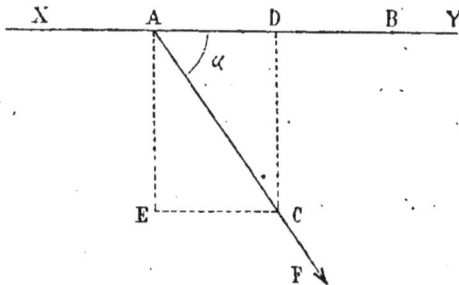

Fig. 228.

En effet, le travail de la force F (fig. 228), quand le point matériel se déplace de A en B, est :

$$F \times AB \cos\alpha.$$

D'autre part, la force qui produit le mouvement est la projection

(F cos α) de F sur AB, et le travail de cette force qui agit dans la direction du déplacement est, d'après 1° :

$$\text{AB} \times (\text{F} \cos \alpha) = \frac{m\text{V}^2 - m\text{V}_0^2}{2}.$$

C'est précisément la relation qu'il fallait prouver.

452. — Supposons que la force restant *constante* le déplacement
du point soit *curviligne*.

Nous partageons l'arc AB (fig. 229) en *n* parties telles que chacune
tende vers zéro quand *n* croît sans limite ; soient $a_1 a_2 \dots a_n$ les longueurs des cordes de ces arcs, $\alpha_1 \alpha_2 \dots \alpha_n$ les angles que la force

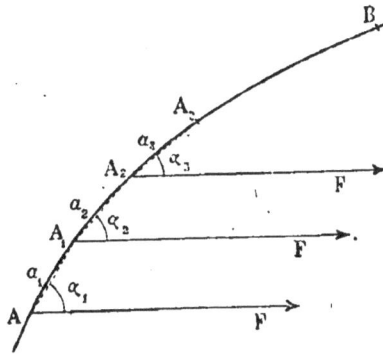

Fig. 229.

constante fait avec ces cordes ; soient enfin V_0 la vitesse que possède
le point matériel en A, et $\text{V}_1 \text{V}_2 \dots \text{V}_n$ les vitesses qu'il posséderait
en $\text{A}_1 \text{A}_2 \dots$ B si son déplacement s'effectuait suivant les cordes considérées.

Nous aurons, d'après 2° :

$$a_1 \text{F} \cos \alpha_1 = \frac{m\text{V}_1^2 - m\text{V}_0^2}{2}$$

$$a_2 \text{F} \cos \alpha_2 = \frac{m\text{V}_2^2 - m\text{V}_1^2}{2}$$

$$. \quad . \quad . \quad . \quad . \quad . \quad .$$

$$a_n \text{F} \cos \alpha_n = \frac{m\text{V}_n^2 - m\text{V}_{n-1}^2}{2} \dots$$

En ajoutant membre à membre, et représentant par S la somme des travaux élémentaires de la force, on a visiblement :

$$S = \frac{mV_n^2 - mV_0^2}{2}.$$

Faisons croître n sans limite, nous savons que la limite de S est le travail de F, et en même temps V_n a pour limite V.

On a donc, en définitive :

$$T.F = \frac{mV^2 - mV_0^2}{2}.$$

453. — 4° — Il nous reste à considérer le cas où la force est variable ; prenons alors le cas général d'un point matériel parcourant l'arc AB (fig. 230) sous l'action d'une force variable F.

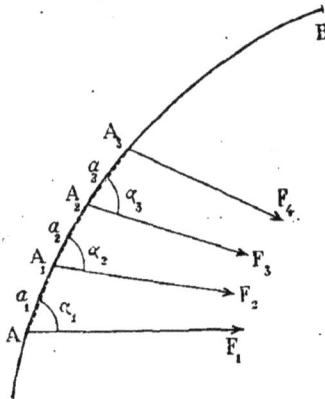

Fig. 230.

Nous partageons AB en n arcs tels que chacun tende vers zéro quand n croît sans limite ; soient $F_1 F_2 F_3 \dots F_n$ les valeurs de la force quand le point matériel est en $A A_1 A_2 \dots A_{n-1}$, et soient $\alpha_1 \alpha_1 \dots \alpha_n$ les angles qu'elle fait avec les cordes $AA_1, A_1 A_2 \dots A_{n-1} A_n$.

Le déplacement étant supposé avoir lieu suivant ces cordes, et la force restant constante dans chacun de ces mouvements, on a :

$$a_1 F_1 \cos \alpha_1 = \frac{mV_1^2 - mV_0^2}{2}$$

$$a_2 F_2 \cos \alpha_2 = \frac{mV_2^2 - mV_1^2}{2}$$

$$a_3 F_3 \cos \alpha_3 = \frac{mV_3^2 - mV_2^2}{2}$$

$$a_n F_n \cos \alpha_n = \frac{mV_n^2 - mV_{n-1}^2}{2}$$

En ajoutant membre à membre, et représentant par S la somme des travaux élémentaires de la force, nous obtenons visiblement :

$$S = \frac{mV_n^2 - mV_0^2}{2}.$$

Par suite, en faisant croître n sans limite, nous savons que la limite de S est le travail de la force, et que V_n tend vers la vitesse V du point matériel lorsqu'il arrive en B; donc on a, dans le cas le plus général :

$$T.F = \frac{mV^2 - mV_0^2}{2}.$$

L'énoncé s'applique donc dans tous les cas.

454. — ÉNONCÉ GÉNÉRAL DU THÉORÈME DES FORCES VIVES.

La somme des travaux de toutes les forces qui agissent sur les diffé-rents points d'un système, pendant une durée quelconque, est égale à la demi-somme des accroissements des forces vives de tous ces points.

Cela signifie que si l'on représente par m la masse de l'un quel-conque des points matériels qui composent un système, par v_0 et v ses vitesses au commencement et à la fin d'un intervalle de temps quelconque; et si l'on désigne par TF le travail de l'une quelconque des forces qui sollicitent ces points, on aura l'équation :

$$\sum TF = \sum \frac{mv^2 - mv_0^2}{2}$$

en entendant par Σ la somme des quantités analogues à celles que nous écrivons, étendue à toutes les forces et à tous les points du corps.

La somme des travaux des forces qui sollicitent un système dont les points sont animés de mouvements uniformes, est nulle à tout instant.

455. — Conséquences. — Nous avons montré (426) que si un point matériel descend le long d'un plan incliné sans vitesse initiale, d'une hauteur verticale égale à h, sa vitesse est toujours $\sqrt{2gh}$ quelle que soit l'inclinaison du plan ; nous pouvons maintenant généraliser ce résultat, et dire que *cette vitesse sera encore $\sqrt{2gh}$, quelle que soit la ligne droite ou courbe que suivra le point pour descendre de la hauteur verticale h.*

En effet, dans ce mouvement du point matériel dont le poids est P, le travail de la pesanteur est Ph ; d'autre part, en représentant par V la vitesse acquise à cette époque du mouvement, le demi-accroissement de force vive est :

$$\frac{1}{2}\frac{P}{g}V^2,$$

puisque la vitesse au départ est nulle. On a donc, d'après le principe des forces vives :

$$Ph = \frac{1}{2}\frac{P}{g}V^2,$$

d'où :

$$V = \sqrt{2gh}.$$

C'est ce qu'il fallait prouver.

456. — Nous pouvons dire, alors, que ce point matériel a acquis une vitesse dont l'intensité lui permettra de remonter à la hauteur h en suivant le chemin que l'on voudra.

Soit en effet une ligne courbe continue, contenue dans un plan vertical (fig. 251) : supposons un point matériel pesant assujetti à rester sur cette ligne et abandonné à lui-même au point A ; il descendra jusqu'au point le plus bas B de cette ligne et il aura à ce moment une vitesse égale à $\sqrt{2gh}$, en représentant par h la distance verticale des points A, B.

Possédant une vitesse le point va continuer à se mouvoir, et par suite va remonter sur la courbe : soient A' le point le plus élevé qu'il atteigne ainsi, et h' sa hauteur au-dessus du point B. La vitesse sera donc nulle en ce point A', et comme elle était nulle en A, la somme des travaux de la pesanteur est nulle. Or, ces travaux sont :

$$Ph \quad \text{et} \quad -Ph'.$$

Donc il faut avoir $h = h'$; et par suite le point A' est dans le plan horizontal passant par A.

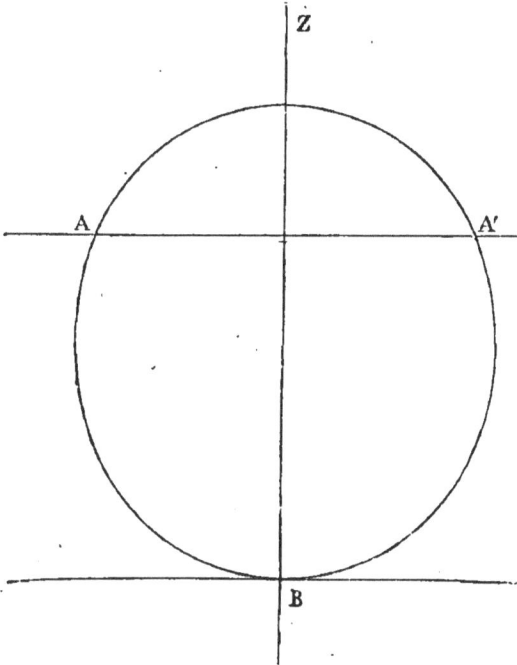

Fig. 231.

Arrivé en A', le point matériel sollicité par la pesanteur et sans vitesse initiale va redescendre, et revenir au point A ; il oscillera donc indéfiniment de A en A' et de A' en A.

*457. — PENDULE SIMPLE. Soit un point matériel pesant lié à un point fixe O par une barre rigide non pesante. Il est visible que la position d'équilibre stable d'un pareil système est atteinte quand la droite OA est verticale (fig. 232), le point A étant au-dessous du point O.

Supposons qu'on écarte ce pendule simple de sa position d'équilibre et que l'on place le point A en B, sur la circonférence de centre O et de rayon $OA = l$.

En abandonnant le pendule à lui-même, le point matériel sollicité par la pesanteur va descendre le long de l'arc de cercle BA; sa vitesse en un point quelconque M sera la même que s'il tombait

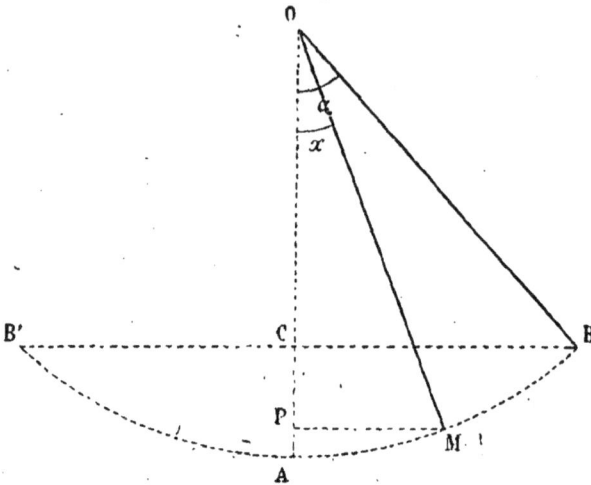

Fig. 232.

librement de C en P. Il passera au point A avec une vitesse maximum $\sqrt{2g \times AC}$, et il remontera, en vertu de cette vitesse, jusqu'au point B′ symétrique de B par rapport à OA ; sa vitesse sera nulle à ce moment, il prendra donc en sens inverse un mouvement identique au précédent, et il exécutera indéfiniment des oscillations identiques.

´458. — Durée d'une petite oscillation du pendule simple.

Nous nous proposons de trouver une formule donnant la durée d'une petite oscillation du pendule simple, et nous appelons petite oscillation celle dont l'amplitude α ne dépasse pas 5°, de sorte que l'on puisse sans erreur sensible confondre l'arc AB (fig. 232) avec sa corde.

La vitesse en un point quelconque M de la trajectoire qui correspond à l'angle AOM $= x$, est la même que si le corps tombait librement de C en P ; donc :

$$V^2 = 2g \times CP,$$

or :

$$CP = AC - AP = \frac{\overline{AB}^2 - \overline{AM}^2}{2l}$$

et, par suite :

$$V^2 = \frac{g}{l}\left[\overline{\text{arc AB}^2} - \overline{\text{arc AM}^2}\right].$$

Prenons alors une droite $B'_1 A_1 B_1$ (fig. 233) dont la longueur soit égale à l'arc BAB' (fig. 232) rectifié; décrivons la demi-circon-

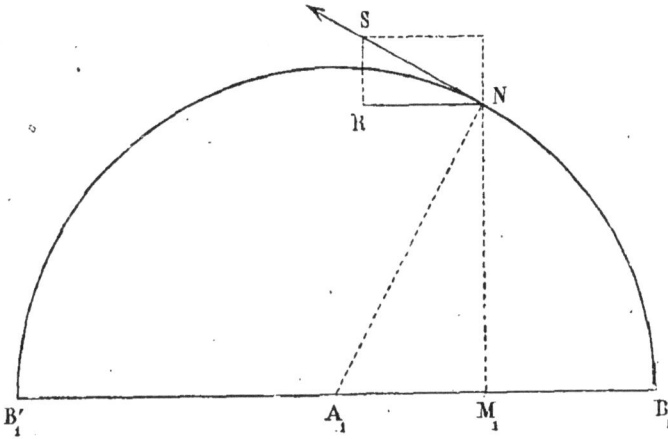

Fig. 233.

férence de diamètre $B_1 B'_1$, et supposons un point matériel parcourant cette circonférence d'un mouvement uniforme de vitesse :

$$\mathcal{N}\mathcal{C} = \sqrt{\frac{g}{l} \times \overline{A_1 B_1}^2}.$$

Nous allons montrer que la projection de ce mobile sur $B_1 B'_1$ se meut comme le pendule simple considéré.

En effet, la vitesse NS du mobile auxiliaire, lorsqu'il est en N, dirigée suivant la tangente à la circonférence, se décompose en deux, dont l'une est parallèle à $A_1 B_1$: soit NR : les triangles semblables NRS, $A_1 M_1 N$ donnent :

$$\frac{NR}{NS} = \frac{NM_1}{NA_1},$$

d'où :

$$\overline{NR}^2 = \frac{NM_1^2}{NA_1^2} \times \frac{g}{l} \times \overline{A_1 B_1}^2,$$

ce qui se réduit à :

$$\overline{NR}^2 = \frac{g}{l} \times \overline{NM_1}^2.$$

ou :

$$\overline{NR}^2 = \frac{g}{l} \times (\overline{A_1 B_1}^2 - \overline{A_1 M_1}^2).$$

$A_1 B_1 = arc \ AB$
$A_1 M_1 = arc \ AM$

. Donc la vitesse NR du point M_1 projection du mobile auxiliaire a même valeur que si M_1 était la position du point matériel suspendu en O (fig. 252).

Dès lors il est aisé d'avoir la durée d'une oscillation : l'arc parcouru par le mobile auxiliaire étant $\pi \times A_1 B_1$ et l'arc parcouru dans l'unité de temps étant :

$$\sqrt{\frac{g}{l}} \times A_1 B_1$$

le temps employé est :

$$\frac{\pi A_1 B_1}{\sqrt{\frac{g}{l}} \times A_1 B_1} = \pi \sqrt{\frac{l}{g}}.$$

C'est donc la durée nécessaire au pendule pour aller de B_1 en B_1' ou de B en B'.

459. — Il faut remarquer que cette durée ne dépend pas de l'amplitude; on exprime ce fait en disant que *les petites oscillations d'un pendule simple sont isochrones.*

Enfin, dans la formule précédente ne figure pas le poids du point matériel : la durée ne dépend que de la distance de ce point au point fixe; elle est proportionnelle à la racine carrée de cette distance.

460. — La formule du pendule peut évidemment servir à mesurer g. Cette méthode a été appliquée par Borda.

CHAPITRE III

TRANSMISSION DU TRAVAIL DANS LES MACHINES

461. — Forces mouvantes et forces résistantes.

Il est rare que les machines aient uniquement pour but de tenir certaines forces en équilibre. Le plus souvent elles doivent produire le déplacement des points d'application des forces que nous avons déjà appelées résistantes. Autrement dit, les machines doivent exécuter un *travail*. Par suite, la puissance produit un travail, et il s'agit de transformer ce *travail moteur* en *travail utile*, c'est-à-dire que l'on cherche à transmettre ce travail de la puissance, par l'intermédiaire des organes, à la partie de la machine qui s'appelle l'*outil*.

On appelle FORCES MOUVANTES *les forces dont le travail est positif*, c'est-à-dire dont les directions font un angle aigu avec le déplacement du point d'application. Au contraire, les FORCES RÉSISTANTES ont *un travail négatif*

462. — En représentant par T_m la somme des travaux des forces mouvantes et par T_r la somme des valeurs absolues des travaux des forces résistantes, nous aurons pour la somme totale des travaux de toutes les forces qui sollicitent la machine :

$$\sum TF = T_m - T_r.$$

Donc, en vertu du principe général des forces vives :

$$\sum \frac{mV^2}{2} - \sum \frac{mV_0^2}{2} = T_m - T_r.$$

463. — ÉGALITÉ DU TRAVAIL MOTEUR ET DU TRAVAIL RÉSISTANT. Les machines sont généralement animées de mouvements uniformes, ou de mouvements périodiquement uniformes.

Dans le premier cas, à tout instant on a :

$$V = V_0,$$

et par suite, l'équation précédente se réduit à :

$$T_m = T_r.$$

Dans l'autre hypothèse, $V = V_0$ après des intervalles de temps égaux, et par suite dans chacun de ces intervalles, on a encore :

$$T_m = T_r.$$

Donc, *dans toute machine le travail moteur se transforme complètement en travail résistant.*

464. — Nous allons nous proposer de vérifier ce principe dans les machines simples que nous avons étudiées.

1º LEVIER. — En désignant par p et q les bras de levier de la puissance et de la résistance, nous avons trouvé, pour l'équilibre, la condition :

$$Pp = Qq.$$

Soit ω l'angle dont la machine a tourné; les chemins parcourus par les points d'application des deux forces seront $p\omega, q\omega$, et les forces restant tangentes aux chemins parcourus exécuteront des travaux qui ont pour valeur absolue :

$$Pp\omega, \qquad Qq\omega.$$

Donc ces travaux sont égaux.

465. — 2º POULIE MOBILE. — Considérons le cas des brins de corde parallèles; la puissance doit être moitié de la résistance pour l'équilibre :

$$2P = Q.$$

Supposons que le centre de la poulie se soit déplacé d'une hauteur verticale égale à h: les chemins parcourus par les points d'application des forces P et Q seront $2h$ et h, donc les valeurs absolues des travaux exécutés sont :

$$2Ph \qquad \text{et} \qquad Qh;$$

donc ces travaux sont égaux.

466. — 3° TREUIL. — En représentant par r et R les rayons de l'arbre et de la manivelle, l'équilibre exige que l'on ait entre la puissance et la résistance la relation :

$$P.R = Qr.$$

Or, si l'appareil tourne de l'angle ω, les chemins parcourus par les points d'application des forces P et Q seront $R\omega$ et $r\omega$, et les valeurs absolues des travaux seront :

$$PR\omega \qquad \text{et} \qquad Qr\omega,$$

donc le travail moteur égale le travail résistant.

467. — 4° PLAN INCLINÉ. — En représentant par P la puissance qui fait l'angle θ avec la ligne de plus grande pente, et Q le poids du corps qui est la résistance, l'inclinaison du plan étant α, nous avons pour l'équilibre :

$$P \cos \theta = Q \sin \alpha.$$

Si donc le corps parcourt le chemin e suivant la ligne de plus grande pente, les travaux des forces auront pour valeur absolue :

$$e \times P \cos \theta \qquad \text{et} \qquad e \times Q \sin \alpha \, ;$$

donc ces travaux sont encore égaux.

468 — RÉSISTANCES PASSIVES. Dans les vérifications que nous venons de faire, nous n'avons considéré comme forces résistantes que celles que nous avions pour but de vaincre en établissant la machine ; mais c'est là une hypothèse qui n'est jamais vérifiée. D'autres forces absorbent le travail moteur : ainsi le frottement des organes les uns sur les autres, les chocs, la raideur des cordes, la résistance qu'oppose l'air au déplacement des corps, sont autant de causes de perte du travail moteur.

On est ainsi conduit à diviser les forces résistantes en deux catégories : les résistances *utiles*, et les résistances *passives*. De sorte que le travail résistant est la somme du travail utile et du travail passif :

$$T_r = T_u + T_p.$$

Il en résulte que dans le cas du mouvement uniforme de la machine, on a :

$$T_m = T_u + T_p,$$

puisque nous avons démontré que le travail moteur est toujours égal au travail résistant.

Comme on ne peut jamais annuler les résistances passives, il en résulte que l'on a toujours :

$$T_m > T_u ;$$

c'est-à-dire que *le travail moteur est toujours supérieur au travail utile.*

469. — Rendement. On appelle RENDEMENT d'une machine le rapport du travail utile au travail moteur :

$$\frac{T_u}{T_m} = 1 - \frac{T_p}{T_m}$$

Ce rapport est donc toujours inférieur à l'unité, et plus il est voisin de l'unité, plus les résistances passives sont faibles ; le rendement est donc une donnée qui permet d'apprécier une machine.

Dans les circonstances les plus favorables le rendement ne dépasse pas 0,80 ; il est généralement 0,60 et même 0,40.

470. — Cheval-vapeur. Dans beaucoup de cas on caractérise la machine par le travail utile qu'elle peut produire ; mais alors le temps doit intervenir dans cette évaluation.

On appelle CHEVAL-VAPEUR *le travail de 75 kilogrammètres effectué en une seconde.*

On conçoit aisément qu'il soit indispensable, au point de vue de l'usage industriel des machines, de pouvoir connaître le travail exécuté dans un temps donné. Mais, en mécanique, nous avons dit que la notion de temps ne figure pas dans le travail des forces.

471. — Impossibilité du mouvement perpétuel. Le problème du MOUVEMENT PERPÉTUEL consiste à construire une machine *qui, étant mise en mouvement une fois pour toutes par une force mouvante, ait la propriété de fournir indéfiniment du travail utile.*

Il est évident qu'une pareille machine ne peut exister, puisqu'on ne peut même pas transformer tout le travail moteur en travail utile.

Il est également impossible de construire une machine qui, sans exécuter de travail utile, conserve toujours un certain mouvement.

Nous avons, en effet, à une époque quelconque, la relation :

$$\sum \frac{mV^2}{2} - \sum \frac{mV_0^2}{2} = T_m - T_p$$

V_0 étant la vitesse initiale de chaque point matériel, et V la vitesse à l'instant considéré.

Or, T_m est une constante par hypothèse et T_p est une quantité toujours croissante. On ne peut, en effet, annuler les résistances passives que dans les machines de pure théorie, et la notation T_p représente des quantités toutes de même signe. Par suite, il y aura toujours un temps au bout duquel T_p atteindra T_m, et à ce moment l'équation précédente donne :

$$\sum \frac{mV^2}{2} = \sum \frac{mV_0^2}{2};$$

donc la machine s'arrêtera.

CHAPITRE IV

1. — On considère la projection sur un diamètre fixe d'un point matériel parcourant uniformément une circonférence.

1° Donner l'équation du mouvement de ce point.

2° Calculer l'expression de la vitesse à un instant quelconque.

3° Trouver l'expression générale de la force variable qui produisait le mouvement oscillatoire du point projection.

2. — Sur un plan horizontal parfaitement poli est placé un corps pesant 1200 kilogrammes :

1° Quelle est la force nécessaire pour lui faire parcourir une longueur de 35 mètres en 5 secondes ?

2° Quel sera le chemin parcouru en 10 secondes par ce corps si l'on fait agir une force de 500 kilogrammes ?

3. — Une arme à feu pesant 3 tonnes lance un projectile de 80 kilogrammes avec une vitesse initiale de 350 mètres par seconde : calculer le chemin parcouru par l'arme supposée placée sur un plan horizontal parfaitement poli.

4. — Deux corps placés sur un plan horizontal parfaitement poli pèsent respectivement 45 et 36 kilogrammes. Quel est le rapport des forces qu'il faut faire agir sur ces corps pour qu'ils prennent le même mouvement ?

5. — Un cordon qui passe sur une poulie fixe est sollicité à ses extrémités par les poids $P + p$ et Q, tels que l'on ait :

$$P + p > Q > P ;$$

θ secondes après l'origine du mouvement on supprime le poids p et l'on demande d'étudier le mouvement du système à partir de cet instant.

6. — Un cordon qui passe sur une poulie fixe est sollicité à ses extrémités par des poids dont la somme est P : on sait que ce système parcourt la longueur h dans les θ premières secondes de son mouvement : en déduire les intensités des poids inconnus.

7. — On considère deux plans inclinés qui se coupent suivant l'horizontale XY et qui forment avec l'horizon des angles α et β : d'un point O pris sur XY on laisse partir au même instant trois points matériels pesants : M sur la verticale, N sur l'un des plans, et P sur l'autre.

1º Après le temps t les trois points matériels occupant les positions $M_t N_t P_t$, calculer les côtés et les angles du triangle $M_t N_t P_t$.

2º Prouver que l'aire de ce triangle est en rapport constant avec t^4.

8. — Étant donnés un point A et un plan P, déterminer le plan sur lequel on doit abandonner un point matériel pesant partant de A, avec la condition qu'il atteigne le plan P dans le temps le plus court.

9. — Étant donné une verticale XX' et une droite horizontale YY' qui ne rencontre pas XX', déterminer le point de cette verticale duquel il faut laisser glisser un corps pesant sur un plan incliné contenant YY' pour atteindre cette horizontale dans le temps le plus court.

10. — Deux points matériels pesants se meuvent suivant la ligne de plus grande pente AB d'un plan incliné : le premier qui descend de A a une vitesse V, le second, qui monte, part de B θ secondes après avec une vitesse initiale V' : déterminer le point C de AB où a lieu la rencontre, connaissant AB$= a$ et l'angle α que fait cette ligne avec l'horizon.

11. — Sur un plan incliné faisant un angle α avec l'horizon, et dont la ligne de plus grande pente AB a pour longueur a, se meut un point matériel de poids P qui est lié par un cordon passant sur une poulie de renvoi à un second point matériel de poids Q : le système se meut de sorte que le premier point monte de A vers B. Calculer l'époque à laquelle on devra supprimer l'action du poids Q de sorte que l'autre point matériel arrive en B sans vitesse.

12. — Quel est le travail moteur nécessaire pour imprimer à un corps pesant 10 kilogrammes une vitesse de 300 mètres?

13. — Quel est le travail résistant nécessaire pour arrêter un corps pesant 1200 kilogrammes qui possède une vitesse de 21^m,5?

14. — Un manège de maraîcher est mis en mouvement par un cheval dont l'effort moyen est 68 kilogrammes : le diamètre de la roue du manège est 6,8 : le seau contenant 450 litres d'eau que monte ainsi le cheval, est amené du fond du puits à la surface du sol par 6 tours du cheval, et la profondeur de ce puits est 14 mètres.
Calculer le rendement de la machine.

15. — Une machine de la force de 200 chevaux-vapeur a pour rendement 0,72 : calculer le travail moteur à dépenser pour la faire travailler pendant 10 heures.

FIN.

TABLE DES MATIÈRES

LIVRE PREMIER.

FORCES CONCOURANTES ET PARALLÈLES.

LIVRE II.

ÉQUILIBRE DES FORCES APPLIQUÉES A UN CORPS SOLIDE.
MACHINES SIMPLES.

LIVRE III.

ÉLÉMENTS DE CINÉMATIQUE.

LIVRE IV.

NOTIONS DE DYNAMIQUE.

5850. — Imprimerie A. Lahure, rue de Fleurus, 9, à Paris.